煤炭职业教育“十四五”规划教材
高等职业教育“新形态”一体化教材

# 流体力学泵与风机

主 编 张艳宇 刘红侠 袁 涛

中国矿业大学出版社
·徐州·

## 内 容 提 要

本书内容主要涵盖了流体力学和泵与风机两方面，主要内容有：绪论，流体静力学，一元流体动力学，流动阻力与能量损失，管路计算，孔口、管嘴出流与气体射流，离心式泵与风机的构造与理论基础，离心式泵与风机的运行调节与选择，其他常用泵与风机。

本书是根据高素质技术技能人才培养需要，为高等职业院校供热通风与空调工程专业、建筑设备工程技术专业的"流体力学泵与风机"课程编写的教材，也可以作为市政、环境等专业流体力学课程参考用书。

**图书在版编目(CIP)数据**

流体力学泵与风机/张艳宇，刘红侠，袁涛主编.
—徐州：中国矿业大学出版社，2022.6
ISBN 978-7-5646-5424-5

Ⅰ.①流… Ⅱ.①张…②刘…③袁… Ⅲ.①流体力学—高等职业教育—教材②泵—高等职业教育—教材③鼓风机—高等职业教育—教材 Ⅳ.①O35②TH3

中国版本图书馆CIP数据核字(2022)第098251号

**书　　名**　流体力学泵与风机
**主　　编**　张艳宇　刘红侠　袁　涛
**责任编辑**　何晓明
**出版发行**　中国矿业大学出版社有限责任公司
（江苏省徐州市解放南路　邮编221008）
**营销热线**　(0516)83884103　83885105
**出版服务**　(0516)83995789　83884920
**网　　址**　http://www.cumtp.com　**E-mail**:cumtpvip@cumtp.com
**印　　刷**　江苏淮阴新华印务有限公司
**开　　本**　787 mm×1092 mm　1/16　**印张**14　**字数**350千字
**版次印次**　2022年6月第1版　2022年6月第1次印刷
**定　　价**　36.00元
（图书出现印装质量问题，本社负责调换）

# 前　言

本书是根据高素质技术技能人才培养需要，为高等职业院校供热通风与空调工程专业、建筑设备工程技术专业的“流体力学泵与风机”课程编写的教材，也可以作为市政、环境等专业流体力学课程参考用书。本书内容主要涵盖了流体力学和泵与风机两方面内容。

本书在编写过程中根据专业特点和高职学生的基础学情，以够用、适用为度，弱化数理论证，着重于基本概念的理解和基本原理的应用。精选专业实际的工程案例，引导学生学以致用，重在培养学生分析和解决实际问题的能力。同时，本书充分挖掘课程的思政资源，将课程思政巧妙融入教学内容，为每一章节提出了思政目标和切入点，帮助教师在教学过程中贯彻“立德树人”。

本书由江苏建筑职业技术学院张艳宇、刘红侠、袁涛担任主编。具体编写分工如下：第1、2、3、5章由张艳宇编写，第4、6章由袁涛编写，第7、8章由刘红侠编写，第9章由陈晨编写，各章节中涉及工程案例的例题由中核第七研究设计院有限公司王甜、江苏纳奇机电设备工程有限公司纪河编写。

本书尝试打破纸质教材的局限，以二维码为载体，嵌入了部分内容的教学视频，为学生碎片化、互动式、自主性学习需求提供支持，也为社会人员自学提供便利。

本书在编写过程中，虽斟字酌句，力求完美，但由于水平有限，难免有不妥和疏漏之处，恳请广大读者批评指正。

**编　者**
2022年3月

# 目 录

# 第1章 绪 论

**知识目标**

1. 了解：流体力学研究对象、发展简史、方法和应用；作用在流体上的力和力学模型。
2. 掌握：流体的主要力学性质。

**能力目标**

能够运用牛顿内摩擦定律解决实际问题。

**思政目标**

1. 结合流体力学发展简史，了解中华古文明，增强民族自豪感和爱国主义情感，树立为国家强盛而奋斗的家国情怀。
2. 结合流体力学在暖通空调专业中的应用，建立专业认同感。
3. 结合汽蚀现象，树立严谨的工程质量意识和专业责任感。

## 1.1 概述

### 1.1.1 流体力学的研究对象

液体与气体统称为流体。

流体力学是研究流体机械运动规律及其应用的学科，是力学的分支学科。

流体区别于固体的最基本力学特征就是具有流动性。观察流动现象，诸如微风吹过平静的水面，水面因受气流的摩擦力（沿水面作用的切力）而流动。斜坡上的水因受重力沿坡面方向的切向分力而流动。这些现象表明，流体静止时不能承受切力，或者说任何微小切力的作用都会使流体流动，直到切力消失，流动才会停止，这就是流动性的力学解释。此外，流体无论静止或运动，都几乎不能承受拉力。

流体力学研究的内容是机械运动规律，流体运动遵循机械运动的普遍规律，如质量守恒定律、牛顿运动定律、能量转化和守恒定律等，并以这些普遍规律作为建立流体力学理论的基础。

### 1.1.2 流体力学的发展简史

流体力学是人类在长期与自然灾害作斗争的过程中逐步认识和掌握自然规律而逐渐发展形成的，是人类集体智慧的结晶。流体力学形成和发展的历史可分为四个阶段。

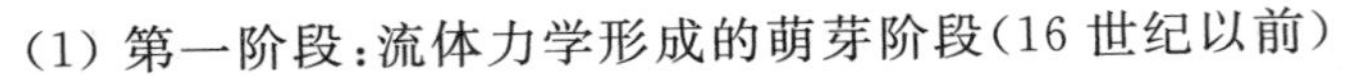

(1) 第一阶段:流体力学形成的萌芽阶段(16 世纪以前)

最早的流体力学理论是公元前 250 年左右由希腊哲学家阿基米德在《论浮体》一书中提出的,它至今仍是流体静力学的一个重要的组成部分。但此后长达 1 700 多年,流体力学未见有重大的进展。直到 15 世纪后期的文艺复兴时期,流体力学发展的停滞局面才被打破。公元 1500 年意大利物理学家和艺术家达·芬奇发表了《水的运动与测量》一文,并导出了不可压缩流体的质量守恒方程,但他的著作直到其死后才被出版。

总的看来,在 16 世纪以前,近代的自然科学还未形成,人类对自然界的认识还只是一些直观的轮廓以及和哲学混在一起的观念。流体力学还没有具备发展成一门独立学科的条件,但是人类在长期生产实践中积累的丰富经验,为流体力学的发展打下了感性认识的基础。

(2) 第二阶段:流体力学奠定了作为一门独立学科的基础阶段(16 世纪中叶至 18 世纪中叶)

16 世纪中叶至 17 世纪中叶是这一阶段的前期。此时由于人们还未找到力和运动之间的普遍联系,尚未发现数学分析的方法,所以当时的一些成就都偏重于流体静力学方面。

17 世纪中叶至 18 世纪中叶是这一阶段的后期。1687 年,牛顿提出了著名的力学定律,奠定了物质机械运动的理论基础。大致同时创立的微积分原理,也为流体力学的发展提供了必要的条件。1738 年,瑞士物理学家伯努利在他的著作《水动力学》一书中首次系统地阐明了水动力学的一些基本概念,并用能量原理解决了一些流动问题。1755 年,瑞士数学家欧拉在他的著作《流体运动的一般原理》中建立了理想流体运动微分方程式,他首先应用数学分析方法研究流体力学问题,为理论流体力学的发展开辟了新的道路。这些成就为流体动力学奠定了基础。

(3) 第三阶段:流体力学沿着古典流体力学和水力学两条道路发展的阶段(18 世纪中叶至 19 世纪末)

欧拉提出的不考虑流体内部摩擦阻力的理想流体,是一种经过简化的抽象的流体。只有在摩擦阻力很小的流动中,由这个方程得到的解答才能较好地符合实际。否则,理论得到的结果甚至可能是荒谬的。到 19 世纪,急剧发展的工程技术又向流体力学提出了许多用理想流体无法解决的问题。在这种情况下,1826 年法国工程师纳维首先提出了考虑流体内部摩擦阻力的黏性流体运动微分方程。此后,很多人致力于研究该微分方程的数学解答。这些研究大大丰富了流体力学的内容,逐渐形成了现在的所谓古典流体力学。

黏性流体运动微分方程虽然考虑了摩擦阻力,但它的形式比较复杂,只有在极简单的情况下才能求解。但是,当时迅速发展的生产又向流体力学提出了一系列新问题要求解决。于是人们不得不求助于实验,根据工程总结与模型实验来解决工程技术问题。水力学就是在这样的背景下逐渐形成的。水力学是在伯努利成就的基础上,利用大量的实验资料来解决那些在古典流体力学中无法解决的问题。

(4) 第四阶段:发展成为近代流体力学的阶段(19 世纪末至今)

从 19 世纪后期开始,流体力学以空前的速度蓬勃发展起来,在这一阶段的发展有以下两个特点:

① 理论与实验密切结合,大大促进了流体力学的发展速度。英国人雷诺于 1882 年首先阐明的相似原理大大提高了对实测资料进行理论概括的能力,从而加速了理论与实验的

结合。雷诺以后,实验技术有了很大提高,实验作用也有所扩大。研究流体运动的实验室(水力学实验室和空气动力学实验室)陆续建立,水力学实验由以现场进行的实物观测为主逐渐发展为实物观测与模型实验并重,实验的目的也不像先前那样局限于解决工程具体问题,同时还加强了对基本理论的验证和基本规律的寻求。理论与实验的密切结合是近代流体力学迅速发展的重要因素。

② 理论与生产实践的密切联系使流体力学的研究领域不断扩大,出现了很多新的分支。这一阶段的最重要特点还在于理论与生产实践的紧密联系。流体力学逐渐广泛地应用于生产实践,在生产实践的推动下,大大丰富了流体力学的内容。流体力学的研究领域不断扩大,出现了许多新的分支。

近代流体力学的发展,首先是和20世纪航空事业的蓬勃兴起分不开的。例如,平面势流理论、机翼理论、螺旋桨理论和边界层理论等,都是在航空事业的推动下发展起来的。德国人普朗特于1904年首先提出边界层理论,对进一步推动流体力学与生产实践的联系起了重大作用。其他诸如与多方面问题有关的紊流理论,与高速飞行和涡轮机制造有关的气体动力学理论等,20世纪以来都获得了巨大的成就。20世纪40年代以来,由于超高速飞行、火箭技术、原子能利用、电子计算机等尖端技术以及其他新兴工业的发展,给流体力学提供了许多新的课题,大大拓展了流体力学的研究领域,促使一些流体力学新分支的诞生,如电磁流体力学、化学流体力学、计算流体力学、非牛顿流体力学、多相流体力学等。这些新分支一般都具有边缘学科的性质。流体力学正越来越多地和其他有关的学科结合,这正是人们的认识由简单到复杂、逐渐认识到物质的不同运动形式之间的相互联系和转化关系的结果。

我国在防治水害和运用水利方面有着悠久的历史。在中国古代的典籍中,就有大禹“疏川导滞”,使滔滔洪水各归于河的记载。战国时期,李冰在岷江中游修筑都江堰,从此成都平原“水旱从人,不知饥馑”。东汉初年,杜诗制造了水排,利用山溪水流驱动鼓风机用于炼铁,这可以说是近代水力机械的先驱。古时计时工具——铜壶滴漏的出现,说明当时对孔口出流的规律已有了一定的认识。只是近代中国长期处于封建统治之下,科学技术严重滞后,致使我国在流体力学发展成为一门严密学科的关键时期,未能做出应有的贡献。

中华人民共和国成立以来,随着工农业发展的需要,人们对流体力学进行了大量的理论和实验研究,获得了很多重要的成果,我国著名科学家钱学森、周培源、郭永怀等在很多方面都有卓越的成就和巨大的贡献。特别是改革开放以来,我国在与流体力学有关的工业生产、工程建设以及国防建设等方面都取得了很大的进步和成就。随着我国社会主义现代化建设的进一步发展,我国流体力学工作者必将为其发展做出更大的贡献。

### 1.1.3　流体力学的研究方法和应用

流体力学的研究方法主要包括理论分析方法、数值计算方法和实验研究方法。

理论分析是通过对流体性质及流动特性的科学抽象,提出合理的理论模型,应用已有的普遍规律建立控制流体运动的闭合方程组,将实际的流动问题转化为数学问题,在相应的边界条件和初始条件下求解。理论分析的研究方法由欧拉首先创立并逐步完善,至今已发展成流体力学的一个分支——理论流体力学,成为流体力学的主要组成部分。但由于数学上的困难,许多实际流动问题还难以精确求解。

数值计算是在应用计算机的基础上，采用各种离散化方法(有限差分法、有限元法等)建立各种数值模型，通过计算机进行大规模数值计算和数值实验，得到在时间和空间上许多由数字组成的集合体，最终获得定量描述流场的数值解。近年来，这一方法得到很大发展，也已形成流体力学的一个分支——计算流体力学。

实验研究则是通过对具体流动的观察与测量来认识流动的规律，理论上的分析结果需要经过实验验证，实验又需用理论来指导，流体力学的实验研究包括原型观测和模型实验，通常以模型实验为主。

上述三种方法互相结合，为发展流体力学理论、解决复杂的工程技术问题奠定了基础。

流体力学现象充斥在我们的日常生活中。血液在血管中的流动，心、肺、肾中的生理流体运动和植物中营养液的输送等，使流体力学与生物工程和生命科学相联系；水从地下、湖泊或河流中用泵输送到每家每户的供水系统，再进入废水的排放系统；液体和气体燃料送到炉腔内燃烧产生热水或蒸汽用于供暖系统或动力系统；在炎热的夏季将室内热量送到室外的制冷与空调系统；废液和废气的处理与排放系统等，使流体力学现象与日常生活密切相关。

流体力学在工程建设和工业生产中的应用也非常广泛。例如，重工业中的电力、采掘等工业，轻工业中的化工、纺织、造纸工业，交通运输业中的飞机、船舶设计，以及农田灌溉、水利建设、河道整治等工程中，无不有大量的流体力学问题需要去解决。在评价废水、废气对环境污染的影响，设计铁路或公路的桥梁、路基排水、隧洞通风等设施时，也需要用到很多流体力学的知识。在供热、供燃气、通风及空调工程专业中，流体力学是一门重要的专业基础课程。专业中的供热、供冷、通风除尘、空气调节、给水排水及燃气输配等，都是以流体作为工作介质，应用它们的物理特性、平衡和运动规律，将它们有效组织起来应用于这些技术工程中的。因此，只有学好流体力学，才能对专业中的流体力学现象做出科学的定性分析及精确的定量计算，才能正确地解决工程中所遇到的流体力学方面的设计、计算、运行等问题。

## 1.2 流体的主要力学性质

流体的主要力学性质有：密度、容重、压缩性和热胀性、黏滞性、汽化压强及表面张力特性。

### 1.2.1 密度和容重

和任何物质一样，流体具有质量和重力。

质量特性以密度表示。单位体积流体的质量称为流体的密度，用符号 $\rho$ 表示，单位是 $kg/m^3$。在连续介质假设的前提下，对于均质流体，其密度的表达式为：

$$\rho = \frac{m}{V} \tag{1-1}$$

式中 $V$——流体的体积，$m^3$；

$m$——流体的质量，kg。

流体所受地球的引力为流体的重力特性。重力特性用容重表示。单位体积流体所受引力为流体的容重，用符号 $\gamma$ 表示，单位是 $N/m^3$。对于均质流体，其容重的表达式为：

$$\gamma = \frac{G}{V} \tag{1-2}$$

流体处在地球引力场中，所受引力（即重力）为 $G=mg$，故密度与容重的关系为：

$$\gamma = \rho g \tag{1-3}$$

不同流体的密度和容重各不相同，同一种流体的密度和容重则随温度和压强而变化。一个标准大气压下，常用流体的密度和容重见表 1-1。

**表 1-1 常用流体的密度和容重（标准大气压下）**

| 名称 | 水 | 水银 | 乙醇 | 煤油 | 空气 | 氧气 | 氮气 |
|---|---|---|---|---|---|---|---|
| 密度/($kg/m^3$) | 1 000 | 13 590 | 790 | 800～850 | 1.2 | 1.43 | 1.25 |
| 容重/($N/m^3$) | 9 807 | 133 318 | 7 745 | 7 848～8 338 | 11.77 | 14.02 | 12.27 |
| 测定温度/℃ | 4 | 0 | 15 | 15 | 20 | 0 | 0 |

### 1.2.2 压缩性和热胀性

当温度保持不变时，流体的体积随压强增大而减小的性质称为流体的压缩性。当压强保持不变时，流体的体积随温度升高而增大的性质称为流体的热胀性。

（1）液体的压缩性和热胀性

液体的压缩性用压缩系数 $\beta$ 来表示。它是指温度不变时，密度增加率 $d\rho/\rho$ 与压强变化 $dp$ 的比值，即：

$$\beta = \frac{d\rho/\rho}{dp} \tag{1-4}$$

压缩系数 $\beta$ 越大，则液体的压缩性也越大，$\beta$ 的单位为 $m^2/N$。

由压缩性的定义可知，压缩率 $\beta$ 也可以表示为：

$$\beta = -\frac{dV/V}{dp} \tag{1-5}$$

压缩系数 $\beta$ 的倒数称为弹性模量，以 $E$ 表示，即：

$$E = \frac{1}{\beta} = \frac{dp}{d\rho/\rho} = -\frac{dp}{dV/V} \tag{1-6}$$

表 1-2 列举了 0 ℃时水在不同压强下的压缩系数。

**表 1-2 0 ℃时水在不同压强下的压缩系数**

| 压强/kPa | 500 | 1 000 | 2 000 | 4 000 | 8 000 |
|---|---|---|---|---|---|
| $\beta$/($10^{-9}$ $m^2/N$) | 0.538 | 0.536 | 0.531 | 0.528 | 0.515 |

由表 1-2 可以看出，液体的压缩系数很小，工程上一般将液体视为不可压缩的，即认为液体的体积（或密度）与压力无关。但在瞬间压强变化很大的特殊场合（如压力管道的水击问题），则必须考虑水的压缩性。

液体的热胀性用热胀系数 $\alpha$ 来表示。它是指压强不变，当温度增加 $dT$ 时，流体体积的增加率 $dV/V$ 或密度的减小率 $d\rho/\rho$ 与 $dT$ 的比值，即：

$$\alpha=\frac{\mathrm{d}V/V}{\mathrm{d}T}=-\frac{\mathrm{d}\rho/\rho}{\mathrm{d}T} \tag{1-7}$$

热胀系数 $\alpha$ 越大，则液体的热胀性也越大，$\alpha$ 的单位为 $K^{-1}$。

表 1-3 列举了水在一个大气压下，不同温度时的容重及密度。

**表 1-3　一个大气压下水的容重及密度**

| 温度 /℃ | 容重 /(N/m³) | 密度 /(kg/m³) | 温度 /℃ | 容重 /(N/m³) | 密度 /(kg/m³) | 温度 /℃ | 容重 /(N/m³) | 密度 /(kg/m³) |
|---|---|---|---|---|---|---|---|---|
| 0 | 9 806 | 999.9 | 20 | 9 790 | 998.2 | 60 | 9 645 | 983.2 |
| 1 | 9 806 | 999.9 | 25 | 9 778 | 997.1 | 65 | 9 617 | 980.6 |
| 2 | 9 807 | 1 000 | 30 | 9 775 | 995.7 | 70 | 9 590 | 977.8 |
| 3 | 9 807 | 1 000 | 35 | 9 749 | 994.1 | 75 | 9 561 | 974.9 |
| 4 | 9 807 | 1 000 | 40 | 9 731 | 992.2 | 80 | 9 529 | 971.8 |
| 5 | 9 807 | 1 000 | 45 | 9 710 | 990.2 | 85 | 9 500 | 968.7 |
| 10 | 9 805 | 999.7 | 50 | 9 690 | 988.1 | 90 | 9 467 | 965.3 |
| 15 | 9 799 | 999.1 | 55 | 9 657 | 985.7 | 100 | 9 399 | 958.4 |

表 1-3 中，水的密度在 2～5 ℃时具有最大值，高于 5 ℃后，水的密度随温度升高而下降，液体热胀性非常小，温度升高 1 ℃，水的密度降低仅为万分之几。一般工程上不考虑液体的热胀性，但在热水采暖工程中需考虑水的膨胀性，以防止管道与散热器被胀裂，在采暖系统中设置膨胀水箱以释放膨胀后的液体体积。

(2) 气体的压缩性和热胀性

气体和液体在这方面大不相同，压强和温度的改变对气体密度的影响很大，当实际气体远离其液态时，这些气体可以近似地看作理想气体。理想气体的压力、温度、密度间的关系应服从理想气体状态方程：

$$\frac{p}{\rho}=RT \tag{1-8}$$

式中　$p$——绝对压强，Pa；

$T$——绝对温度，K；

$\rho$——密度，$kg/m^3$；

$R$——气体常数，N·m/(kg·K)，其值取决于不同的气体，$R=\frac{8\ 314}{n}$，$n$ 为气体的相对分子量，对于空气 $R=287$。

表 1-4 列举了标准大气压(760 mmHg)下，空气在不同温度时的容重及密度。

气体较液体而言具有较大的压缩性和热胀性，但是在工程实际中，如果压强和温度变化不大时，仍可将气体看作不可压缩流体，这样在不影响工程计算精度的情况下，可以大大简化其分析和计算。如通风与空调工程中，送风加热和冷却的过程中温度变化不大，且均在等压下进行，所以近似将空气看作不可压缩流体是完全可以的。

表 1-4 标准大气压下空气的容重及密度

| 温度/℃ | 容重/(N/m³) | 密度/(kg/m³) | 温度/℃ | 容重/(N/m³) | 密度/(kg/m³) | 温度/℃ | 容重/(N/m³) | 密度/(kg/m³) |
|---|---|---|---|---|---|---|---|---|
| 0 | 12.70 | 1.293 | 25 | 11.62 | 1.185 | 60 | 10.40 | 1.060 |
| 5 | 12.47 | 1.270 | 30 | 11.43 | 1.165 | 70 | 10.10 | 1.029 |
| 10 | 12.24 | 1.248 | 35 | 11.23 | 1.146 | 80 | 9.81 | 1.000 |
| 15 | 12.02 | 1.226 | 40 | 11.05 | 1.128 | 90 | 9.55 | 0.973 |
| 20 | 11.80 | 1.205 | 50 | 10.72 | 1.093 | 100 | 9.30 | 0.947 |

但气体流速接近声速或变化较大时，流体在流动过程中将产生较大的压强变化，密度也将产生较大变化。如喷管内的气体流动，此时应将气体看成可压缩流体。因此，是否考虑气体的压缩性和热胀性要具体问题具体分析。

### 1.2.3 黏滞性

黏滞性是流体固有的，是有别于固体的主要物理性质。当流体相对于物体运动时，流体内部质点间或流层间因相对运动而产生内摩擦力(切向力或剪切力)以反抗相对运动，从而产生了摩擦阻力。这种在流体内部产生内摩擦力以阻碍流体运动的性质称为流体的黏滞性，简称黏性。

为了说明流体的黏滞性，现分析两块忽略边缘影响的无限大平板间的流体。如图 1-1 所示，平板间距离为 $\delta$，中间充满了流体，下平板静止，上平板在力 $F$ 的作用下以速度 $u$ 做平行移动，平板面积为 $A$。在平板壁面上，流体质点因黏性作用而黏附在壁面上，壁面处流体质点相对于壁面的速度为 0，称为黏性流体的不滑移边界条件。因此，上平板处流体质点的速度为 $u$，下平板处流体质点的速度为 0，两平板间流体质点速度的变化称为速度分布。如果平板间距离不是很大，速度不是很高，而且没有流体流入和流出，则平板间的速度分布是线性的。

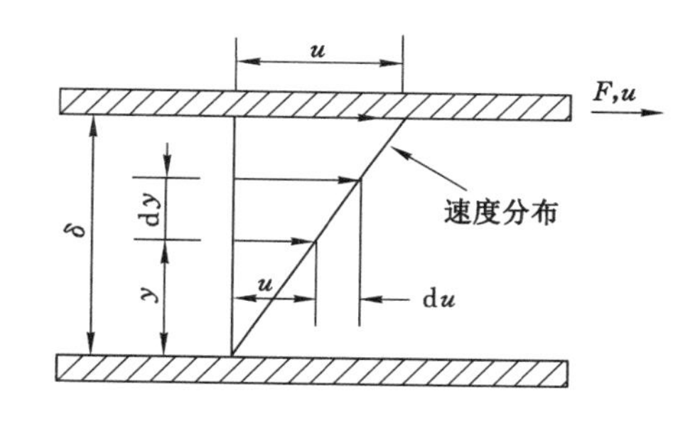


图 1-1 平板间速度分布

对于大多数流体，平板拉力 $F$ 与平板面积 $A$、平板平移速度 $u$ 成正比，与平板间距离 $\delta$ 成反比，即：

$$F \propto \frac{Au}{\delta}$$

根据相似三角形定理，可以用速度梯度 $\mathrm{d}u/\mathrm{d}y$ 代替 $u/\delta$，并引入与流体性质有关的比例系数 $\mu$，可以得到任意两个薄平板间的切向应力为：

$$\tau = \frac{F}{A} = \mu \frac{u}{\delta} = \mu \frac{\mathrm{d}u}{\mathrm{d}y} \tag{1-9}$$

上式称为牛顿内摩擦定律，是常用的黏滞力计算公式。其中，$\mu$ 称为流体动力黏性系数，一般又称为动力黏度，其单位为 $\mathrm{N \cdot s/m^2}$ 或 $\mathrm{Pa \cdot s}$。不同的流体有不同的 $\mu$ 值，$\mu$ 值越大，表明其黏性越强。

$\frac{du}{dy}$ 项是流体在垂直流速方向上的速度梯度，实质是流体微团的角变形速率，表明黏滞性也具有抵抗角变形速率的能力。

工程中还经常用到动力黏度与密度的比值来表示流体的黏性，其单位是 $m^2/s$，具有运动学的量纲，故称为运动黏滞系数，以符号 $\nu$ 表示，即：

$$\nu = \frac{\mu}{\rho} \tag{1-10}$$

实际使用中，$\mu$ 或 $\nu$ 都是反映流体黏滞性的参数。$\mu$ 或 $\nu$ 值越大，表明流体的黏滞性越强。但两个黏滞系数也是有差别的，主要表现在：工程中遇到的大多数流体的动力黏性系数与压力变化无关，只是在较高的压力下，其值略高一些；但是气体的运动黏度随压力显著变化，因为其密度随压力变化。因此，如果要确定非标准状态下的运动黏度，可先查得与压力无关的动力黏度，再通过计算得到运动黏度。气体的密度可以由状态方程得到。温度则是影响 $\mu$ 和 $\nu$ 的主要因素，图 1-2 反映了一般流体的黏性取决于温度的情况。当温度升高时，所有液体的黏性是下降的，而所有气体的黏性是上升的。原因是黏性取决于分子间的引力和分子间的动量交换。因此，随温度升高，分子间的引力减小而动量交换加剧。液体的黏滞力主要取决于分子间的引力，而气体的黏滞力则取决于分子间的动量交换。所以，液体与气体产生黏滞力的主要原因不同，造成截然相反的变化规律。

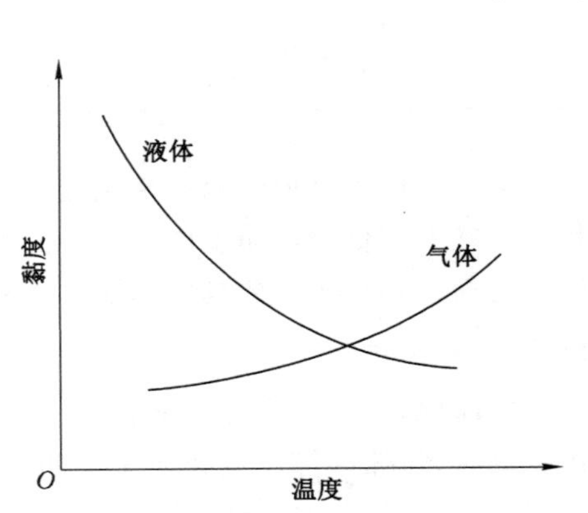


图 1-2　黏度随温度的变化趋势

表 1-5 列出了水在不同温度下的黏性系数（一个大气压下）。

**表 1-5　水的黏性系数（一个大气压下）**

| 温度/℃ | $\mu/(10^{-3}$ Pa·s) | $\nu/(10^{-6}$ $m^2/s)$ | 温度/℃ | $\mu/(10^{-3}$ Pa·s) | $\nu/(10^{-6}$ $m^2/s)$ |
|---|---|---|---|---|---|
| 0 | 1.781 | 1.785 | 40 | 0.653 | 0.658 |
| 5 | 1.518 | 1.519 | 45 | 0.589 | 0.595 |
| 10 | 1.300 | 1.306 | 50 | 0.547 | 0.553 |
| 15 | 1.139 | 1.139 | 60 | 0.466 | 0.474 |
| 20 | 1.002 | 1.003 | 70 | 0.404 | 0.413 |
| 25 | 0.890 | 0.893 | 80 | 0.354 | 0.364 |
| 30 | 0.798 | 0.800 | 90 | 0.315 | 0.326 |
| 35 | 0.693 | 0.698 | 100 | 0.282 | 0.294 |

表 1-6 列出了空气在不同温度下的黏性系数(一个大气压下)。

**表 1-6 空气的黏性系数(一个大气压下)**

| 温度/℃ | $\mu/(10^{-3}$ Pa·s) | $\nu/(10^{-6}$ m$^2$/s) | 温度/℃ | $\mu/(10^{-3}$ Pa·s) | $\nu/(10^{-6}$ m$^2$/s) |
|---|---|---|---|---|---|
| 0 | 0.017 2 | 13.7 | 90 | 0.021 6 | 22.9 |
| 10 | 0.017 8 | 14.7 | 100 | 0.021 8 | 23.6 |
| 20 | 0.018 3 | 15.7 | 120 | 0.022 8 | 26.2 |
| 30 | 0.018 7 | 16.6 | 140 | 0.023 6 | 28.5 |
| 40 | 0.019 2 | 17.6 | 160 | 0.024 2 | 30.6 |
| 50 | 0.019 6 | 18.6 | 180 | 0.025 1 | 33.2 |
| 60 | 0.020 1 | 19.6 | 200 | 0.025 9 | 35.8 |
| 70 | 0.020 4 | 20.5 | 250 | 0.028 0 | 42.8 |
| 80 | 0.021 0 | 21.7 | 300 | 0.029 8 | 49.9 |

最后需要指出:牛顿内摩擦定律不是对所有流体都适用,有些特殊的流体不满足牛顿内摩擦定律,如人体中的血液、油漆、黏土和水的混合溶液等,这些流体称为非牛顿型流体。能满足牛顿内摩擦定律的流体称为牛顿型流体,如水、空气和许多润滑油等。本课程仅涉及牛顿型流体的力学问题。

**【例 1-1】** 如图 1-3 所示,在两块相距 20 mm 的平板间充满动力黏度为 0.065 N·s/m$^2$ 的油,如果以 1 m/s 的速度匀速拉动距上平板 5 mm 处、面积为 0.5 m$^2$ 的薄板,求所需要的拉力。

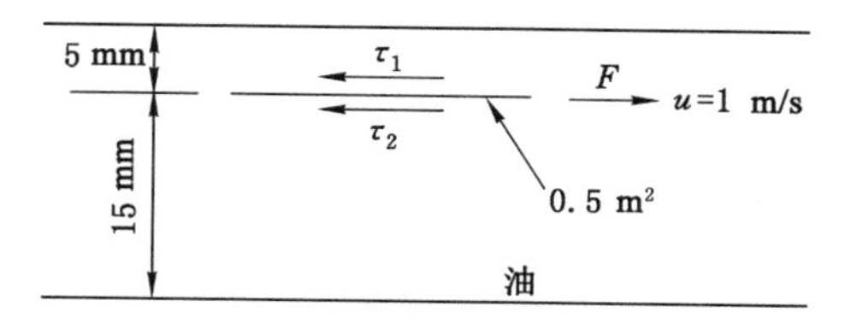


图 1-3 平板间薄板受力

**【解】** 根据 $\tau=\mu\dfrac{\mathrm{d}u}{\mathrm{d}y}\approx\mu\dfrac{u}{\delta}$有:

$$\tau_1 = 0.065 \times 1/0.005 = 13\ (\mathrm{N/m^2})$$

$$\tau_2 = 0.065 \times 1/0.015 \approx 4.33\ (\mathrm{N/m^2})$$

$$F = (\tau_1 + \tau_2)A = (13 + 4.33) \times 0.5 = 8.665\ (\mathrm{N})$$

### 1.2.4 汽化压强

所有液体都会蒸发或沸腾,将它们的分子释放到表面外的空间中。这样宏观上,在液体的自由表面就会存在一种向外扩张的压强(压力),就是使液体沸腾或汽化的压强,这种压强就称为汽化压强(或汽化压力)。因为液体在某一温度下的汽化压强与液体在该温度下的饱和蒸气压所具有的压强对应相等,所以液体的汽化压强又称为液体的饱和蒸气压强。

分子的活动能力随温度升高而增强,随压力升高而减弱,汽化压强也随温度升高而增大。水的汽化压强与温度的关系见表 1-7。

表 1-7　水在不同温度下的汽化压强

| 温度/℃ | 汽化压强/kPa | 温度/℃ | 汽化压强/kPa | 温度/℃ | 汽化压强/kPa |
|---|---|---|---|---|---|
| 0 | 0.61 | 30 | 4.24 | 70 | 31.16 |
| 5 | 0.87 | 40 | 7.38 | 80 | 47.34 |
| 10 | 1.23 | 50 | 12.33 | 90 | 70.10 |
| 20 | 2.34 | 60 | 19.92 | 100 | 101.33 |

在任意给定的温度下，如果液面的压力降低到低于饱和蒸气压时，蒸发速率迅速增加，称为沸腾。因此，在给定温度下，饱和蒸气压力又称沸腾压力，在涉及液体的工程中非常重要。

液体在流动过程中，当液体与固体的接触面处于低压区并低于汽化压强时，液体产生汽化，在固体表面产生很多气泡；若气泡随液体的流动进入高压区，气泡中的气体便液化，这时液化过程产生的液体将冲击固体表面。如果这种运动是周期性的，将对固体表面造成疲劳并使其剥落，这种现象称为汽蚀。汽蚀是非常有害的，在工程应用时，必须避免汽蚀。

### 1.2.5　液体的表面张力和毛细现象

当液体与其他流体或固体接触时，在分界面上会出现一些特殊现象。例如，水滴悬在水龙头出口而不滴落，细管中的液体自动上升或下降一个高度，铁针浮在液面上而不下沉，空气中固体平面上的水银滴粒几乎为球状，而水滴却呈扁平状，液体的自由表面好像一个被拉紧了的弹性薄膜。这是由于液体分子间以及与边界分子间的吸引力不同所致，称为液体的表面张力特性。

液体内部分子间的内聚吸引力各向同性，处于平衡状态，而表面上的分子却缺失了与表面正交方向的吸引力，为了平衡，只能寻求相邻分子间与表面平行方向的相互吸引，从而产生了沿表面方向的拉力，单位长度上的这种拉力称为表面张力，用表面张力系数 $\sigma$ 表示其大小，其单位为 N/m，表面张力系数随液体种类和温度而异，表面张力越大，液滴就越接近球形。

表面张力的数值不大，对一般工程流体力学问题可以忽略不计。但是当内径较小的玻璃管插入液体中时，表面张力会使管中液面上升（如水）或下降（如水银）一个高度，如图 1-4 所示。这样，用细玻璃管作为仪器测量水位或压强时会产生误差。玻璃管内径 $d$ 越小，毛细管现象引起的误差越大。所以在实验室中测压管通常用直径不小于 10 mm 的玻璃管，以减小误差。

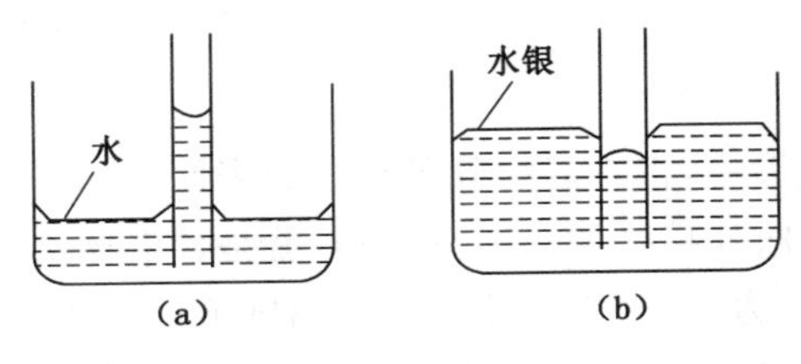


图 1-4　毛细现象

# 1.3 作用在流体上的力及力学模型

作用在流体上的力是流体运动状态变化的重要外因，因此在研究流体运动规律时，必须分析作用在流体上的力。根据力作用方式的不同，作用在流体上的力可分为表面力和质量力。

## 1.3.1 表面力

作用于流体（或分离体）表面上的力称为表面力。流体的面积可以是流体的自由表面的面积，也可以是内部截面积（如图 1-5 所示的隔离体面积 $\Delta A$），因为流体内部几乎不能承受拉力，所以作用于流体上的表面力只可分解为垂直于表面的法向力和平行于表面的切向力。

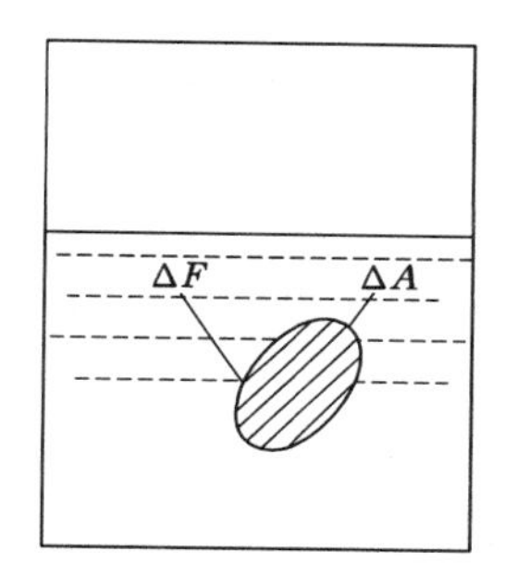


图 1-5 作用在静止液体上的表面力

作用于流体的法向力即为流体的压力，作用于流体的切向力即为流体内部的内摩擦力。

在流体内部，表面力的分布情况可用单位面积上的表面力（即应力）来表示。单位面积上的压力称为压应力（或压强），以 $p$ 表示；单位面积上的切向力称为切应力，以 $\tau$ 表示。

## 1.3.2 质量力

作用于流体的每一质点或微团上的力称为质量力。例如，重力场中地球对流体的引力所产生的重力（$G=mg$）、直线运动的惯性力（$F=ma$）和旋转运动中的离心惯性力（$F=mr\omega^2$）等（式中 $\omega$ 是角速度）。

质量力常用单位质量力来表示。若某均质流体的质量为 $m$，所受的质量力为 $F$，则单位质量力为：

$$f=\frac{F}{m}$$

设 $F$ 在三个空间坐标轴上的分量分别为 $F_x$、$F_y$、$F_z$，则 $f$ 在相应的三个坐标轴上的分量 $X$、$Y$、$Z$ 分别可表示为：

$$X=\frac{F_x}{m},\quad Y=\frac{F_y}{m},\quad Z=\frac{F_z}{m}$$

单位质量力的单位与加速度的单位相同，即 $\mathrm{m/s^2}$。

## 1.3.3 流体的力学模型

客观上存在的实际流体，物质结构和物理性质非常复杂，如果全面考虑它的所有因素，将很难提出它的力学关系式。为此，在分析考虑流体力学问题时，根据抓住主要矛盾的观点建立力学模型，对流体加以科学的抽象，简化流体的物质结构和物理性质，以便于列出流体运动规律的数学方程式，下面介绍几个主要的流体力学模型。

首先，我们将流体视为“连续介质”。我们知道，不论是液体或气体，总是由无数的分子所组成，分子之间有一定的间隙，也就是说，流体实质上是不连续的。由于流体力学是研究宏观的机械运动（无数分子总体的力学效果），而不是研究微观的分子运动，作为研究单元的质点，也是由无数的分子所组成，并具有一定的体积和质量。因此，可以将流体认为是充满其所占据空间无任何空隙的质点所组成的连续体。这种“连续介质”的模型，是对流体物质结构的简化，使我们在分析问题时得到两大方便：第一，它使我们不考虑复杂的微观分子运动，只考虑在外力作用下的宏观机械运动；第二，能运用数学分析的连续函数工具。因此，本书均采用“连续介质”这个模型。

其次是无黏性流体。一切流体都具有黏性，提出无黏性流体的概念，是对流体物理性质的简化。因为在某些问题中，黏性不起作用或不起主要作用。这种不考虑黏性作用的流体，称为无黏性流体（或理想流体）。如果在某些问题中，黏性影响较大而不能忽略时，我们也用“两步走”的办法，先当作无黏性流体分析，得出主要结论，然后采用实验的方法考虑黏性的影响，加以补充或修正。这种考虑黏性影响的流体，称为黏性流体。

再次是不可压缩流体。这是不计压缩性和热胀性而对流体物理性质的简化，液体的压缩性和热胀性均很小，密度可视为常数，通常用不可压缩流体模型。气体在大多数情况下，也可采用不可压缩流体模型，只有在某些情况下，如速度接近或超过声速时，在流动过程中其密度变化很大时，才必须用可压缩流体模型。本书主要讨论不可压缩流体，也有一定内容讨论可压缩流体在管中的流动。

以上三个是流体力学的主要力学模型，以后在具体分析问题时，还要提出一些模型。

## 思考与练习

1-1　流体的密度和容重有何联系？

1-2　什么是流体的黏滞性？它对流动有什么作用？动力黏度和运动黏度有何区别及联系？

1-3　液体和气体的黏度随着温度变化的趋势是否相同？为什么？

1-4　何为流体的压缩性和热胀性？举例说明生活中的应用。

1-5　根据液体的汽化压强特性，液流在什么条件下会产生不利因素？

1-6　按作用方式的不同，以下作用力：压力、重力、摩擦力、惯性力，哪些是表面力？哪些是质量力？

1-7　实际工程中是否存在连续性介质、不可压缩及无黏性流体？为什么要提出这些力学模型？

1-8　水的密度为 1 000 $kg/m^3$，2 L 水的质量和重力是多少？

1-9　体积为 5 $m^3$ 的水，在温度不变情况下，压强从 0.098 MPa 增加到 0.49 MPa 时，体积减小 1 L。求水的压缩系数和弹性模量。

1-10　水的容重 $\gamma=9.71$ $kN/m^3$，动力黏度 $\mu=0.6\times10^{-3}$ Pa·s，求其运动黏度。

1-11　温度为 20 ℃的空气，在直径为 2.5 cm 的管中流动，距管壁上 1 mm 处的空气流速为 3 cm/s，求作用于单位长度管壁上的黏滞力。

1-12 图 1-6 所示为一水暖系统，为了防止水温升高时体积膨胀将水管胀裂，在系统顶部设一膨胀水箱。若系统内水的总体积为 8 $m^3$，加温前后温差为 50 ℃，在其温度范围内水的膨胀系数 $\alpha=0.000\,51$ ℃$^{-1}$。求膨胀水箱的最小容积。

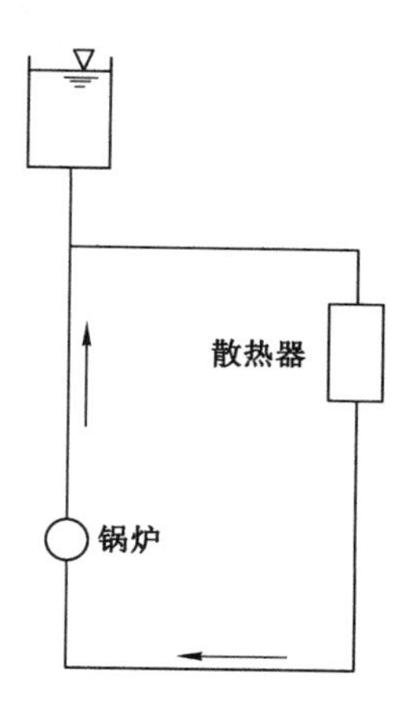


图 1-6 题 1-12 图

# 第2章　流体静力学

知识目标

1. 理解:液柱式测压计的基本原理。

2. 掌握:流体静压强的基本概念、基本特性;流体静压强基本方程及其应用;压强的两种基准和三种表示方法;作用于平面上的液体总压力的计算方法。

能力目标

应用等压面和静压基本方程解决实际问题。

思政目标

1. 结合压强的不同表示方法,建立透过现象看本质的辩证法思维。

2. 结合液柱式测压计的原理,树立理论成果应用转化的意识。

流体静力学研究处于静止状态下的力学规律及其实际应用。静止或相对静止的流体中,不存在相对运动,无论黏滞性多大,均没有切力。又知道流体不能承受拉力,因此静止流体中只存在压力作用,所以流体静力学的主要任务是研究流体内部静压强的分布规律,并在此基础上解决一些工程实际问题。流体静力学是流体力学的基础,它总结的规律可以用于整个流体力学中。

## 2.1　流体静压强及其特性

### 2.1.1　流体静压强的定义

从静止的均质流体中取出一个分离体,如图2-1所示。假设用一个$M$平面将该分离体分成Ⅰ和Ⅱ两部分,并将Ⅰ部分移去。这时要使Ⅱ部分保持原来的静止状态,必须用一个等效力$P$代替原Ⅰ部分对Ⅱ部分的作用,这个力即为流体Ⅰ部分对Ⅱ部分的压力,也称流体静压力。

在切面上取一个微小面积$\Delta A$,设$\Delta P$为Ⅰ部分作用在面积$\Delta A$上的静压力,则$\Delta P$与$\Delta A$的比值称为$\Delta A$面上的平均静压强,以$\overline{p}$表示,则有:

$$\overline{p}=\frac{\Delta P}{\Delta A} \tag{2-1}$$

若$m$点为$\Delta A$的中心,则当$\Delta A$无限缩小至$m$点时,$\Delta P/\Delta A$的极限值称为$m$点的静压

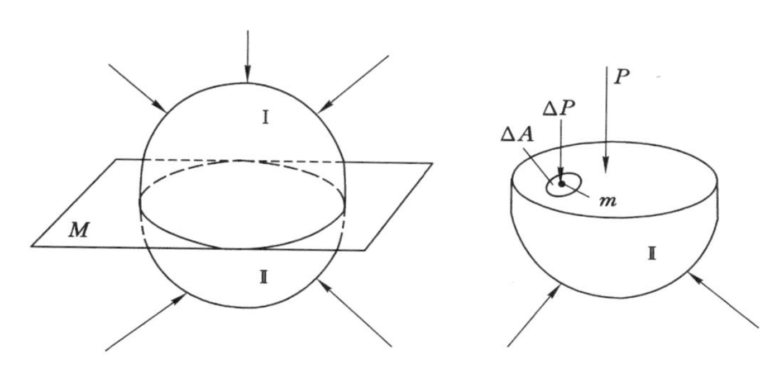


图 2-1 静止流体间的相互作用

强，以 $p_m$ 表示，则有：

$$p_m = \lim_{A \to m} \frac{\Delta P}{\Delta A} \tag{2-2}$$

由以上可以看出，流体的静压力和静压强都是压力的一种量度。它们的区别在于：前者是作用在某一面积上的总压力；后者是作用在某一单位面积或某一点上的压力。平均静压强反映了受压面上各点静压强的平均值，而点压强则精确地反映了受压面上各点的受压情况。

在国际单位制中，静压强的单位为帕斯卡，简称帕(Pa)，1 Pa＝1 N/m²。除帕外，压强还有其他单位，后面将加以介绍。

### 2.1.2 流体静压强的特性

流体静压强有两个重要特性：

(1) 流体静压强的方向与作用面垂直并指向作用面，即为作用面的内法线方向。静压强的这一特性可以直接从流体的力学特性得到证明。我们知道，在任何微小的剪切力作用下流体都要流动，流体要保持静止便不能受剪切力作用。而流体在拉力作用下，通常也要产生流动，所以流体要保持静止，也不能受拉力作用。因此，流体要保持静止状态，唯一可能受的作用力就是沿作用面内法线方向的静压力。

根据流体静压强的这一特性，流体作用于固体壁面上的静压强，恒垂直于固体的壁面，即沿着作用面的内法线方向。

(2) 静止流体中任一点压强的大小在各个方向上均相等，与作用面的方位无关，只与该点的位置有关。

下面证明这一特性。从静止的流体中取一个微小四面体 $OABC$，如图 2-2 所示。设直角坐标原点与 $O$ 重合，正交的三个边边长分别为 $\mathrm{d}x$、$\mathrm{d}y$、$\mathrm{d}z$，并分别与 $x$、$y$、$z$ 轴重合；$\rho$ 为流体的密度；$p_x$、$p_y$、$p_z$、$p_\mathrm{n}$ 分别为作用于$\triangle OAC$、$\triangle OAB$、$\triangle OBC$ 和$\triangle ABC$ 面上的压强；单位质量力在 $x$、$y$、$z$ 方向上的分量分别为 $X$、$Y$、$Z$。下面对四面体进行受力分析。

由于四面体处于静止状态，所以四面体所受的表面力只有静压力。用 $P_x$、$P_y$、$P_z$、$P_\mathrm{n}$ 分别表示$\triangle OAC$、$\triangle OAB$、$\triangle OBC$ 和$\triangle ABC$ 面上所受到的静压力，则有：

$$\begin{cases} P_x = \dfrac{1}{2} p_x \mathrm{d}y\mathrm{d}z \\ P_y = \dfrac{1}{2} p_y \mathrm{d}x\mathrm{d}z \\ P_z = \dfrac{1}{2} p_z \mathrm{d}x\mathrm{d}y \\ P_\mathrm{n} = p_\mathrm{n}\mathrm{d}A \quad (\mathrm{d}A \text{ 为 } \Delta ABC \text{ 的面积}) \end{cases}$$

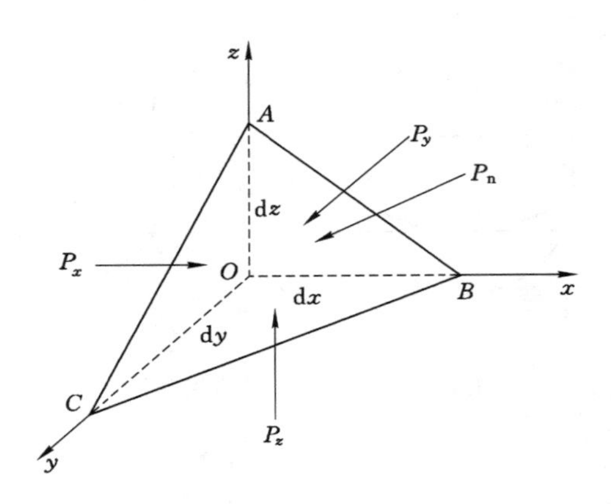


图 2-2 微小四面体的受力分析

作用于四面体上的力还有质量力。用 $F_x$、$F_y$、$F_z$ 分别表示质量力在 $x$、$y$、$z$ 轴上的分量，$\mathrm{d}V$ 表示微元四面体的体积，则有：

$$\begin{cases} F_x = \rho \mathrm{d}VX = \dfrac{1}{6}\rho \mathrm{d}x\mathrm{d}y\mathrm{d}zX \\ F_y = \rho \mathrm{d}VY = \dfrac{1}{6}\rho \mathrm{d}x\mathrm{d}y\mathrm{d}zY \\ F_z = \rho \mathrm{d}VZ = \dfrac{1}{6}\rho \mathrm{d}x\mathrm{d}y\mathrm{d}zZ \end{cases}$$

微元四面体在上述两种力的作用下处于平衡状态，其在各方向上所受的合外力应为零。以 $x$ 方向为例，则有：

$$P_x - P_\mathrm{n}\cos\theta_x + F_x = 0$$

$$\frac{1}{2}p_x\mathrm{d}y\mathrm{d}z - p_\mathrm{n}\mathrm{d}A\cos\theta_x + \frac{1}{6}\rho\mathrm{d}x\mathrm{d}y\mathrm{d}zX = 0$$

式中，$\theta_x$ 为 $\triangle ABC$ 面的外法线方向与 $x$ 轴正方向的夹角。

由几何关系知，$\mathrm{d}A\cos\theta_x = \dfrac{1}{2}\mathrm{d}y\mathrm{d}z$，将其代入上式，并略去无穷小量，则有：

$$p_x = p_\mathrm{n}$$

同理有：

$$\begin{cases} p_y = p_\mathrm{n} \\ p_z = p_\mathrm{n} \end{cases}$$

由此可得：

$$p_x = p_y = p_z = p_\mathrm{n} \tag{2-3}$$

由于 $p_\mathrm{n}$ 方向是任意选取的，所以式(2-3)证明了流体静压强特性(2)的结论。由此可知，流体静压强只是空间位置坐标的函数，即：

$$p = f(x, y, z)$$

## 2.2　流体静压强的分布规律

在实际应用中，作用于平衡流体的质量力常常只有重力，即所谓静止流体。本节就来讨论静止流体中压强的分布规律。

由于流体本身有重力和易流动性，对容器的底部和侧壁产生静压强，现在来分析静压强的分布规律。假设在容器侧壁上开三个小孔，如图2-3所示，容器内灌满水，然后把三个小孔的塞头打开，这时可以看到水流分别从三个小孔喷射出来，孔口越低，水喷射越急。这个现象说明水对容器侧壁不同深处的压强是不一样的，即压强随着水深的增加而增大；如果在容器侧壁同一深度处开几个小孔，则我们可以看到从各孔口喷射出来的水流都一样，这说明水对容器侧壁同一深度处的压强相等。

观察这些现象，可以感性地认识到流体对容器侧壁的压强随着深度的增加而增大，且同一深度处的压强相等。下面我们来进行具体分析。

### 2.2.1　流体静压强的基本方程

在静止液体中，假设任取一倾斜的微小流体圆柱体。取微小圆柱长为$\Delta l$，两端面高差为$\Delta h$，两端面面积为$dA$，并垂直于柱轴线，柱轴线与垂直面夹角为$\alpha$，如图2-4所示。现在我们来分析作用在液柱上的力。

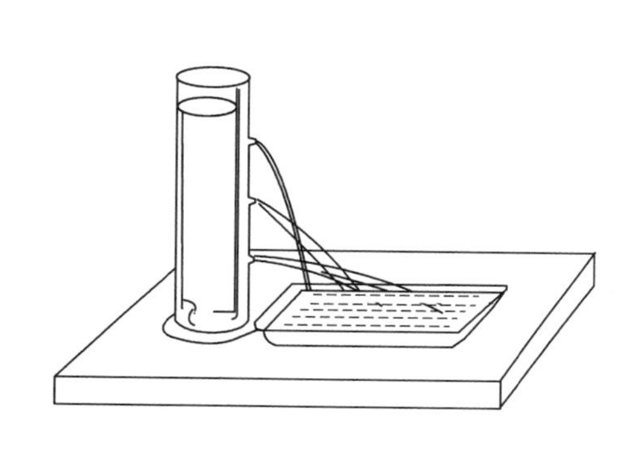

图2-3　侧壁开有小孔的容器

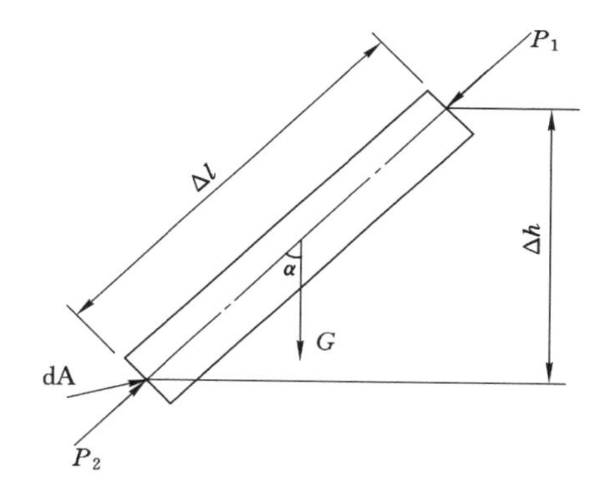


图2-4　液体中微小圆柱的受力分析

(1) 表面力

周围静止流体对圆柱体作用的表面力有侧面压力及两端面的压力。

作用在液柱两端面压力分别为$P_1$、$P_2$，沿液柱轴线方向且方向相反；作用在液柱侧面上的压力垂直指向作用面，所以侧面压力与轴向正交，沿轴向无分力。

(2) 质量力

静止液体受的质量力只有重力$G$，方向铅直向下，与液柱轴线夹角为$\alpha$，$G$可分解为平行轴向的$G\cos\alpha$和垂直于轴向的$G\sin\alpha$两个分力。

在上述各力的共同作用下，微小圆柱体处于静止状态，在轴向也必处于平衡状态，其轴向力平衡方程为：

$$P_2 - P_1 - G\cos\alpha = 0$$

由于微小圆柱体断面积很小，所以断面上各点压强变化可以忽略不计，即可认为断面上各点压强相等，则两端压力分别为 $P_1=p_1\mathrm{d}A$ 及 $P_2=p_2\mathrm{d}A$。而圆柱体所受重力可表达为 $G=\gamma\Delta l\mathrm{d}A$，用 $p_1$、$p_2$ 分别表示该圆柱体两端压强，即重度乘以体积。代入平衡方程得：

$$p_2\mathrm{d}A-p_1\mathrm{d}A-\gamma\Delta l\mathrm{d}A\cos\alpha=0 \tag{2-4}$$

消去式中 $\mathrm{d}A$，并由于 $\Delta l\cos\alpha=\Delta h$，经过整理得：

$$p_2-p_1=\gamma\Delta h$$

即有：

$$p_2=p_1+\gamma\Delta h$$

或

$$\Delta p=\gamma\Delta h$$

倾斜微小圆柱体的两个端面及倾角 $\alpha$ 是任意选取的，因此，可以将公式推广到任意静止流体中，即：静止液体中两点的压强差等于两点间的深度差乘以容重。

如图 2-5 所示，液面为自由水平面，其液面压强为 $p_0$，水中任一点的压强 $p$ 为：

$$p=p_0+\gamma h \tag{2-5}$$

式中 $p$——静止液体内某点的压强，Pa；

$p_0$——静止液体的液面压强，Pa；

$\gamma$——液体的容重，$\mathrm{N/m^3}$；

$h$——该点在液面下的深度，m。

这就是液体静力学的基本方程式，它表示静止液体中压强随深度的变化规律。

由式(2-5)可以得出以下结论：

① 静止液体中任一点的压强由液面压强 $p_0$ 和该点在液面下的深度与容重的乘积 $\gamma h$ 两部分组成。压强的大小与容器的形状无关，即只要知道液面压强 $p_0$ 和该点在液面下的深度 $h$，就可求出该点的压强。

② 液面压强 $p_0$ 增大或减小时，液体内各点的流体静压强亦相应增加或减少，即液面压强的增减将等值传递到液体内部其余各点。这就是著名的帕斯卡定律。

③ 液体中压强的大小是随着液体深度逐渐增大的。当容重一定时，压强随水深按线性规律增加。在实际工程中修堤筑坝，越到下面的部分越要加厚，以便承受逐渐增大的压强，其道理也在于此。

**【例 2-1】** 敞口水池中盛水如图 2-6 所示。已知液面压强 $p_0=98.07\ \mathrm{kN/m^2}$，求池壁 $A$、$B$ 两点，$C$ 点以及池底 $D$ 点所受的静水压强。

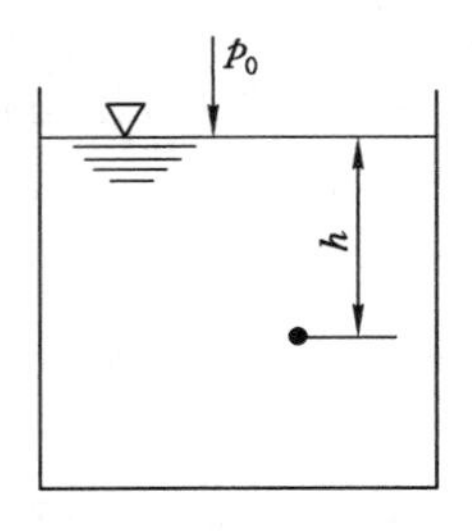


图 2-5 敞口容器

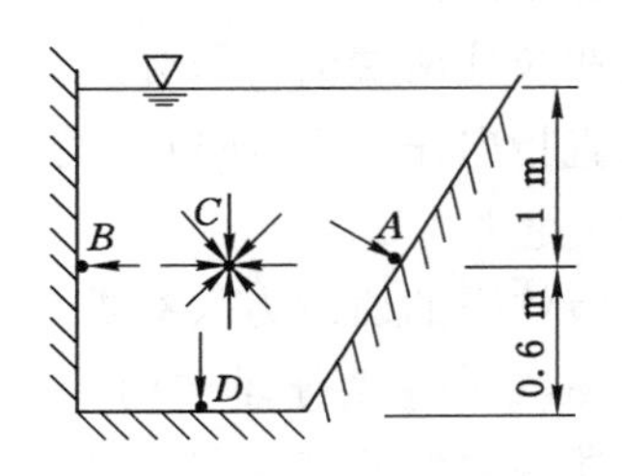


图 2-6 敞口水池

**【解】** $p_C = p_0 + \gamma h = 98.07 + 9.807 \times 1 \approx 107.88\ (\text{kN/m}^2) = 107.88\ (\text{kPa})$

$A$、$B$、$C$ 三点在同一水平面上，水深 $h$ 均为 1 m，所以压强相等，即：

$$p_A = p_B = p_C = 107.88\ \text{kPa}$$

$D$ 点的水深 1.6 m，故：

$$p_D = p_0 + \gamma h = 98.07 + 9.807 \times 1.6 \approx 113.76\ (\text{kPa})$$

关于压强的作用方向，静压强的作用方向垂直于作用面的切平面且指向受力物体（流体或固体）系统表面的内法线方向。$A$、$B$、$D$ 三点在容器的壁面上，液体对固体边壁的作用和方向如图 2-6 所示，$C$ 点在各个方向上的静压强相等。液体静力学基本方程(2-5)还有另一种形式，如图 2-7 所示，设水箱水面的压强为 $p_0$，水中 1、2 点到任选基准面 0—0 的高度为 $z_1$、$z_2$，压强为 $p_1$、$p_2$，将式中的深度 $h_1$、$h_2$ 分别用高度差$(z_0 - z_1)$和$(z_0 - z_2)$表示后得：

$$\begin{cases} p_1 = p_0 + \gamma(z_0 - z_1) \\ p_2 = p_0 + \gamma(z_0 - z_2) \end{cases}$$

上式除以容重 $\gamma$，整理后得：

$$\begin{cases} z_1 + \dfrac{p_1}{\gamma} = z_0 + \dfrac{p_0}{\gamma} \\[2ex] z_2 + \dfrac{p_2}{\gamma} = z_0 + \dfrac{p_0}{\gamma} \end{cases}$$

两式联立得：

$$z_1 + \frac{p_1}{\gamma} = z_2 + \frac{p_2}{\gamma} = z_0 + \frac{p_0}{\gamma}$$

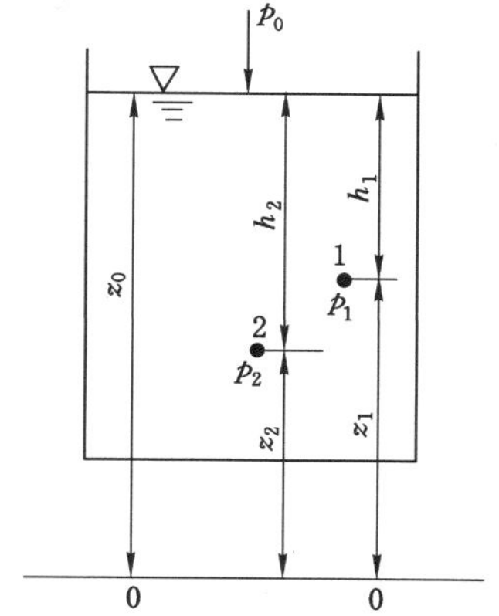


图 2-7　流体静力学方程推证

水中 1、2 点是任选的，故可将上述关系式推广到整个液体，得出具有普遍意义的规律，即：

$$z + \frac{p}{\gamma} = C(\text{常数}) \tag{2-6}$$

这就是液体静力学基本方程的另一种形式，它表示在同一种静止液体中，不论哪点的 $z + \dfrac{p}{\gamma}$ 总是一个常数。

### 2.2.2 流体静压强基本方程式的意义

方程式 $z+\frac{p}{\gamma}=C$ 中各项的单位都是米(m)，具有长度量纲，表示某种高度，可以用几何线段来表示，流体力学上称为水头。

方程式 $z+\frac{p}{\gamma}=C$ 中，从物理学的角度来说，$z$ 项是单位重量液体质点相对于基准面的位置势能，$\frac{p}{\gamma}$ 项是单位重量液体质点的压力势能，$z+\frac{p}{\gamma}$ 项是单位重量液体质点相对于基准面的位置势能。$z+\frac{p}{\gamma}=C$ 表明在静止液体中，各液体质点单位重量的总势能均相等。从水力学的角度来说，$z$ 为该点的位置相对于基准面的高度，称为位置水头；$\frac{p}{\gamma}$ 是该点在压强作用下沿测压管所能上升的高度，称为压强水头；$z+\frac{p}{\gamma}$ 称为测压管水头，它表示测压管液面相对于基准面的高度。

如图 2-8 所示，$z+\frac{p}{\gamma}=C$ 表示同一容器的静止液体中，所有各点的测压管液面均相等。即使各点的位置水头和压强水头互不相同，但各点的测压管水头必然相等。因此，在同一容器的静止液体中，所有各点的测压管液面必然在同一水平面上。测压管水头中的压强 $p$ 必须采用相对压强表示。

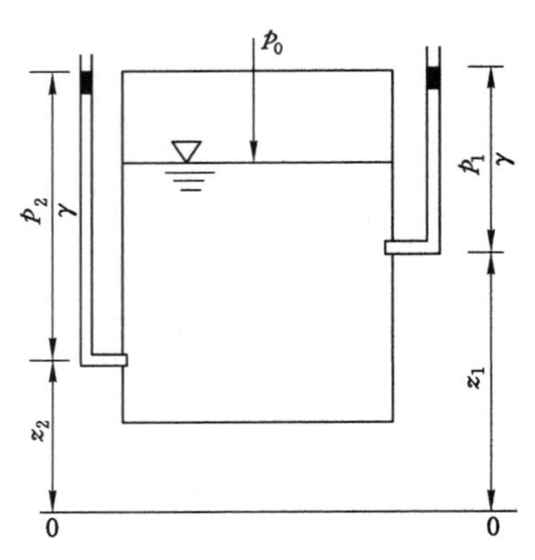


图 2-8 测压管水头

以上规律是在液体的基础上分析而得的，对于不可压缩气体也同样适用。只是气体的容重较小，所以在高差不是很大的时候，气体所产生的压强很小，认为 $\gamma h=0$。压强基本方程式可简化为：

$$p = p_0 \tag{2-7}$$

即认为空间各点的压强相等。但是如果高差超过一定的范围，还应使用原公式计算气体压强。

### 2.2.3 等压面

在静止液体中，由压强相等的点组成的面称为等压面。根据基本方程可知，在连通的同种静止液体中，深度相同的各点静水压强均相等。由此可得出以下结论：

(1) 在连通的同种静止液体中，水平面必然是等压面。

(2) 静止液体的自由液面是水平面，该自由液面上各点压强均为大气压强，所以自由液面是等压面。

(3) 两种不同液体的分界面是水平面，故该面也是等压面。

现在以图 2-9 来具体分析判断等压面。

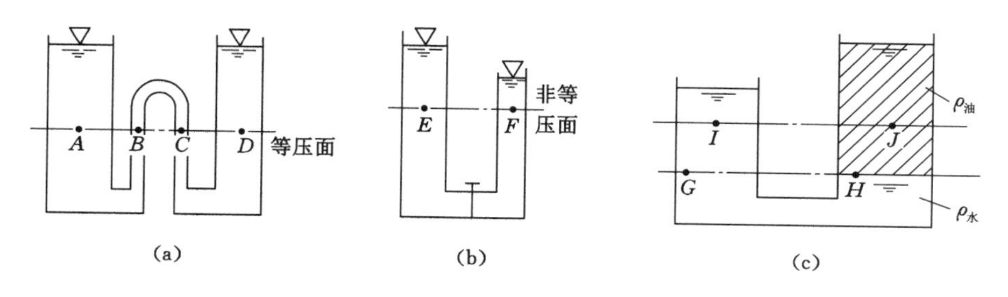


图 2-9　等压面

图 2-9(a)中，位于同一水平面上的 $A$、$B$、$C$、$D$ 各点压强均相等，通过该四点的水平面为等压面。图 2-9(b)中，由于液体不连通，故位于同一水平面上的 $E$、$F$ 两点的静水压强不相等，因而通过 $E$、$F$ 两点的水平面不是等压面。图 2-9(c)中，连通器中装有两种不同液体，且 $\rho_水>\rho_油$，通过两种液体的分界面的水平面为等压面，位于该水平面上的 $G$、$H$ 两点压强相等；而穿过两种不同液体的水平面不是等压面，位于该水平面上方的 $I$、$J$ 两点压强则不等。

等压面是流体静力学中的一个重要概念，利用它来推算静止液体中各点的压强，可使许多复杂问题得到简化。

## 2.3　压强的表示方法

### 2.3.1　压强的表示方法

按量度压强大小的基准(即计算的起点)的不同，压强有三种表示方法：

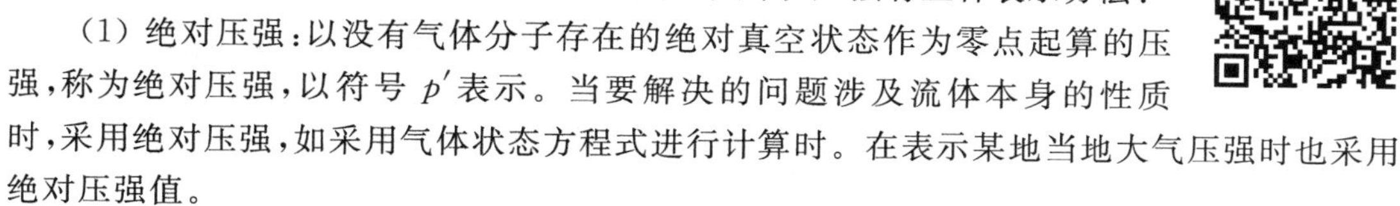

(1) 绝对压强：以没有气体分子存在的绝对真空状态作为零点起算的压强，称为绝对压强，以符号 $p'$ 表示。当要解决的问题涉及流体本身的性质时，采用绝对压强，如采用气体状态方程式进行计算时。在表示某地当地大气压强时也采用绝对压强值。

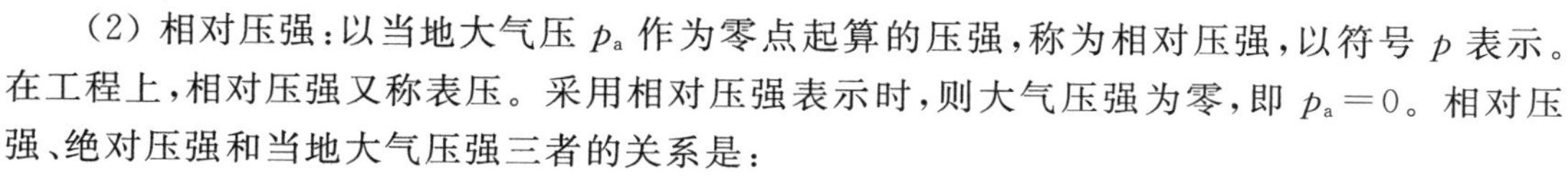

(2) 相对压强：以当地大气压 $p_a$ 作为零点起算的压强，称为相对压强，以符号 $p$ 表示。在工程上，相对压强又称表压。采用相对压强表示时，则大气压强为零，即 $p_a=0$。相对压强、绝对压强和当地大气压强三者的关系是：

$$p=p'-p_a \tag{2-8}$$

需要注意的是，此处的 $p_a$ 是指大气压强的绝对压强值。

(3) 真空压强：若流体某处的绝对压强小于当地大气压强时，则该处处于真空状态，其真空程度一般用真空压强 $p_v$ 表示。

$$p_v=p_a-p' \tag{2-9}$$

$$p_v = -p \tag{2-10}$$

图 2-10 表示了上述三种压强之间的关系。在实际工程中常用相对压强，这是因为在自然界中，任何物体均放置于大气压中，所感受到的压强大小也是以大气压为其基准的，引起物体的力学效应只是相对压强的数值，而不是绝对压强。在以后讨论问题时，如不加以说明，压强均指相对压强。

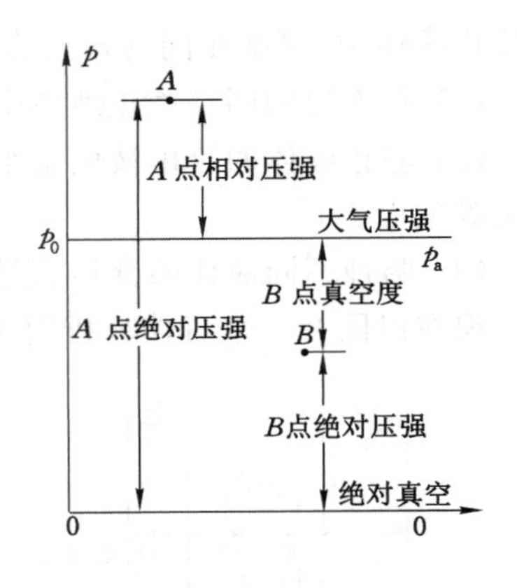


图 2-10　压强计量基准图示

### 2.3.2　压强的计量单位

工程上常用的压强计量单位有三种。

(1) 应力单位

根据压强的定义，用单位面积上的力来表示压强的大小，在国际单位制中用 $N/m^2$，即 Pa 来表示。压强很高时，用 Pa 数值太大，这时可用 kPa 或 MPa。在工程制单位中，用 $kgf/m^2$ 或 $kgf/cm^2$。

(2) 液柱单位

压强可用测压管内的液柱高度来表示。将液柱高度乘以该液体的容重即为压强。常用的液柱高度为水柱高度或汞柱高度，其单位为 $mH_2O$(米水柱)、$mmH_2O$(毫米水柱)和 mmHg(毫米汞柱)。其换算关系为：

$$1\ mH_2O = 9\ 807\ N/m^2 = 1\ 000\ kgf/m^2$$

$$1\ mmH_2O = 9.807\ N/m^2 = 1\ kgf/m^2$$

$$1\ mmHg = 133\ N/m^2 = 13.6\ kgf/m^2$$

(3) 大气压单位

压强的大小也常用大气压的倍数来表示，其单位为标准大气压和工程大气压。国际上规定温度为 0 ℃、纬度 45°处海平面上的绝对压强为标准大气压，用符号 atm 表示，其值为 101.325 kPa，即 1 atm=101.325 kPa。而在工程上，为了计算方便，规定了工程大气压，用符号 at 表示，其值为 98.07 kPa，即 1 at=98.07 kPa。其换算关系为：

$$1\ atm = 101\ 325\ Pa = 10.33\ mH_2O = 760\ mmHg$$

$$1\ at = 98\ 070\ Pa = 10\ mH_2O = 736\ mmHg$$

表 2-1 列出了国际单位制和工程单位制中各种压强的换算关系，以供换算用。

**表 2-1　压强单位的换算关系**

| 压强单位 | 标准大气压 /($1.03\times10^4$ kgf/m$^2$) | 工程大气压 /($10^4$ kgf/m$^2$) | Pa /(N/m$^2$) | bar /($10^5$ N/m$^2$) | $mmH_2O$ | mmHg |
|---|---|---|---|---|---|---|
| 换算关系 | 1 | 1.03 | 101 325 | 1.013 25 | 10 332 | 760 |
| | $9.68\times10^{-1}$ | 1 | $9.807\times10^4$ | 0.980 7 | $10^4$ | 735.6 |
| | $9.68\times10^{-3}$ | $10^{-1}$ | 9 807 | $9.807\times10^{-2}$ | $10^3$ | $7.356\times10^{-2}$ |
| | $9.68\times10^{-5}$ | $10^{-4}$ | 9.807 | $9.807\times10^{-5}$ | 1 | $7.356\times10^{-5}$ |
| | $1.32\times10^{-3}$ | $1.36\times10^{-3}$ | 133.33 | $1.33\times10^{-3}$ | 13.595 | 1 |

**【例 2-2】**　如图 2-11 所示的容器中，左侧玻璃管的顶端封闭，其自由表面上气体的绝

对压强 $p'_{01}=0.75$ at，右侧倒装玻璃管内液体为水银，水银高度 $h_2=0.12$ m，容器内 $A$ 点的淹没深度 $h_A=2.00$ m。设当地大气压为 1 at，试求：(1) 容器内空气的绝对压强 $p'_{02}$ 和真空压强 $p_{02v}$；(2) $A$ 点的相对压强 $p_A$；(3) 左侧管内水面超出容器内水面的高度 $h_1$。

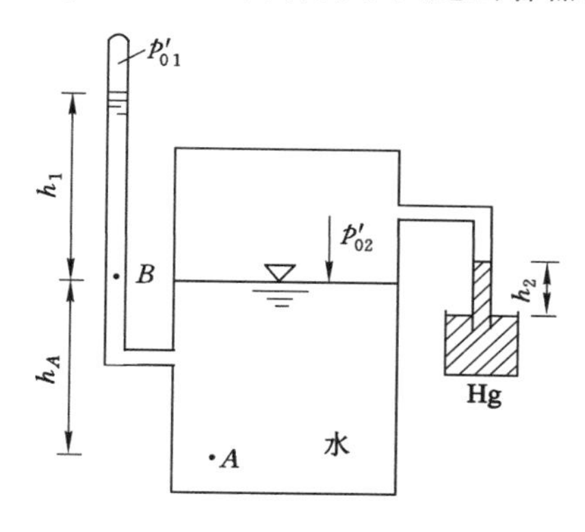


图 2-11 例 2-2 图

**【解】** (1) 求 $p'_{02}$ 和 $p_{02v}$

气体的容重很小，在小范围内可以忽略气柱产生的压强，故本题中右侧汞柱液面的压强就是容器内液面的压强 $p'_{02}$。由静压方程并利用等压面特性得：

$$p'_{02}+\gamma_{Hg}h_2 = p_a$$

则有：

$$p'_{02}=p_a-\gamma_{Hg}h_2 = 98.07-13.6\times9.807\times0.12\approx82.06\ (\mathrm{kPa})$$

由式(2-9)得：

$$p_{02v} = p_a - p'_{02} = 98.07-82.06 = 16.01\ (\mathrm{kPa})$$

若用汞柱高度来表示，则有：

$$h_{02v} = \frac{p_a-p'_{02}}{\gamma_{Hg}} = \frac{p_a-(p_a-\gamma_{Hg}h_2)}{\gamma_{Hg}} = h_2 = 120\ \mathrm{mmHg}$$

(2) 求 $p_A$

由式(2-10)可知，容器内水面的相对压强为：

$$p_{02} =- p_{02v} =- 16.01\ \mathrm{kPa}$$

则由式(2-5)可得：

$$p_A = p_{02}+\gamma h_A =- 16.01+9.807\times2\approx3.60\ (\mathrm{kPa})$$

(3) 求 $h_1$

容器内水面与左侧管内 $B$ 点在同一等压面上，则由式(2-5)得：

$$p'_{01}+\gamma h_1 = p'_{02}$$

则有：

$$h_1 = \frac{p'_{02}-p'_{01}}{\gamma} = \frac{82.06-0.75\times98.07}{9.807}\approx0.867\ (\mathrm{mH_2O})$$

## 2.4 液柱式测压计

流体压强的测量仪器可分为三类：金属式压力表、电测式测压计、液柱式测压计。金属式压力表中压强使金属元件变形，从而测出表压力（即相对压强），量程较大。电测式测压计利用传感器将压强转化为电阻电容等电量，便于自控。液柱式测压计方便直观，精度较高，但量程较小，因而常用于实验室测量，工程中也有应用。下面介绍几种常见的液柱式测压计。

### 2.4.1 测压管

这是一种最简单的测量仪器，一端连接在需测定的管道或容器的侧壁上，另一端开口和大气相通，如图 2-12(a)所示。与大气相接触的液面相对压强为零，根据液体在玻璃管中上升的高度 $h_A$，可得出 $A$ 点相对压强为：

$$p_A = \gamma h_A$$

如图 2-12(b)、(c)、(d)所示，一个内装某种液体的 U 形管，管子一端与大气相通，另一端则与容器相连接，当一端与被测点 $A$ 连接后，在流体静压强的作用下，U 形管内的液体就会上升或下降。

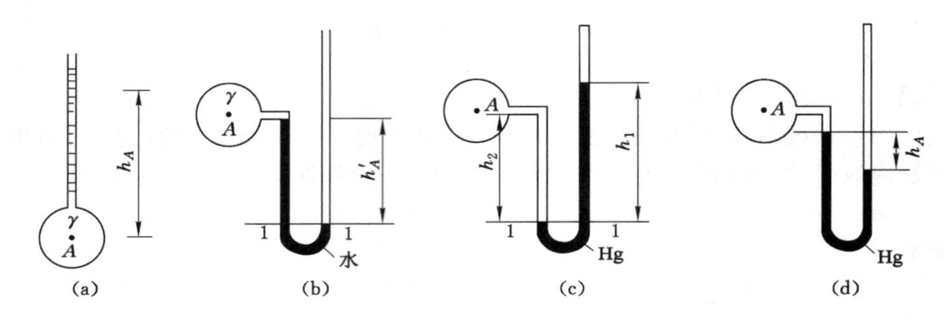


图 2-12 测压管

如果测定气体压强，可以采用 U 形管盛水，如图 2-12(b)所示。此时所测量的压强为容器中气体压强值，因为在气体高度不大时认为静止气体充满的空间各点压强相等。图 2-12(b)中 $A$ 点压强恰好低于大气压，则其相对压强和真空压强分别为：

$$\begin{cases} p_A = -\gamma h'_A \\ p_v = \gamma h'_A \end{cases}$$

如果测压管中的液体压强较大，对于水来说，测压管高度太大，使用和观测非常不便，因此常用水银测压计，如图 2-12(c)、(d)所示。在某水管中 $A$ 点的压强，若大于大气压强，则 U 形管左管液面低于右管液面；若小于大气压强，则 U 形管左管液面高于右管液面；$A$ 点为负压，出现真空。需要指出的是，等到 U 形管中水银面平衡不动时才能读数。如图 2-12(c)所示，根据等压面 1—1 计算得到：

$$p_A = \gamma_{Hg} h_1 - \gamma h_2$$

当管道或容器中为气体时，因气体容重较小，气柱高度可以忽略不计，此时 $p_A = \gamma_{Hg} h_1$。

为了避免毛细现象引起误差，通常测压管的内径不宜小于 5 mm，一般采用内径为 10 mm 左右的玻璃管作为测压管。测压管通常测量较小的压力，一般不超过 2 $mH_2O$。当测量的压强较大时，其解决办法是采用容重较大的液体，这样就可以使测压管高度大大缩短。

### 2.4.2 压差计

压差计（又称比压计）用于测两点的压强差值，而不是单独测量某一点的压强，如图 2-13

所示。将U形管的两端分别接到需要测量的 $A$、$B$ 点上，当U形管中水银面平衡不动时，根据水银面的高度差即可计算 $A$、$B$ 点的压强差。

在图2-13中，取等压面0—0，根据静压基本方程式，可以推得压强差为：

$$p_A - p_B = \gamma_B h_2 + \gamma_{Hg} h_3 - \gamma_A (h_1 + h_3)$$

若两个管道或容器中都为气体，则气柱高度可以忽略不计，则有：

$$p_A - p_B = \gamma_{Hg} h_3$$

### 2.4.3　微压计

当被测压强或压差很小时，为了提高测量精度，可使用微压计。图2-14所示为一种常用的斜管微压计。其左端容器与需要测量压强的点相连，右端玻璃管改为斜放，设斜管与底板的夹角为 $\alpha$，斜管读数为 $l$，则容器与斜管液面的高度差 $h=l\sin\alpha$，由于 $\alpha<90°$，$\sin\alpha<1$，所以 $l$ 必大于 $h$，测量同一微小压强，斜管读数 $l$ 比用直管测量的读数 $h$ 要大，这就使读数可以精确些。

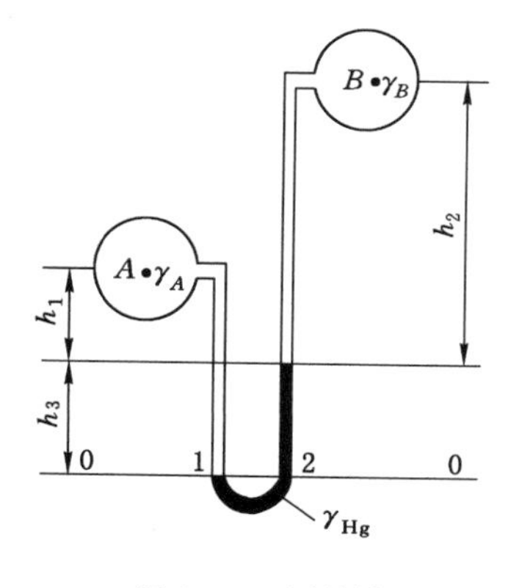


图2-13　压差计

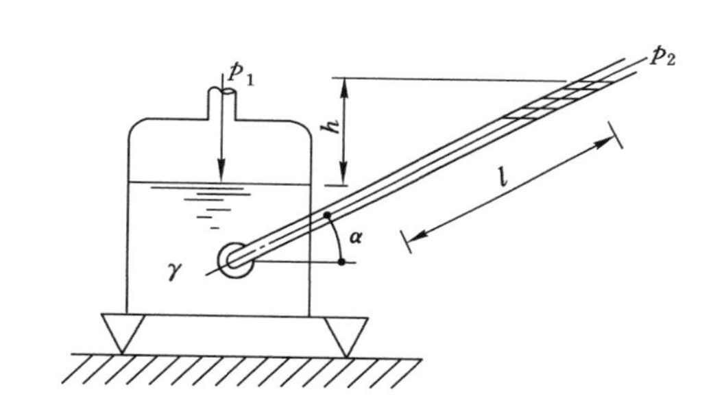


图2-14　微压计

根据静压基本方程，可以推得：

$$p_1 - p_2 = \gamma l \sin\alpha$$

微压计常用来测量通风管道的压强，因空气容重与微压计内液体容重相比要小得多，空气的重力影响可以不考虑，所以可以将微压计液面上的压强就看作是通风管道测量点的压强。

为了测量精确，微压计必须保持底板水平，可以用螺旋来调整。有的微压计还可以根据需要调整角度，其范围在10°～30°，这就使斜管读数比直管放大2～5倍。如果微压计内液体不用水，可选择容重比水小的，例如酒精，$\gamma=7.85\ \text{kN/m}^3$，则微压计斜管读数可放大 $\frac{\gamma_{H_2O}}{\gamma_{jO}}=\frac{9.807}{7.85}\approx$ 1.25倍。

**【例2-3】**　如图2-15所示，用水银测压计测量容器内气体的压强。已知测压计水银面高度差，图2-15(a)中 $h=30$ cm，图2-15(b)中 $h=12$ cm，试求容器内气体的压强分别为多少？

**【解】**　在图2-15(a)、(b)中分别取等压面0—0。

在图2-15(a)中，容器内压强为：

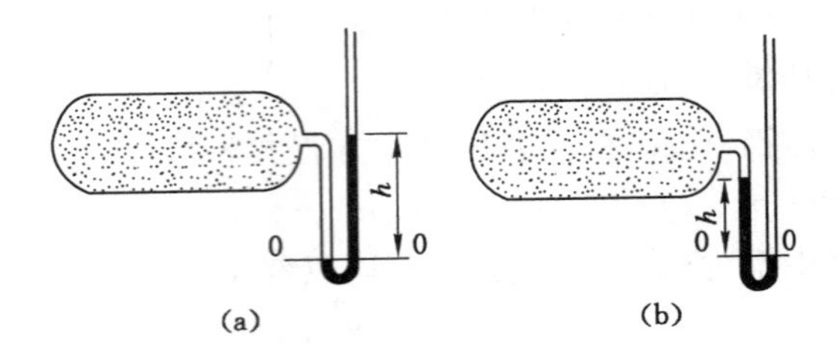


图 2-15　水银测压计测气体压强

绝对压强：$p'=p_a+\gamma_{Hg}h=98.07+13.6\times9.807\times0.3\approx138.08$ (kPa)

相对压强：$p=\gamma_{Hg}h=13.6\times9.807\times0.3\approx40.01$ (kPa)

在图 2-15(b)中，容器内压强为：

绝对压强：$p'=p_a-\gamma_{Hg}h=98.07-13.6\times9.807\times0.12\approx82.06$ (kPa)

相对压强：$p=-\gamma_{Hg}h=-13.6\times9.807\times0.12\approx-16.01$ (kPa)

通过计算我们可以得知，图 2-15(a)中的气体处于正压状态，而图 2-15(b)中的气体处于负压状态，其真空压强为：

$$p_v=-p=\gamma_{Hg}h=16.01\ \text{kPa}$$

**【例 2-4】** 在通风管道上连接一个微压计，测量 $A$ 点的风压，如图 2-16 所示。若斜管倾斜 $\alpha=30°$，读数 $l=20$ cm，微压计内液体是酒精，容重 $\gamma_{jO}=7.85\ \text{kN/m}^3$，试求通风管道 $A$ 点的相对压强。

**【解】** 根据公式，微压计测量 $A$ 点的相对压强为：

$$p_A=\gamma_{jO}l\sin\alpha=7.85\times0.2\times\sin30°=0.785\ (\text{kPa})$$

**【例 2-5】** 当测量密闭容器的压强较高时，为了增加量程，可用复式水银测压计，如图 2-17 所示。若各玻璃管中液面高程的读数为：$\nabla_1=1.5$ m，$\nabla_2=0.2$ m，$\nabla_3=1.2$ m，$\nabla_4=0.4$ m，$\nabla_5=2.1$ m，试求容器水面上的相对压强 $p_5$。

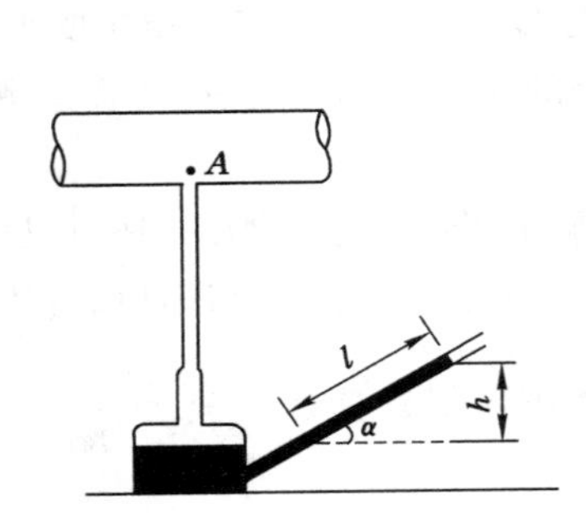


图 2-16　微压计测量气体的压强

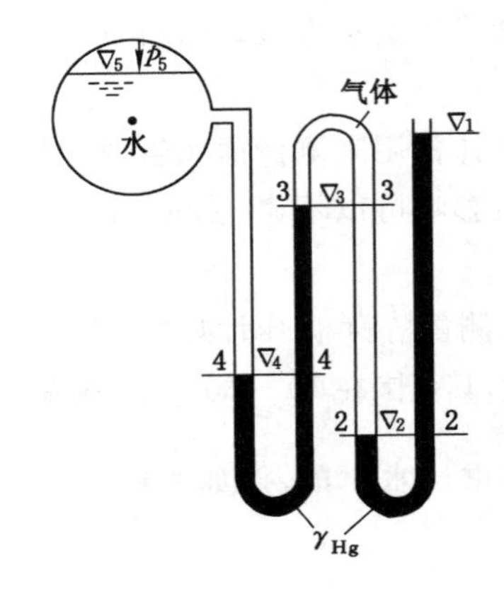


图 2-17　复式水银测压计

**【解】** 图 2-17 中，取等压面 2—2、4—4，设等压面上相对压强为 $p_2$、$p_4$。根据静压基本方程，从右向左推算各处的相对压强：

$$p_1=p_a=0$$

$$p_2 = p_1 + \gamma_{Hg}(\nabla_1 - \nabla_2) = 0 + 13.6 \times 9.807 \times (1.5 - 0.2) \approx 173.4\ (\text{kPa})$$

由于气体容重相对于液体来说是微小的，不考虑气体重力的影响，则有：

$$p_3 = p_2 = 173.4\ \text{kPa}$$

$$p_4 = p_3 + \gamma_{Hg}(\nabla_3 - \nabla_4) = 173.4 + 13.6 \times 9.807 \times (1.2 - 0.4) \approx 280.1\ (\text{kPa})$$

由此可得容器水面上的相对压强为：

$$p_5 = p_4 - \gamma_{H_2O}(\nabla_5 - \nabla_4) = 280.1 - 9.807 \times (2.1 - 0.4) \approx 263.4\ (\text{kPa})$$

## 2.5　作用于平面上的流体静压力

在工程实际中，常遇到两类问题：一类是分析计算水箱、水池、闸门及防洪堤坝等所受的水静压力；另一类是分析各类压力容器压力管道的受力情况，以判断其强度是否足够。要解决这些问题，就要确定整个受压面上作用的流体总静压力的大小、方向与作用点。

在学习静止液体总压力的知识之前，我们需要掌握液体静压强分布图。液体静压强分布图是根据流体静压强特性和流体静压强基本方程绘制的，用具有一定长度的有向比例线段表示流体静压强的大小及方向的形象化的几何图形称为液体静压强分布图。如图 2-18 所示，$AB$ 为一铅垂直壁，其左侧受到水的压力作用。液体静压强分布图的绘制方法如下：以自由液面与铅垂直壁的交点为坐标原点，横坐标为压强 $p$，纵坐标为水深 $h$，压强与水深按线性规律变化，在自由液面上，$h=0$，$p=0$；在任意深度 $h$ 处，$p=\gamma h$，连接 $A$、$E$，即得到相对压强分布图$\triangle ABE$。液面压强 $p_0$ 根据帕斯卡等值传递原理，其压强分布图为平行四边形 $ACDE$。

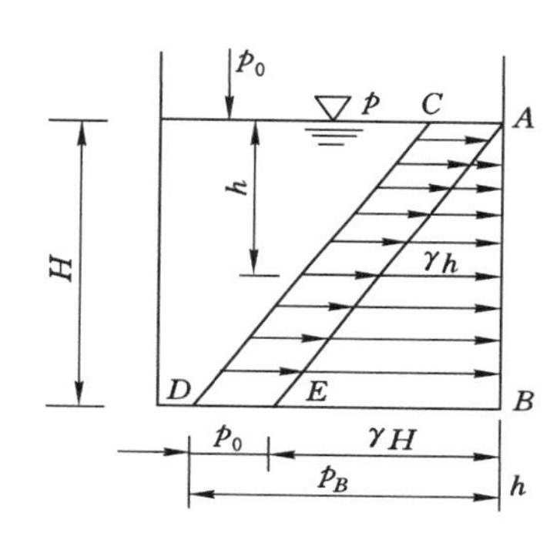


图 2-18　水静压强分布图

在工程实践中，受压面四周都处于大气中，各个方向的大气压力可以相互抵消，故对工程计算有用的部分只是相对静压强分布图，即$\triangle ABE$。

图 2-19 绘出了几种有代表性的相对静压强分布图。

现在我们来学习作用在平面壁上的液体总压力的有关计算。确定作用在平面壁上的液体总压力的方法有两种，即解析法和图解法。下面我们分别来介绍这两种方法。

### 2.5.1　解析法

设有一放置在水中任意位置、任意形状的倾斜平面 $ab$，该平面与水面的夹角为 $\alpha$，如图 2-20 所示，平面面积为 $A$。平面的左侧承受水的压力作用，水面压强为大气压强 $p_a$。由于 $ab$ 面的右侧也有大气压强 $p_a$ 作用，所以在讨论液体的作用力时只需计算相对压强所引起的液体总压力。现取平面的延长面与水面的交线为 $Ox$ 轴（$Ox$ 轴垂直于纸面），垂直于 $Ox$ 轴沿该平面向下为 $Oy$ 轴，并将 $xOy$ 平面绕 $Oy$ 轴旋转 90°，受压平面就在 $xOy$ 平面上清楚地表现出来了。

（1）总压力大小的确定

在 $ab$ 平面内任意取一微小面积 $dA$，其中心点 $A$ 在水面下的深度为 $h$，纵坐标为 $y$，由于所取得微小面积尺寸很小，故可以认为微小面积上所有点的静压强均相等，且与轴线上各点的压强相同，则作用在 $dA$ 上的液体压力为：

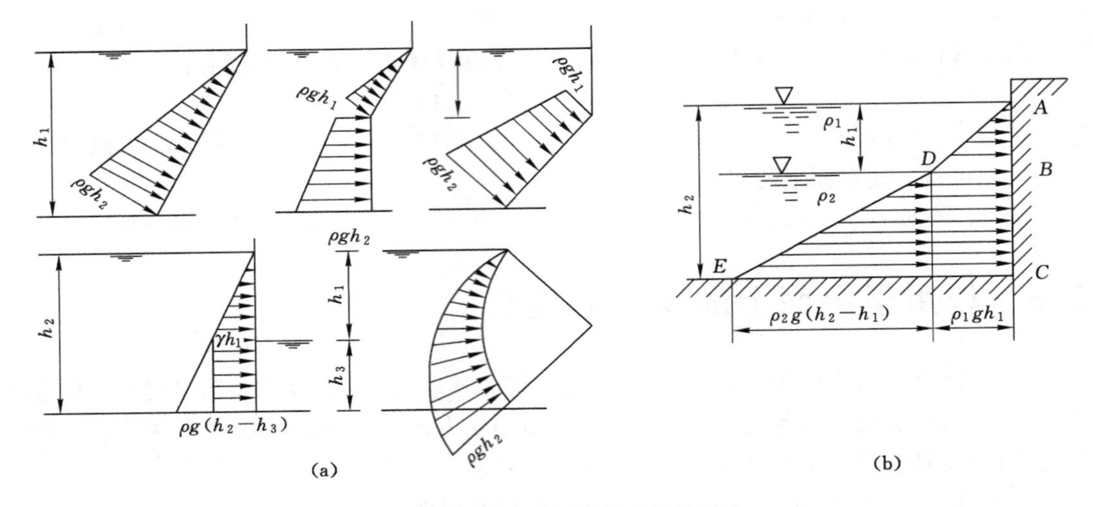


图 2-19　几种水静压强分布图的画法

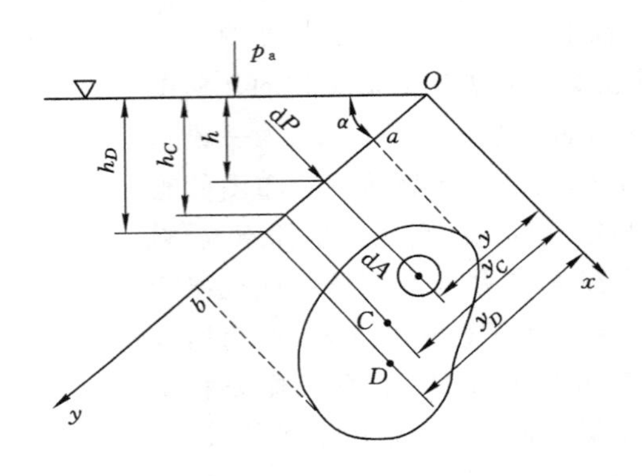


图 2-20　平面液体压力分析

$$dP = p\mathrm{d}A = \gamma h\,\mathrm{d}A$$

由于 $ab$ 为一平面，故根据静压强基本特性，流体静压强垂直指向作用面，可以判断各微小面积 d$A$ 上的液体压力 d$P$ 的方向是相互平行的，所以作用在整个受压面 $A$ 上的液体总压力等于各微小面积 d$A$ 上的液体压力 d$P$ 的代数和，即求平面上总静压力问题实际上是求平行力系合力问题。

作用在平面上的总静压力 $P$ 为：

$$P = \int \mathrm{d}P = \int_A \gamma h\,\mathrm{d}A = \int_A \gamma y \sin\alpha\,\mathrm{d}A = \gamma \sin\alpha \int_A y\,\mathrm{d}A$$

式中，$\int_A y\,\mathrm{d}A$ 为受压面积 $A$ 对 $Ox$ 轴的静矩，根据力学原理，它等于受压面积 $A$ 与其形心坐标 $y_C$ 的乘积，即：

$$\int_A y\,\mathrm{d}A = y_C \cdot A$$

故有：

$$P = \gamma \sin\alpha\, y_C A$$

而其中：

$$y_C \sin\alpha = h_C, \quad \gamma h_C = p_C$$

所以平面上所受液体总压力大小的计算公式为：

$$P = p_C A \tag{2-11}$$

式中　$P$——平面上所受的液体总压力，N 或 kN；

$\gamma$——液体容重，$N/m^3$；

$h_C$——受压面形心 $C$ 点在液面下的淹没深度，m；

$p_C$——受压面形心 $C$ 处的液体静压强，$N/m^2$ 或 $kN/m^2$。

式(2-11)表明，作用在任意形状平面上的液体总压力的大小，等于受压面形心点液体静压强与其面积的乘积。

当受压壁面水平放置，即当所讨论的面积是容器的底面时，该壁面是压强均匀分布的受压面，如图 2-21 所示。若容器形状不同，但底面积相等，装入的又是同一种液体，其液深也相同，自由表面上均为大气压，则液体作用在底面上的总压力必然相等。因而，容器底面所受压力的大小仅与受压面的面积大小和液体深度有关，而与容器的容积和形状无关。

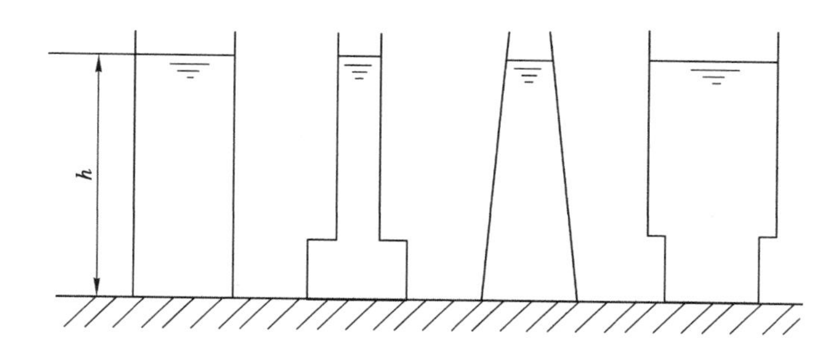


图 2-21　作用在容器底面上的液体总压力

(2) 总压力的方向

由于静止液体不存在切向力，故液体总压力 $P$ 的方向总是垂直指向受压面。

(3) 总压力的作用点

总压力 $P$ 的作用点称为压力中心，用 $D$ 表示。规则受压面都有对称轴，这时，压力中心位于对称轴上，即 $D$ 点在水平方向上的位置就很容易确定，只要再将 $D$ 点的垂直坐标找到，作用点的位置就可确定了。$D$ 点的位置根据合力矩定理(即合力对某一轴的力矩等于各分力对同一轴的力矩的代数和)求得，即：

$$P y_D = \int y \mathrm{d}P = \int_A y \gamma y \sin\alpha \mathrm{d}A = \gamma \sin\alpha \int_A y^2 \mathrm{d}A = \gamma \sin\alpha J_X$$

由理论力学可知，$J_X$是受压面面积 $A$ 对 $Ox$ 轴的惯性矩，即：

$$J_X = \int_A y^2 \mathrm{d}A$$

于是：

$$y_D = \frac{\gamma \sin\alpha J_X}{P} = \frac{\gamma \sin\alpha J_X}{\gamma \sin\alpha y_C A} = \frac{J_X}{y_C A} \tag{2-12}$$

式(2-12)表明，总压力作用点 $D$ 的纵坐标 $y_D$等于受压面积 $A$ 对 $Ox$ 轴的惯性矩与静矩

之比。根据惯性矩平行移轴定理可知：

$$J_X = J_C + y_C^2 A$$

式中，$J_C$ 为面积 $A$ 对通过其形心 $C$ 且与 $Ox$ 轴平行的轴的惯性矩。于是总压力作用点的位置为：

$$y_D = \frac{J_C + y_C^2 A}{y_C A} = y_C + \frac{J_C}{y_C A} \tag{2-13}$$

由式(2-13)可知，由于$\frac{J_C}{y_C A}$总是正值，所以 $y_D > y_C$，即总压力作用点 $D$ 一般在受压面形心 $C$ 点之下，只有当受压面为水平面时(即 $\sin\alpha=0$)，$D$ 点才与 $C$ 点重合。

同理可求出液体总压力作用点 $D$ 的横坐标 $x_D$，实际工程中所遇到的平面多为轴对称平面，其总压力作用点 $D$ 必然位于对称轴上，故无须计算 $x_D$。

当受压面为水平面时，作用点的位置在受压面的形心。

为方便计算，现将工程上几种常见的平面的 $J_C$ 及其形心点的计算公式列于表 2-2 中，以供参考。

**表 2-2　常见平面的 $J_C$ 及形心 $C$ 的计算公式**

| 图名 | 平面形状 | 惯性矩 $J_C$ | 形心 $C$ 距下底的距离 $s$ |
|---|---|---|---|
| 矩形 |  | $J_C=\frac{bh^3}{12}$ | $s=\frac{h}{2}$ |
| 三角形 |  | $J_C=\frac{bh^3}{36}$ | $s=\frac{h}{3}$ |
| 圆形 |  | $J_C=\frac{\pi d^4}{64}$ | $s=\frac{d}{2}$ |
| 梯形 |  | $J_C=\frac{h^3(m^2+4mn+n^2)}{36(m+n)}$ | $s=\frac{h(2m+n)}{3(m+n)}$ |

### 2.5.2　图解法

在求矩形平面所受液体总压力及作用点的问题上，采用图解法较为简便。

先取一矩形受压面，如图 2-22 所示，有一铅垂矩形平面，宽度为 $b$，高度为 $h$，顶边与液面平齐。

(1) 液体总压力的大小

根据作用在平面上液体总压力公式(2-10)有：

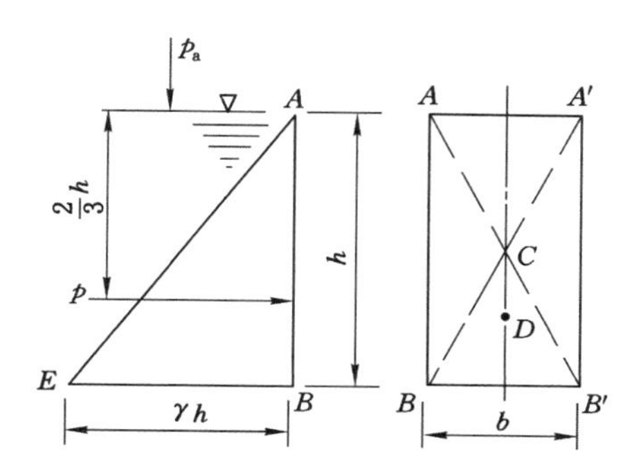


图 2-22　矩形平面所受液体压力及作用点

$$P = p_C A = \gamma h_C A = \gamma \frac{h}{2} bh = \frac{1}{2}\gamma bh^2$$

式中，$\frac{1}{2}\gamma h^2$ 为液体静压强分布图面积，用 $\Omega$ 表示。故上式也可写成：

$$P = b\Omega \tag{2-14}$$

式(2-14)表明，作用在矩形平面上的液体总压力的大小等于该平面压强分布图的体积。

(2) 液体总压力的方向

液体总压力的方向总是垂直指向受压面，这一点是不变的。

(3) 液体总压力的作用点

由于受压面是矩形平面，故总压力 $P$ 的作用点位置必然位于该平面的对称轴上，同时 $P$ 的作用线一定通过压强分布图体积的形心，且垂直指向受压面。

当压强分布图为三角形时(图 2-22)，静水总压力 $P$ 的作用线距压强分布图△$ABE$ 的底边 $BE$ 以上 $\frac{1}{3}h$ 处，即：

$$h_D = \frac{2}{3}h \tag{2-15}$$

当压强分布图为梯形时，可以将梯形划分为一个矩形和一个三角形，使矩形和三角形上两个分力对某轴的矩等于总压力 $P$ 对同一轴的矩，这样就可以求出总压力的作用线。另外，还可以通过作图法求出梯形断面的形心。

**【例 2-6】** 一铅直矩形闸门，如图 2-23(a)所示，在水深 $h=1$ m 处设闸门，闸门高 $h=2$ m，宽 $b=1.5$ m，试用解析法及图解法求闸门所受水静压力 $P$ 的大小及作用点。

**【解】** (1) 解析法

引用公式 $P=\gamma h_C A$，水的重度 $\gamma=9.807$ kN/m³，$h_C=h_1+\frac{h}{2}=1+\frac{2}{2}=2$ (m)，$A=bh=1.5\times2=3$ (m²)，代入式中得：

$$P = 9.807\times2\times3\approx58.84\ (\text{kN})$$

压力中心用 $y_D=y_C+\frac{J_C}{y_C A}$，其中 $y_C=h_C=2$ m，$J_C=\frac{1}{12}bh^3=\frac{1}{12}\times1.5\times2^3=1$ (m⁴)，代入式中得：

$$y_D = 2+\frac{1}{2\times1.5\times2}\approx2.17\ (\text{m})$$

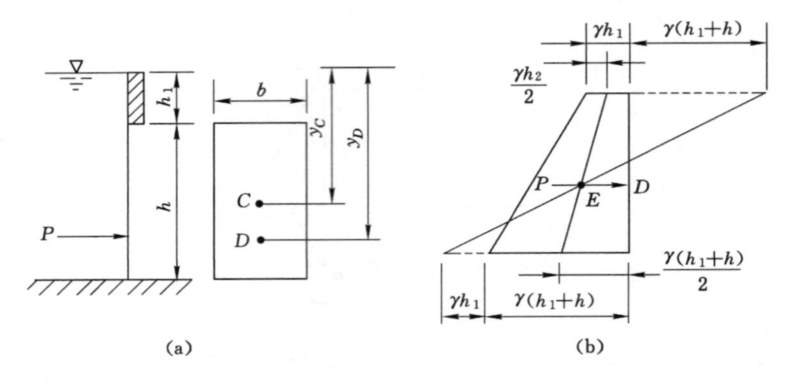


图 2-23　作用于垂直平面闸门的压力

(2) 图解法

先绘水静压强分布图,如图 2-23(b)所示。

再计算水静压力,引用公式 $P=b\Omega$,则有:

$$\Omega=\frac{1}{2}[\gamma h_1+\gamma(h_1+h_2)]h=\frac{1}{2}\gamma h(2h_1+h_2)$$

$$=\frac{1}{2}\times 9.807\times 2\times(2\times 1+2)\approx 39.23\ (\text{kN/m})$$

代入式中得:

$$P=b\Omega=39.23\times 1.5\approx 58.85\ (\text{kN})$$

压力中心通过水静压强分布图梯形的形心,可用作图法决定,如图 2-23(b)所示。也可将梯形划分为已知形心位置的三角形和矩形,利用总面积之矩等于各部分面积对同轴矩之和求得。通过 $E$ 点作垂直受压面的压力 $P$,得到交点 $D$,这便是压力中心。

## 思考与练习

2-1　流体静压强和流体静压力有何不同?

2-2　流体静压强基本方程的两种形式是什么?它们分别表示了什么含义?

2-3　流体静压强有几种表示方法?它们之间的关系是什么?

2-4　在工程计量中,为何常采用工程大气压计量而不用标准大气压计量?

2-5　什么叫等压面?等压面的特征是什么?

2-6　某地大气压强为 98.07 kN/m$^2$,求:(1) 绝对压强为 117.7 kN/m$^2$ 时的相对压强及其水柱高度;(2) 相对压强为 8 m$H_2O$ 时的绝对压强;(3) 绝对压强为 78.3 kN/m$^2$ 时的真空压强。

2-7　如图 2-24 所示,密闭容器水面绝对压强 $p'_0$ 为 85 kPa,中央的玻璃管是两端开口的,求玻璃管应伸入水面下多少深度时,既无空气通过玻璃管进入容器,又无水进入玻璃管。

2-8　如图 2-25 所示,密闭容器水面的绝对压强 $p'_0=107.7$ kN/m$^2$,当地大气压强 $p_a=98.07$ kN/m$^2$。试求:(1) 水深 $h=0.8$ m 时,$A$ 点的绝对压强和相对压强;(2) 若 $A$ 点距基准面的高度 $z=4$ m,$A$ 点的测压管高度及测压管水头;(3) 压力表 M 和酒精($\gamma=7.944$ kN/m$^3$)测压计 $h_1$ 的读数。

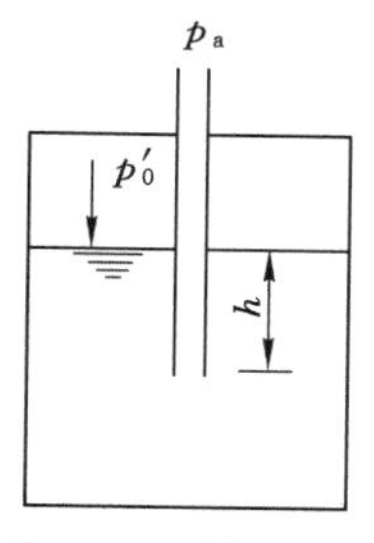


图 2-24　题 2-7 图

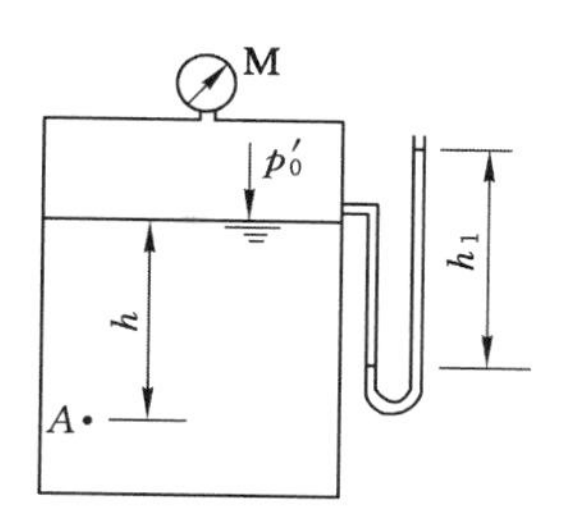


图 2-25　题 2-8 图

2-9　如图 2-26 所示，在盛满水的容器顶口安置一活塞 A，其直径 $d=0.5$ m，容器底部直径 $D=1.0$ m，高 $h=2.0$ m，如活塞 A 上加力 $G$ 为 3 000 N(包括活塞自重)，求容器底的压强及总压力。

2-10　如图 2-27 所示，1、2、3 点的位置水头、压强水头及测压管水头是否相等？

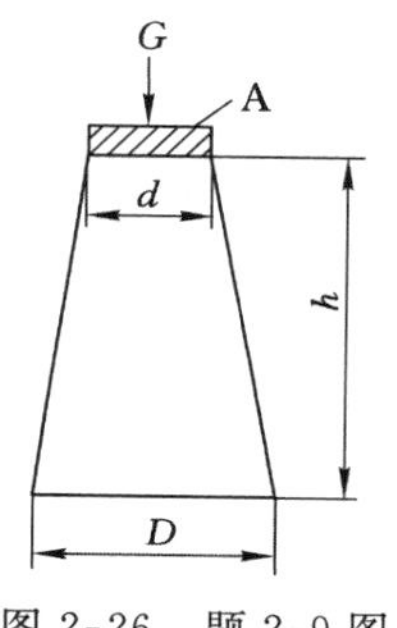


图 2-26　题 2-9 图

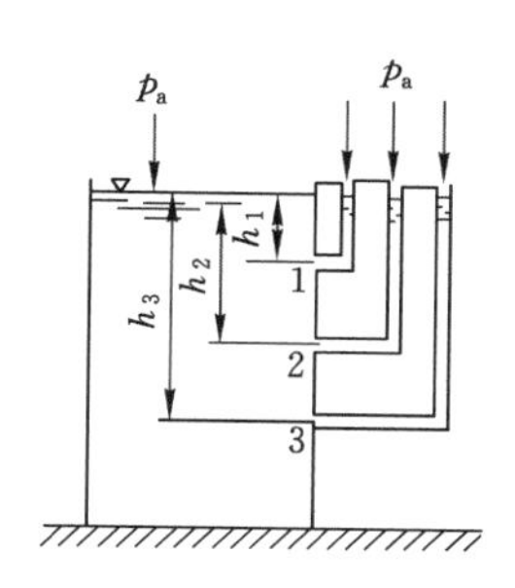


图 2-27　题 2-10 图

2-11　如图 2-28 所示的复式水银测压计，试判断 $A$—$A$、$B$—$B$、$C$—$C$、$D$—$D$、$C$—$E$ 中哪个是等压面？哪个不是等压面？

2-12　如图 2-29 所示，水管上安装一复式水银测压计，问 $p_1$、$p_2$、$p_3$、$p_4$ 哪个最大？哪个最小？哪些相等？

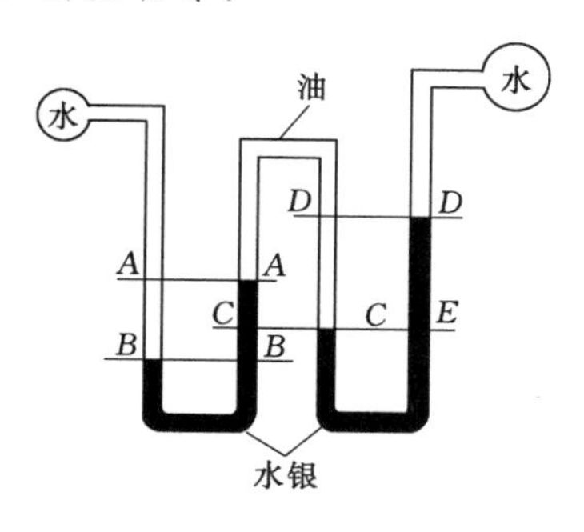


图 2-28　题 2-11 图

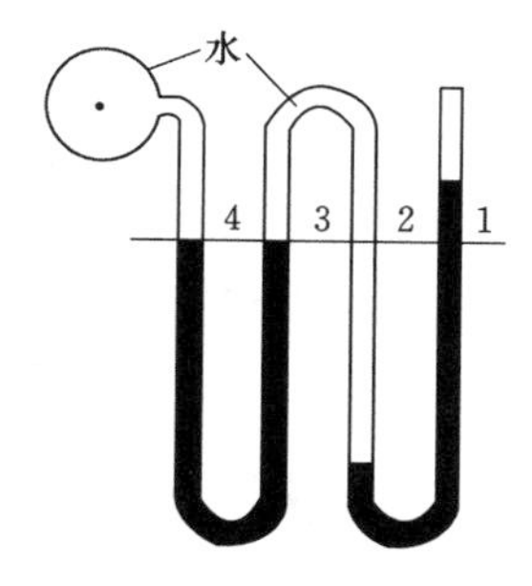


图 2-29　题 2-12 图

2-13　如图 2-30 所示，管路上安装一 U 形测压计，测得 $h_1=30$ cm，$h_2=60$ cm，又已知：(1) $\gamma$ 为油($\gamma_{油}=8.354$ kN/m$^3$)，$\gamma_1$ 为水银；(2) $\gamma$ 为油，$\gamma_1$ 为水；(3) $\gamma$ 为气体，$\gamma_1$ 为水。求 $A$ 点相对压强的水柱高度。

2-14　容重为 $\gamma_a$ 和 $\gamma_b$ 的两种液体装在同一容器中，各液面深度如图 2-31 所示。现已知 $\gamma_b=9.807$ kN/m$^3$，大气压强 $p_a=98.07$ kN/m$^2$，求 $\gamma_a$ 及 $p'_A$。

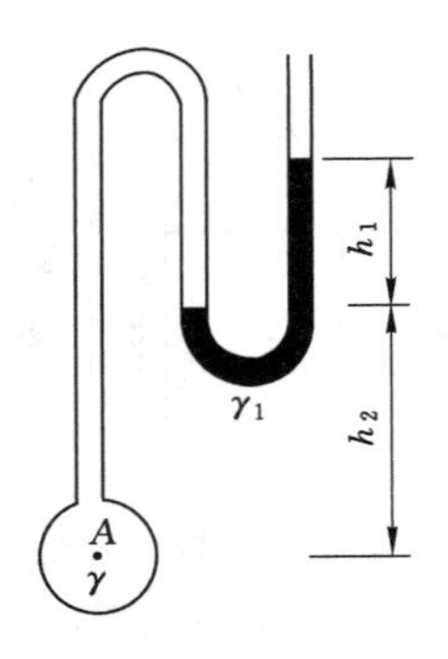


图 2-30 题 2-13 图

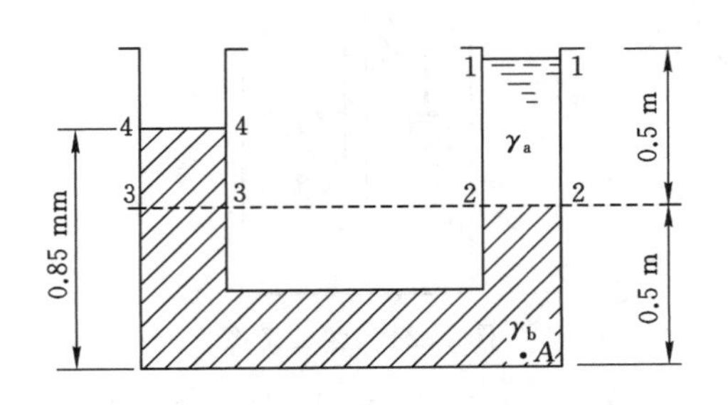


图 2-31 题 2-14 图

2-15 如图 2-32 所示，一盛水的封闭容器，其两侧各接一根玻璃管。一管顶端封闭，其液面压强 $p'_0=88.29\ kN/m^2$。另一端顶端敞开，液面与大气接触。已知 $h_0=2$ m，试求：(1) 容器内液面压强 $p'_C$；(2) 敞口管与容器内的液面高差 $x$；(3) 用真空值表示 $p_0$。

2-16 如图 2-33 所示，封闭水箱各测压管的液面高度为$\nabla_1=100$ cm，$\nabla_2=20$ cm，$\nabla_4=60$ cm，问$\nabla_3$为多少？

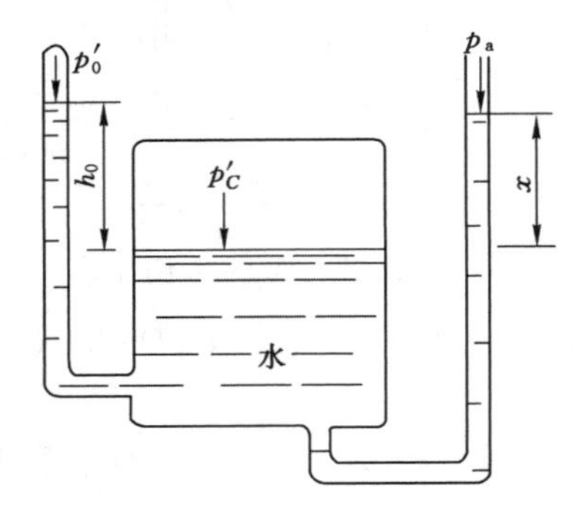


图 2-32 题 2-15 图

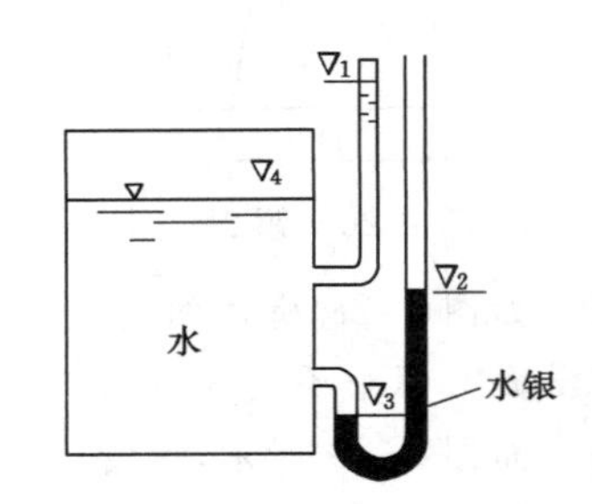


图 2-33 题 2-16 图

2-17 如图 2-34 所示，两高度差 $z=20$ cm 的水管，当 $\gamma_1$ 为空气及油($\gamma_{油}=9\ kN/m^3$)时，$h$ 均为 10 cm，试分别求两管的压差。

2-18 如图 2-35 所示，复式水银测压计各液面高程为$\nabla_1=3.0$ m，$\nabla_2=0.6$ m，$\nabla_3=2.5$ m，$\nabla_4=1.0$ m，$\nabla_5=3.5$ m，求液面上的相对压强 $p_5$。

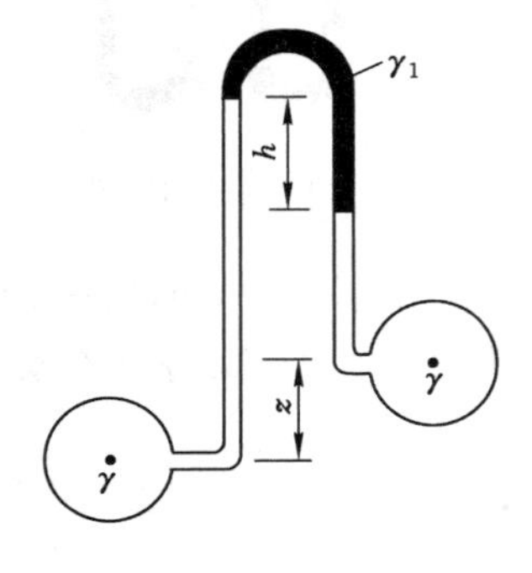


图 2-34 题 2-17 图

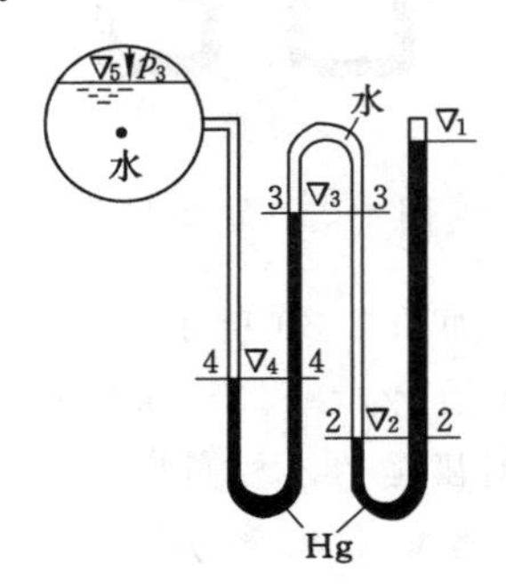


图 2-35 题 2-18 图

2-19　如图2-36所示，一个盛满水的截锥体容器，顶口直径 $d_1=0.5\ \mathrm{m}$，底部直径 $d_2=1.0\ \mathrm{m}$，高度 $h=2\ \mathrm{m}$，试求：(1) 容器底部所受静压强与总静压力；(2) 若将容器上下底颠倒，容器底部所受的静压强与总静压力。

2-20　如图2-37所示，一矩形底孔闸门高 $h=3\ \mathrm{m}$，宽 $b=2\ \mathrm{m}$，上游水深 $h_1=6\ \mathrm{m}$，下游水深 $h_2=5\ \mathrm{m}$，试用图解法和解析法求作用在闸门上的水静压力及作用点。(提示：闸门左右静压强抵消后，闸门为均匀受压平面)

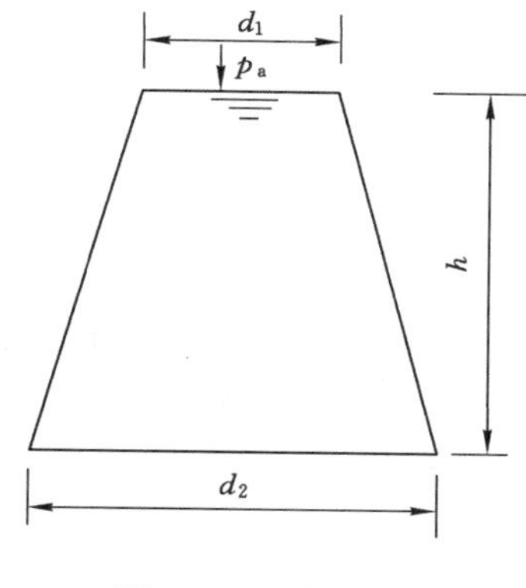


图2-36　题2-19图

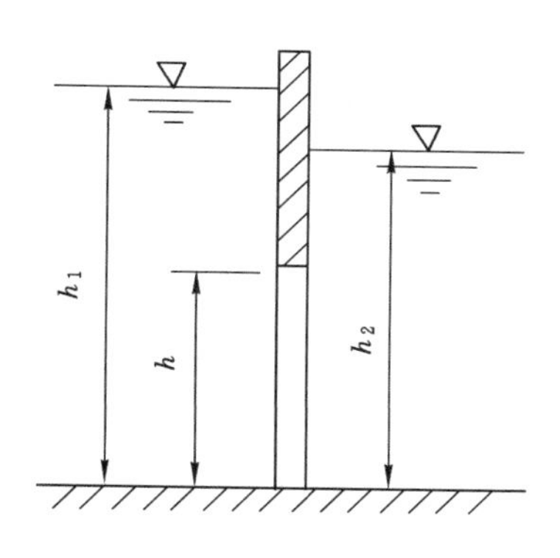


图2-37　题2-20图

2-21　如图2-38所示，有一方形水箱，边长 $a=1.2\ \mathrm{m}$，水深 $h=1.0\ \mathrm{m}$，在水箱侧壁连接测压管，$h_1=5\ \mathrm{m}$，$h_2=0.5\ \mathrm{m}$，试求水箱底面及侧壁 $AB$ 面上所受的静压力及作用点。

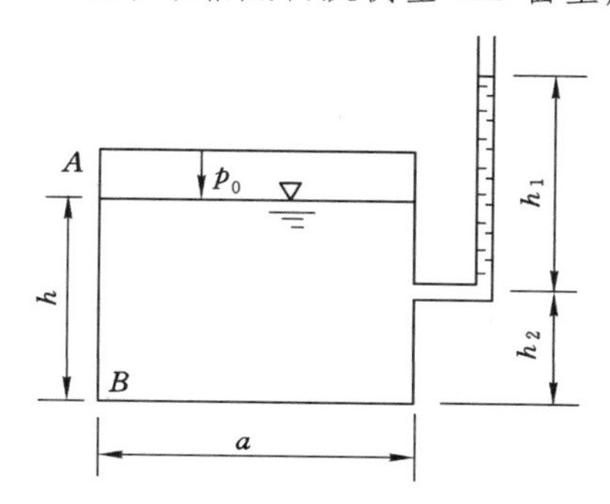


图2-38　题2-21图

# 第3章　一元流体动力学

## 知识目标

1. 了解:描述流体运动的两种方法。

2. 理解:流体运动的基本概念,如流线、恒定流、渐变流等。

3. 掌握:恒定流连续性方程式;恒定流能量方程式及其意义;能量方程式的应用条件及解题方法;气流方程表达式与液流方程表达式的区别;管路水头线的绘制。

4. 熟悉:毕托管、文丘里流量计的原理及应用;恒定流动量方程式。

## 能力目标

能应用动力学基本方程式解决工程实际中遇到的问题。

## 思政目标

1. 结合伯努利方程的推导过程,学习科学家锲而不舍的研究精神;树立抓住主要矛盾、解决关键问题的自然辩证思维。

2. 结合精选的暖通空调专业所涉及的工程实例,加深专业认同感,树立工程意识。

在自然界或工程实际中,流体的静止、平衡状态都是暂时的、相对的,是流体运动的特殊形式,运动才是绝对的。流体最基本的特征就是它的流动性。因此,研究流体的运动规律具有重要、普遍的意义。

流体动力学就是研究流体运动规律及其在工程上实际应用的科学。本章研究流体的运动要素——压强、密度、速度、作用力、加速度间的相互关系,并根据流体运动实际情况研究反映流体运动基本规律的三个方程式,即:流体的连续性方程式、能量方程式和动量方程式。这三个方程式称为流体动力学三大基本方程式,它们在整个工程流体力学中占有非常重要的地位。

流体静力学与流体动力学的主要区别:一是在进行力学分析时,静力学只考虑作用在流体上的重力和压力;动力学除了考虑重力和压力外,由于流体运动,还要考虑因流体质点速度变化所产生的惯性力和流体流层与流层间、质点与质点间因流速差异而引起的黏滞力。二是在计算某点压强时,流体的静压强只与该点所处的空间位置有关,与方向无关;动力学中的压强,一般指动压强,它不仅与该点所处的空间位置有关,还与方向有关。但是由理论推导可以证明,任意一点在三个正交方向上流体动压强的平均值是一个常数,不随这三个正交方向的选取而变化,这个平均值作为点的动压强,它也只与流体所处的空间位置有关。因此,为不至于混淆,流体流动时的动压强和流体静压强均可简称为压强。

# 3.1　描述流体运动的两种方法

描述流体运动规律的方法有拉格朗日法和欧拉法。

拉格朗日法是沿袭固体力学的方法，把流体看作由无数连续质点所组成的质点系，以研究个别流体质点的运动为基础，通过对每个流体质点运动规律的研究来确定整个流体的运动规律。

拉格朗日法的特点是追踪流体质点的运动，这和研究固体质点运动的方法完全相同，因而它的优点就是可以直接运用固体力学中早已建立的质点系动力学来进行分析。然而，由于流体质点的运动轨迹非常复杂，实际上难以实现，因此，拉格朗日法在流体动力学的研究中很少采用。

欧拉法是以流体运动所处的固定空间为研究对象，考察每一时刻通过各固定点、固定断面或固定空间的流体质点的运动情况，从而确定整个流体的运动规律。

实际上，绝大多数的工程问题并不要求追踪质点的来龙去脉，而只分析一些有代表性的断面、位置上流体的速度、压强等运动要素的变化情况。例如，拧开水嘴，水从管中流出；打开门窗，空气从门窗流入；开动风机，风从工作区间抽出。我们并不追踪水的各个质点的前前后后，也不探求空气的各个质点的来龙去脉，而是研究水从管中以怎样的速度流出；空气经过门窗，以什么流速流入；风机抽风，工作区间风速如何分布。只要分析出每一时刻流体质点经过水嘴处、门窗洞口断面上、工作区间内的运动要素，就能确定其运动规律。这种方法比较简单，在流体动力学的研究中得到广泛的采用。在以后的讨论中，如不加说明，均以欧拉法为描述问题的方法。

# 3.2　描述流体运动的基本概念

## 3.2.1　压力流与无压流

流体运动时，流体充满整个流动空间并在压力作用下的流动，称为压力流。压力流的特点是没有自由表面，且流体对固体壁面的各处包括顶部(如管壁顶部)有一定的压力，如图 3-1(a)所示。

液体流动时，具有与气体相接触的自由表面，且只依靠液体自身重力作用下的流动，称为无压流。无压流的特点是具有自由表面，液体的部分周界与固体壁面相接触，如图 3-1(c)所示。

在压力流中，流体的压强一般大于大气压强(水泵吸水管等局部部位可以小于大气压强)，工程实际中的给水、采暖、通风等管道中的流体运动，都是压力流。在无压流中，自由表面上的压强等于大气压强，实际中的各种排水管、明渠、天然河流等液流都是无压流。在压力流与无压流之间有一种满流状态，如图 3-1(b)所示。其流体的整个周界均与固体壁面相接触，但对管壁顶部没有压力，在工程中近似地按无压流看待。

## 3.2.2　恒定流与非恒定流

流体运动时，流体任意一点的压强、流速、密度等运动要素不随时间而发生变化的流动，

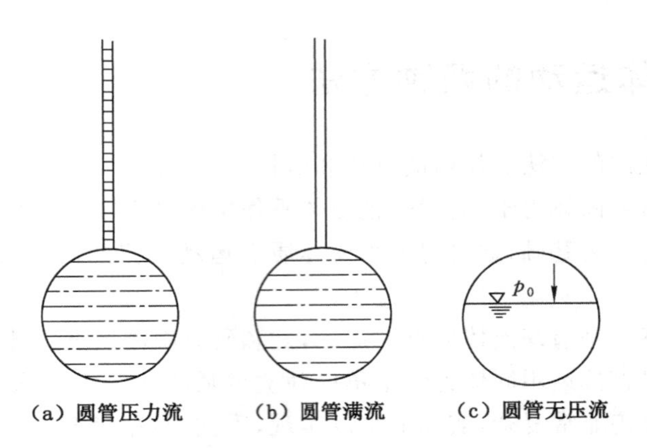


图 3-1　压力流与无压流

称为恒定流。如图 3-2(a)所示，水从水箱侧孔出流时，由于水箱上部的水管不断充水，而使水箱中水位保持不变，因此水流任意点的压强、流速均不随时间改变，所以是恒定流。

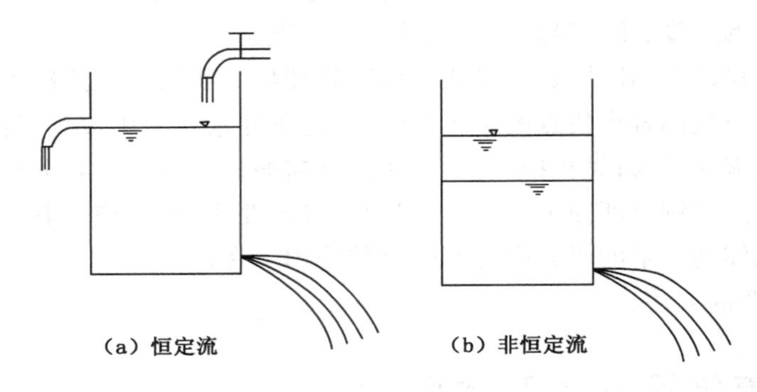


图 3-2　液体经孔口出流

流体运动时，流体任意一点的压强、流速、密度等运动要素随时间而发生变化的流动，称为非恒定流。如图 3-2(b)所示，水从水箱侧孔出流时，由于水箱上无充水管，水箱中的水位逐渐下降，造成水流各点的压强、流速均随时间改变，所以是非恒定流。工程流体力学以恒定流为主要研究对象，水暖通风工程中的一般流体运动均按恒定流考虑。

### 3.2.3　流线与迹线

流线是指同一时刻流场中一系列流体质点的流动方向线，即在流场中画出的一条曲线，在某一瞬时，该曲线上任意一点的流速矢量总是在该点与曲线相切。如图 3-3 所示，由于流体的每个质点只能有一个流速方向，所以过一点只能有一条流线，或者说流线不能相交；流线只能是直线或光滑曲线，而不能是折线，否则折点上将有两个流速方向，显然是不可能的。因此，流线可以形象地描绘出流场内的流体质点的流动状态，包括流动方向和流速的大小，流速大小可以由流线的疏密得到反映。流线是欧拉法对流动的描绘，如图 3-4 所示。

迹线是指某一流体质点在连续时间内的运动轨迹。

流线和迹线是两个截然不同的概念，学习时注意区别。对于恒定流，因为流速不随时间变化，流线与迹线完全重合，所以可以用迹线来反映流线。

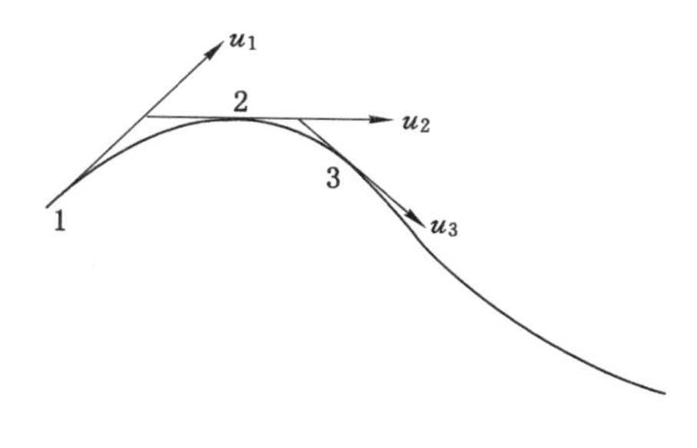


图 3-3　流线分析

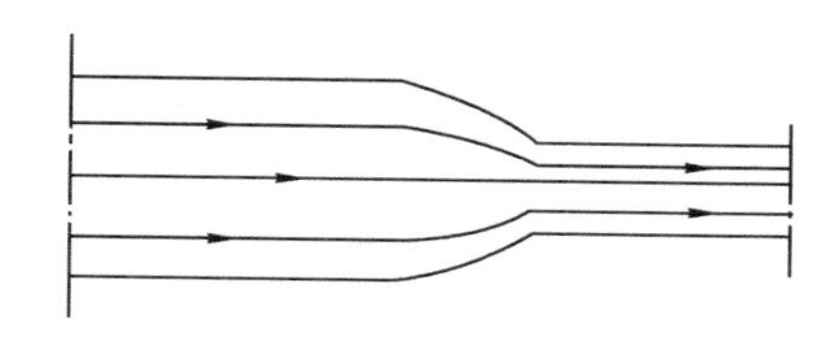

图 3-4　管流流线

### 3.2.4　一元、二元和三元流

一元流是指流速等运动要素只是一个空间坐标和时间变量的函数的流动。如管道内的流动，当忽略横向尺寸上各点速度的差别时，速度只沿管长 $x$ 方向上有变化，其他方向无变化，这就是一元流动，其数学表达式为：

$$v_x = f(x,t)$$

二元流是指流速等运动要素是两个空间坐标和时间变量的函数的流动。如流体流过无限长圆柱的流动就属于二元流动，其数学表达式为：

$$\begin{cases} v_x = f_1(x,y,t) \\ v_y = f_2(x,y,t) \end{cases}$$

流体流过有限长圆柱时，圆柱两端亦有绕流，这时流速等运动要素是三个空间坐标和时间变量的函数，就是三元流动，其数学表达式为：

$$\begin{cases} v_x = f_1(x,y,z,t) \\ v_y = f_2(x,y,z,t) \\ v_z = f_3(x,y,z,t) \end{cases} \tag{3-1}$$

工程中大多是三元流动问题，但由于三元流动的复杂性，往往根据具体问题的性质把其简化为二元或一元流动来处理亦能得到满意的结果。

### 3.2.5　元流与总流

在流体运动的空间内，任取一封闭曲线 $S$，过曲线 $S$ 上各点作流线，这些流线所构成的管状流面称为流管，充满流体的流管称为流束，把面积为 $dA$ 的微小流束称为元流。面积为 $A$ 的流束则是无数元流的总和，称为总流，如图 3-5 所示。

元流横断面积无限小，其上的流速、压强等可以认为是相等的。

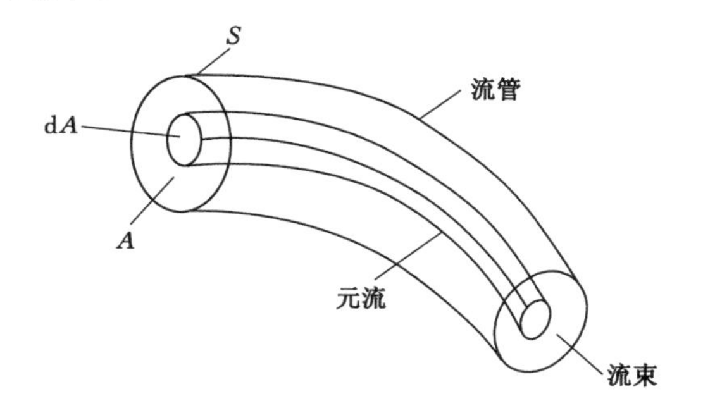


图 3-5　元流与总流

### 3.2.6　过流断面、流量和断面平均流速

（1）过流断面

在流束上作出的与流线相垂直的横断面称为过流断面，如图 3-6 所示。流线互相平行时，过流断面为平面；流线互相不平行时，过流断面为曲面。圆管是最常用的断面形式，但工

程上也常常用到非圆管的情况，如通风系统中的风道，有许多就是矩形的。

(2) 流量

单位时间内通过某过流断面的流体量称为流量，通常用流体的体积、质量和重量来计量，分别称为体积流量 $Q(\mathrm{m^3/s})$、质量流量 $M(\mathrm{kg/s})$、重量流量 $G(\mathrm{N/s})$。如图 3-7 所示，设元流过流断面的面积为 $\mathrm{d}A$，流速为 $u$，经过时间 $\mathrm{d}t$，元流相对于断面 1—1 的位移 $\mathrm{d}l=u\mathrm{d}t$，则该时间内通过断面 1—1 的流体体积为：

$$\mathrm{d}V=\mathrm{d}l\mathrm{d}A=u\mathrm{d}t\mathrm{d}A$$

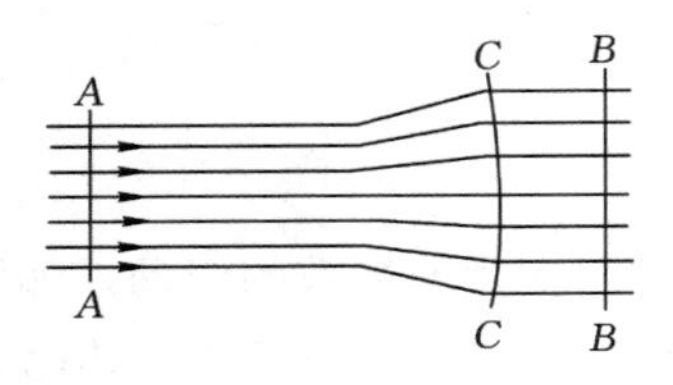


图 3-6　过流断面

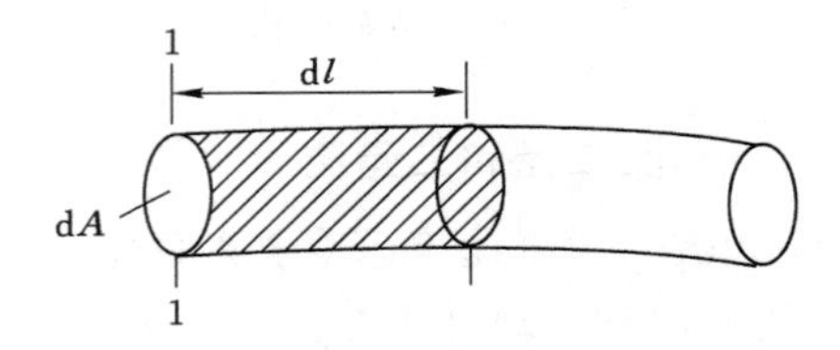


图 3-7　流量分析

将等式两端同除以 $\mathrm{d}t$，即得元流体积流量：

$$\mathrm{d}Q=\frac{\mathrm{d}V}{\mathrm{d}t}=u\mathrm{d}A \tag{3-2}$$

由于总流是无数元流的总和，所以总流的体积流量为：

$$Q=\int_A u\mathrm{d}A \tag{3-3}$$

(3) 断面平均流速

我们知道，流体运动时，由于黏性影响，过流断面上的流速分布是不相等的。以管流为例，管壁附近流速较小，轴线上流速最大，如图 3-8 所示。为了便于计算，设想过流断面上流速 $v$ 均匀分布，通过的流量与实际流量相等，流速 $v$ 称为该断面的平均流速，即：

$$vA=\int_A u\mathrm{d}A=Q$$

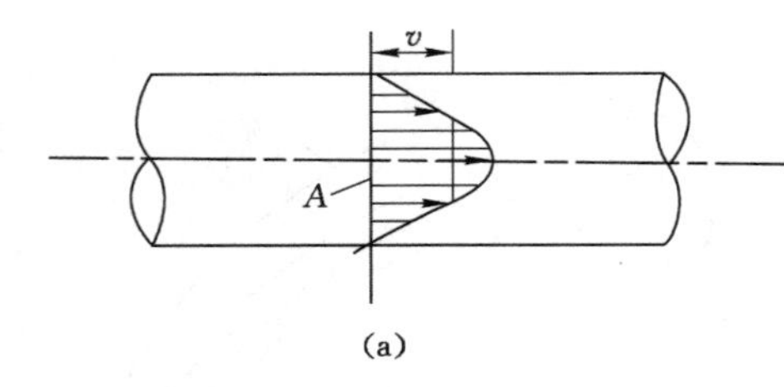


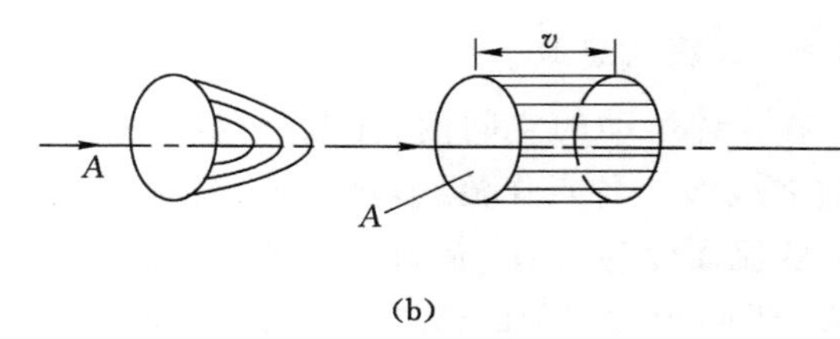


图 3-8　断面平均流速

则有：

$$v=\frac{Q}{A} \tag{3-4}$$

式中　$Q$——流体的体积流量，$\mathrm{m^3/s}$；

$v$——断面平均流速，$\mathrm{m/s}$；

$A$——总流过流断面面积，$\mathrm{m^2}$。

【例 3-1】 有一矩形通风管道，断面尺寸：高 $h=0.3$ m，宽 $b=0.5$ m，若管道内断面平均流速 $v=7$ m/s，试求空气的体积流量及质量流量。（空气的密度 $\rho=1.2$ kg/m³）

【解】 根据式(3-4)，空气的体积流量为：

$$Q = vA = 7 \times 0.3 \times 0.5 = 1.05\ (\mathrm{m^3/s})$$

空气的质量流量为：

$$M = \rho Q = 1.2 \times 1.05 = 1.26\ (\mathrm{kg/s})$$

### 3.2.7 均匀流与非均匀流、渐变流与急变流

均匀流是指过流断面的大小和形状沿程不变，过流断面上流速分布也不变的流动；凡不符合上述条件的流动则为非均匀流。由此可见，均匀流的特点是流线互相平行，过流断面为平面，且均匀流是等速流。

实际工程中液体的流动大多数都不是均匀流，在非均匀流中，按流线沿流程变化的缓急程度又可分为渐变流和急变流。渐变流是指流速沿流向变化较缓，流线近似为平行直线的流动。凡不符合上述条件的流动皆为急变流，如图 3-9 所示。渐变流的特点是只受重力和压力作用，无离心力作用，过流断面近乎平面。

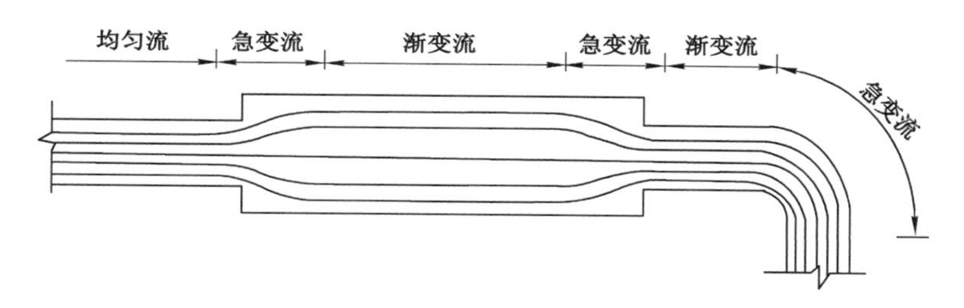


图 3-9　渐变流和急变流

## 3.3 恒定流连续性方程式

流体的运动，属于机械运动范畴。因此，物理学中的质量守恒定律、能量转换与守恒定律以及动量定律也适用于流体。本部分利用质量守恒定律分析研究流体在一定空间内的质量平衡规律。

如图 3-10 所示，在总流中任取一元流断面积为 $dA_1$ 和 $dA_2$ 的两个过流断面为研究对象，设 $dA_1$ 的流速为 $u_1$，$dA_2$ 的流速为 $u_2$，则 $dt$ 时间内流入断面 1—1 的流体质量为 $\rho_1 dA_1 u_1 dt$，流出断面 2—2 的流体质量为 $\rho_2 dA_2 u_2 dt$，在恒定流条件下，两断面间流动空间内流体质量不变，流体又是连续的，根据质量守恒定律，流入断面 1—1 的流体质量必等于流出断面 2—2 的流体质量，即：

$$\rho_1 dA_1 u_1 dt = \rho_2 dA_2 u_2 dt$$

两端同除以 $dt$ 得：

$$\rho_1 dA_1 u_1 = \rho_2 dA_2 u_2 \tag{3-5}$$

式(3-5)即为可压缩流体恒定元流的连续性方程式。

当流体不可压缩时密度为常数，$\rho_1=\rho_2$，有：

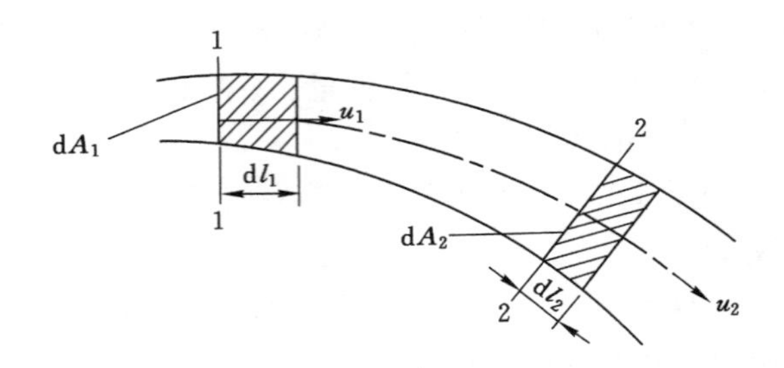


图 3-10　元流的质量平衡

$$u_1 dA_1 = u_2 dA_2$$

对总流过流断面 $A_1$ 和 $A_2$ 积分，则得总流连续性方程为：

$$\int_{A_1} u_1 dA_1 = \int_{A_2} u_2 dA_2 \tag{3-6}$$

即有：

$$A_1 v_1 = A_2 v_2 \tag{3-7}$$

亦即：

$$Q_1 = Q_2 \tag{3-8}$$

或

$$\frac{v_1}{v_2} = \frac{A_2}{A_1} \tag{3-9}$$

上式表明，不可压缩流体在管内流动时，管径越大，断面上的流速越小；反之，管径越小，断面上的流速越大。

如果是可压缩流体，则其恒定总流连续性方程的表达式可写成：

$$\rho_1 A_1 v_1 = \rho_2 A_2 v_2 \tag{3-10}$$

上述连续性方程所讨论的只是单进单出的简单管道，以此原理出发很容易将连续性方程推广到复杂管道。如三通的合流与分流，据质量守恒定律可得：

对分流（分出）情况：

$$Q_1 = Q_2 + Q_3$$
$$A_1 v_1 = A_2 v_2 + A_3 v_3$$

对合流（汇入）情况：

$$Q_1 + Q_2 = Q_3$$
$$A_1 v_1 + A_2 v_2 = A_3 v_3$$

由于连续性方程式并未涉及作用在流体上的力，因此对理想流体和实际流体均适用。

**【例 3-2】**　如图 3-11 所示，有一变径水管，已知管径 $d_1 = 200$ mm，$d_2 = 100$ mm，若 $d_1$ 处的断面平均流速 $v_1 = 0.25$ m/s，试求 $d_2$ 处的断面平均流速 $v_2$。

**【解】**　由于圆管的面积 $A = \frac{1}{4}\pi d^2$，根据式(3-9)有：

$$\frac{v_1}{v_2} = \frac{A_2}{A_1} = \frac{\frac{1}{4}\pi d_2^2}{\frac{1}{4}\pi d_1^2} = \frac{d_2^2}{d_1^2}$$

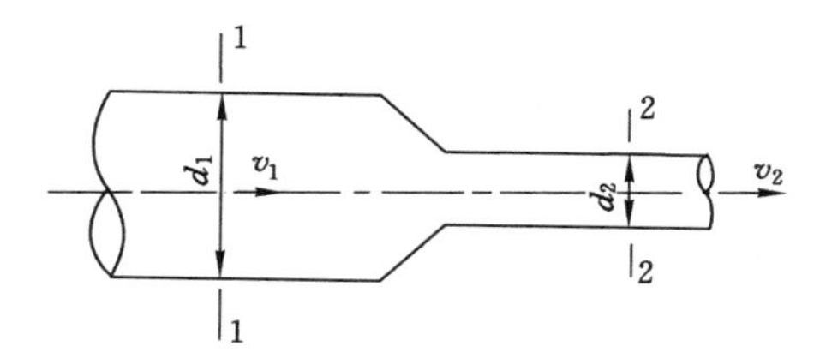


图 3-11　变径水管

即有：

$$\frac{v_1}{v_2}=\frac{d_2^2}{d_1^2}$$

上式表明，断面平均流速与圆管直径的平方成反比。

把 $d_1=200\ \text{mm}$，$d_2=100\ \text{mm}$，$v_1=0.25\ \text{m/s}$ 代入上式，可解得 $d_2$ 处的断面平均流速为：

$$v_2=v_1\frac{d_1^2}{d_2^2}=0.25\times\left(\frac{0.2}{0.1}\right)^2=0.25\times 4=1\ (\text{m/s})$$

**【例 3-3】** 烟气采样管直径为 2 cm，其上有 8 个直径为 1 mm 的小孔，烟气从这些小孔吸入，如图 3-12 所示。如由每个小孔吸入的烟气流量都比它前面的小孔少 2%，烟气进入采样管的平均流速 $v_0=5\ \text{cm/s}$，求第一和第八小孔处的断面平均流速。

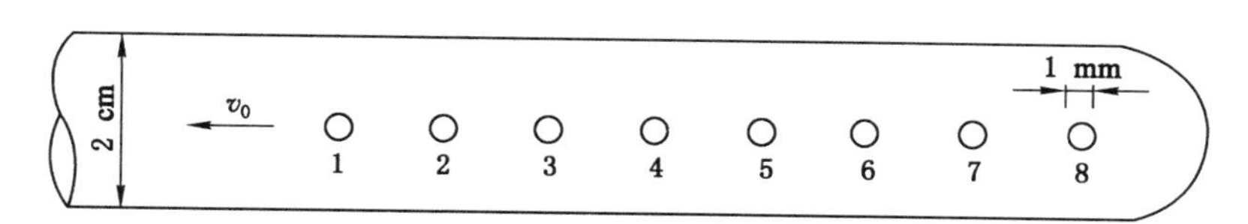


图 3-12　烟气采样管

**【解】** 根据连续性方程，经各小孔流入的烟气流量应等于流出采样管的流量，则有：

$$v_0A_0=(v_1+v_2+\cdots+v_8)A_1$$

因各小孔的面积相同，则后一小孔比前一小孔流量少 2%就相当于平均流速小 2%，即：

$$v_2=0.98v_1$$

$$v_3=0.98v_2=(0.98)^2v_1$$

$$\cdots\cdots$$

$$v_8=(0.98)^7v_1$$

则有：

$$v_0A_0=[1+0.98+(0.98)^2+\cdots+(0.98)^7]v_1A_1$$

$$5\times\frac{\pi}{4}\times 2^2=[1+0.98+(0.98)^2+\cdots+(0.98)^7]\times\frac{\pi}{4}\times(0.1)^2\times v_1$$

由此求得：

$$v_1=2.68\ \text{m/s}$$

$$v_8=2.33\ \text{m/s}$$

## 3.4 恒定流能量方程式及其应用

从物理学中我们知道，自然界的一切物质都在不停地运动着，它们所具有的能量也在不停地转化。在转化过程中，能量既不能创造，也不能消灭，只能从一种形式转化为另外一种形式。这就是能量转换与守恒定律。

本部分利用能量转换与守恒定律，分析恒定流条件下流体在一定空间内的能量平衡规律。流体和其他物质一样，具有动能和势能两种机械能。流体的动能和势能之间，机械能与其他形式的能量之间，也可以互相转化，并且它们之间的转化关系同样遵守着能量转换与守恒定律。

### 3.4.1 元流能量方程

根据功能原理可以推导出元流能量方程式。在恒定流中，任意取一元流断面 1—1 与 2—2 之间的元流流段为研究对象，如图 3-13 所示。两断面的高程和面积分别为 $z_1$、$z_2$ 和 $dA_1$、$dA_2$，两断面的流速和压强分别为 $u_1$、$u_2$ 和 $p_1$、$p_2$。经过 dt 时间，流段上原来的位置 1—2 移到新的位置 1′—2′。

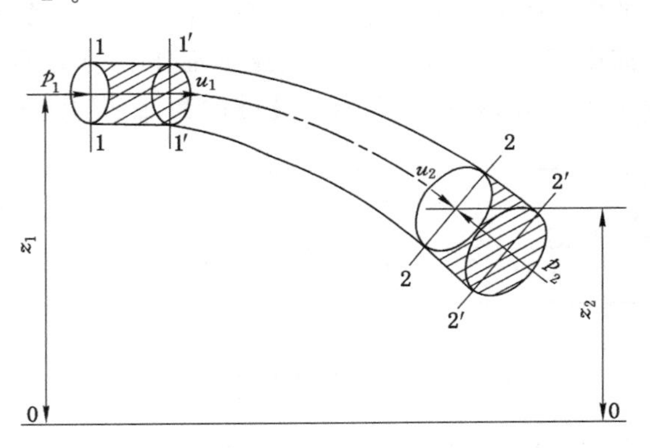


图 3-13 元流能量方程式推导

现讨论该流段中能量的变化与外界做功的关系，即外界对流段所做的功等于流段机械能的变化。

压力做功，包括断面 1—1 所受压力 $p_1dA_1$、所做的正功 $p_1dA_1u_1dt$，断面 2—2 所受压力 $p_2dA_2$、所做的负功 $p_2dA_2u_2dt$。做功的正或负，根据压力方向和位移方向是相同还是相反确定。元流侧面压力和流段正交，不产生位移，不做功。

所以，压力做功为：

$$p_1dA_1u_1dt - p_2dA_2u_2dt = (p_1 - p_2)dQdt \tag{3-11}$$

流段所获得的能量，可以对比流段在 dt 时段前后所占有的空间来确定。流段在 dt 时段前后所占有的空间虽然有变动，但两断面之间的空间则是 dt 时段前后所共有。在这段空间内的流体，不但位能不变，由于流动的恒定性，各点流速不变，动能也保持不变。所以，能量的增加，应就流体占据的新位置 2—2′所增加的能量，和流体离开原位置 1—1′所减少的能量来计算。

由于流体不可压缩，新旧位置 1—1′、2—2′所占据的体积等于 $\mathrm{d}Q\mathrm{d}t$，质量等于 $\rho\mathrm{d}Q\mathrm{d}t=\frac{\gamma\mathrm{d}Q\mathrm{d}t}{g}$。根据物理公式，动能为 $\frac{1}{2}mu^2$，位能为 $mgz$。所以，动能增加为：

$$\frac{\gamma\mathrm{d}Q\mathrm{d}t}{g}\left(\frac{u_2^2}{2}-\frac{u_1^2}{2}\right)=\gamma\mathrm{d}Q\mathrm{d}t\left(\frac{u_2^2}{2g}-\frac{u_1^2}{2g}\right) \tag{3-12}$$

位能增加为：

$$\gamma(z_2-z_1)\mathrm{d}Q\mathrm{d}t \tag{3-13}$$

根据压力做功等于机械能量增加原理，即式(3-11)＝式(3-12)＋式(3-13)，得：

$$(p_1-p_2)\mathrm{d}Q\mathrm{d}t=\gamma(z_2-z_1)\mathrm{d}Q\mathrm{d}t+\gamma\mathrm{d}Q\mathrm{d}t\left(\frac{u_2^2}{2g}-\frac{u_1^2}{2g}\right)$$

将上式中各项除以 $\gamma\mathrm{d}Q\mathrm{d}t$，并按断面分别列入等式两边，则有：

$$z_1+\frac{p_1}{\gamma}+\frac{u_1^2}{2g}=z_2+\frac{p_2}{\gamma}+\frac{u_2^2}{2g} \tag{3-14}$$

这就是理想不可压缩流体元流能量方程，或称为伯努利方程。在方程的推导过程中，两断面的选取是任意的。所以，很容易把这个关系推广到元流的任意断面，即：

$$z+\frac{p}{\gamma}+\frac{u^2}{2g}=C(\text{常数}) \tag{3-15}$$

实际流体考虑黏性阻力，元流的黏性阻力做负功，使机械能量沿流向不断减少。以符号 $h'_\mathrm{w}$ 表示元流两断面间单位能量的减少，则单位能量方程式变为：

$$z_1+\frac{p_1}{\gamma}+\frac{u_1^2}{2g}=z_2+\frac{p_2}{\gamma}+\frac{u_2^2}{2g}+h'_\mathrm{w} \tag{3-16}$$

### 3.4.2 总流能量方程

总流是无数元流的总和，总流的能量方程就是元流能量方程在两过流断面范围内的积分。

在式(3-16)等号两边同乘 $\gamma\mathrm{d}Q$，方程变为单位时间通过元流两过流断面的总能量方程，积分则有：

$$\int_Q\left(z_1+\frac{p_1}{\gamma}\right)\gamma\mathrm{d}Q+\int_Q\frac{u_1^2}{2g}\gamma\mathrm{d}Q=\int_Q\left(z_2+\frac{p_2}{\gamma}\right)\gamma\mathrm{d}Q+\int_Q\frac{u_2^2}{2g}\gamma\mathrm{d}Q+\int_Q h'_\mathrm{w}\gamma\mathrm{d}Q \tag{3-17}$$

上式按能量性质可分为三种类型的积分：

(1) 势能项积分

$$\int_Q\left(z+\frac{p}{\gamma}\right)\gamma\mathrm{d}Q$$

$$\int_Q\left(z+\frac{p}{\gamma}\right)\gamma\mathrm{d}Q=\gamma\int_A\left(z+\frac{p}{\gamma}\right)u\mathrm{d}A$$

这一积分的确定，需要知道 $z+\frac{p}{\gamma}$ 流体势能在总流过流断面上的分布情况，而过流断面上流体势能的分布规律与流体的运动状况有关。如图 3-14 所示，流体在 $A$、$C$ 区内的流动为渐变流，在 $B$ 区内的流动为急变流。

这里，我们根据渐变流的定义来分析渐变流过流断面上流体质点所受到的作用力。流体在运动过程中，一般要受到重力、黏滞力、惯性力和压力四个力的作用。其中，重力是不变

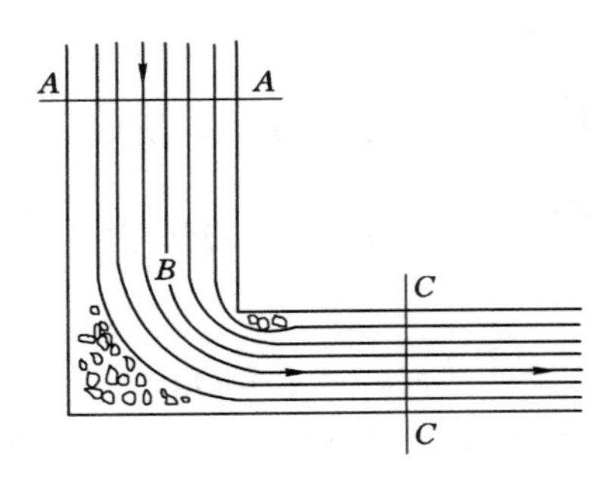


图 3-14 渐变流与急变流

的，黏性力和惯性力与流体质点的流速有关，而压力则是平衡其他三力的结果。

由于流体做渐变流动时，流速沿流向变化较缓，即流速的大小和方向沿流向变化均比较缓慢，因此，由流速大小改变引起的直线惯性力以及由流速方向改变所引起的离心惯性力均很小，所以它们在渐变流过流断面上的投影可以忽略不计。这就是说，在渐变流过流断面上，可以不考虑惯性力作用。

又由于流体呈渐变流时，流线近似为平行直线，因此其过流断面可以认为是平面。据此分析，并由过流断面的定义可知，流线即流速方向线与该平面是相垂直的，而阻滞流体运动的黏性力沿着流速方向作用，即黏性力也与渐变流过流断面相垂直，因而它在该平面上的投影为零。

事实上，渐变流过流断面并不是一个真正的平面，而是一个近似的平面(其曲率很小)，因而黏性力在它上面的投影不为零，可是由于这一投影很小，可以忽略不计，所以，在渐变流过流断面上也可以不考虑黏性力作用。

综上所述，在渐变流过流断面上只考虑重力和压力作用，这与静止流体所处的条件相同，所以，渐变流过流断面上的压强分布服从静力学规律，即在同一断面上(图 3-15)，流体各质点的测压管水头 $z+\dfrac{p}{\gamma}=$常数。

应当指出，对于不同的过流断面，由于流体在运动过程中要克服流动阻力而引起能量损失，所以渐变流各断面的测压管水头一般是不相等的，如在图 3-15 中有：

$$z_A+\frac{p_A}{\gamma}\neq z_B+\frac{p_B}{\gamma}$$

至于急变流，由于流速沿流向变化较急，所以因流速大小改变所引起的直线惯性力和因流速方向改变所引起的离心惯性力均不能忽略。另外，由于急变流的流线不是平行直线，因而其过流断面为曲面(其曲率一般较大)，所以黏性力在它上面的投影也不能忽略，也就是说，在急变流过流断面上，同时受到了重力、压力、黏性力、惯性力四力作用。这与静止流体所处的条件截然不同，因此，急变流过流断面上的压强分布不同于静压强分布规律。

如图 3-16 所示，流体在弯管中的流动是流速方向沿流向急剧改变的典型例子，为了简单起见，我们把图中的 $A—A$ 断面近似地看作急变流的过流断面。在该断面上，由于流体受到了离心惯性力的作用，致使过流断面上流体质点的测压管水头随着离心力的增大而增大，则在急变流的同一过流断面上，流体各点的测压管水头 $z+\dfrac{p}{\gamma}\neq$常数。

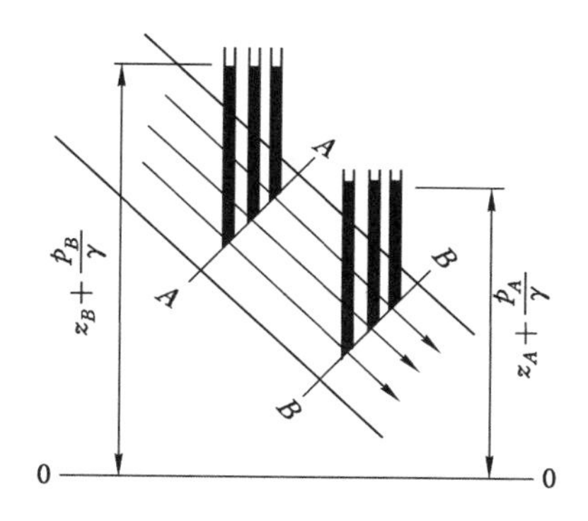


图 3-15　渐变流的测压管水头

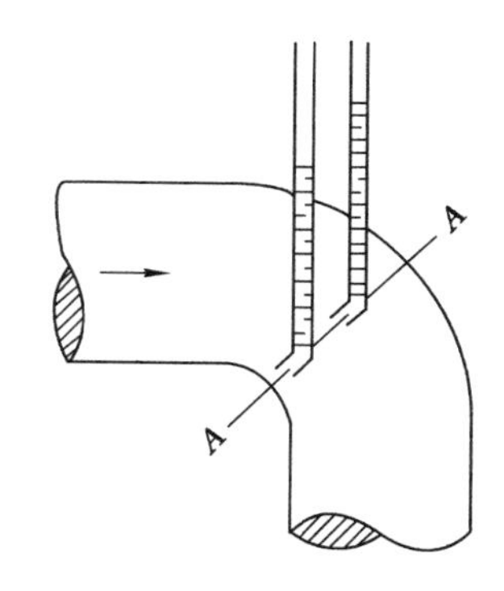


图 3-16　急变流的测压管水头

现在，让我们回到上面所讨论的第一项积分。当我们选取的过流断面为渐变流断面时，由于其过流断面上各流体质点的测压管水头 $z+\frac{p}{\gamma}$=常数，于是有：

$$\int_Q (z+\frac{p}{\gamma})\gamma \mathrm{d}Q = \gamma\int_A (z+\frac{p}{\gamma})u\mathrm{d}A = (z+\frac{p}{\gamma})\gamma Q$$

（2）动能项积分

$$\int_Q \frac{u^2}{2g}\gamma \mathrm{d}Q = \int_A \frac{u^3}{2g}\gamma \mathrm{d}A = \frac{\gamma}{2g}\int_A u^3 \mathrm{d}A$$

恒定总流过流断面上各点的流速不同，为使能量方程得以简化，引入动能修正系数 $\alpha$，定义如下：

$$\alpha = \frac{\int_A u^3 \mathrm{d}A}{\int_A v^3 \mathrm{d}A} = \frac{\int_A u^3 \mathrm{d}A}{v^3 A}$$

则有：

$$\frac{\gamma}{2g}\int_A u^3 A = \frac{\gamma}{2g}\int_A \alpha v^3 A = \frac{\alpha v^2}{2g}\gamma Q$$

$\alpha$ 值根据流速在断面上分布的均匀性来决定。流速分布均匀，$\alpha=1$；流速分布越不均匀，$\alpha$ 值越大。一般在管流的紊流流动中，流速分布比较均匀，$\alpha=1.05\sim1.1$。在实际工程中，常取 $\alpha=1$。

（3）能量损失项积分

$\int_Q h'_{\mathrm{w}}\gamma \mathrm{d}Q$ 表示单位时间内流过断面的流体克服断面 1—1 至断面 2—2 流段的阻力做功所损失的能量。总流中各元流能量损失也是沿断面变化的，为了计算方便，设 $h_{\mathrm{w}}$ 为平均单位能量损失，则有：

$$\int_Q h'_{\mathrm{w}}\gamma \mathrm{d}Q = h_{\mathrm{w}}\gamma Q$$

现将以上各项积分值代入原积分式(3-17)，则有：

$$(z_1+\frac{p_1}{\gamma})\gamma Q + \frac{\alpha_1 v_1^2}{2g}\gamma Q = (z_2+\frac{p_2}{\gamma})\gamma Q + \frac{\alpha_2 v_2^2}{2g}\gamma Q + h_{\mathrm{w}}\gamma Q \tag{3-18}$$

这就是总流能量方程式。该式表明，若以两断面之间的流段作为能量收支平衡运算的对象，则单位时间流入上游断面的能量等于单位时间流出下游断面的能量加上单位时间流段所损失的能量。

如用 $H=z+\dfrac{p}{\gamma}+\dfrac{\alpha v^2}{2g}$ 表示断面全部单位机械能量，则两断面间能量的平衡可表示为：

$$H_1\gamma Q = H_2\gamma Q + h_w\gamma Q \tag{3-19}$$

将式(3-18)各项除以 $\gamma Q$(重量流量)项，得出单位重量流量的能量方程为：

$$z_1+\frac{p_1}{\gamma}+\frac{\alpha_1 v_1^2}{2g}=z_2+\frac{p_2}{\gamma}+\frac{\alpha_2 v_2^2}{2g}+h_w \tag{3-20}$$

这就是极其重要的恒定总流能量方程式，或称恒定总流的伯努利方程式。

### 3.4.3 能量方程式的意义

能量方程式中各项的意义，可以从物理学和几何学来解释。

(1) 物理意义

式(3-20)中，$z$ 表示单位重量流体的位置势能，简称位能；$\dfrac{p}{\gamma}$ 表示单位重量流体的压力势能，简称压能；$\dfrac{\alpha v^2}{2g}$ 表示单位重量流体的平均动能，简称动能；$h_w$ 表示克服阻力所引起的单位能量损失，简称能量损失；$z+\dfrac{p}{\gamma}$ 表示单位势能；$z+\dfrac{p}{\gamma}+\dfrac{\alpha v^2}{2g}$ 表示单位总机械能。

(2) 几何意义

式(3-20)中各项的单位都是米(m)，具有长度量纲，表示某种高度，可以用几何线段来表示，流体力学上称为水头。$z$ 称为位置水头，$\dfrac{p}{\gamma}$ 称为压强水头，$\dfrac{\alpha v^2}{2g}$ 称为流速水头，$h_w$ 称为水头损失，$z+\dfrac{p}{\gamma}$ 称为测压管水头($H_p$)，$z+\dfrac{p}{\gamma}+\dfrac{\alpha v^2}{2g}$ 称为总水头($H$)。

### 3.4.4 总水头线与测压管水头线的绘制

用能量方程计算一元流动，能够求出水流个别断面的流速和压强，但并未回答一元流的全线问题。现在，我们用总水头线和测压管水头线来求得这个问题的图形表示。

总水头线和测压管水头线直接在一元流上绘出，以它们距基准面的铅直距离分别表示相应断面的总水头和测压管水头，如图 3-17 所示。它们是在一元流的流速水头已算出后绘出的。

我们知道，位置水头、压强水头和流速水头之和 $z+\dfrac{p}{\gamma}+\dfrac{\alpha v^2}{2g}=H$ 称为总水头，则能量方程式写为上、下游两断面总水头 $H_1$、$H_2$ 的形式为：

$$H_1 = H_2 + h_w \quad 或 \quad H_2 = H_1 - h_w$$

即每一个断面的总水头，是上游断面总水头减去两断面之间的水头损失。根据这个关系，从最上游断面起，沿流向依次减去水头损失，求出各断面的总水头，一直到流动的结束。将这些总水头，以水流本身高度的尺寸比例直接点绘在水流上，这样连成的线就是总水头线。由此可见，总水头线是沿水流逐段减去水头损失绘制出来的。若是理想流动，水头损失为零，总水头线则是一条以 $H_1$ 为高的水平线。

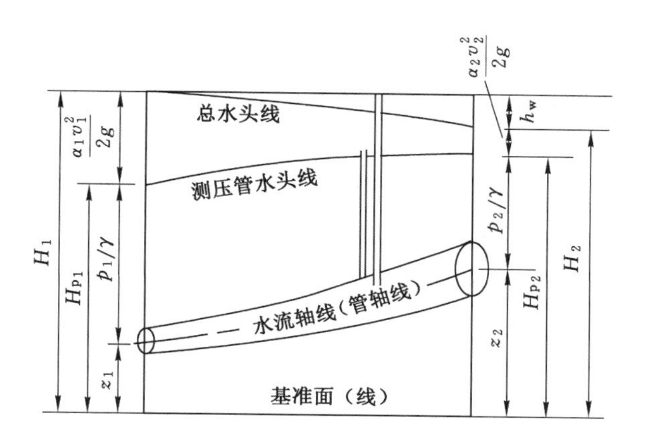


图 3-17 总水头线和测压管水头线

在绘制总水头线时，需注意区分沿程损失和局部损失在总水头线上表现形式的不同。沿程损失假设为沿流程均匀发生，表现为沿流程倾斜下降的直线。局部损失假设为在局部障碍处集中作用，表现为在障碍处铅直下降的直线。

测压管水头是同一断面总水头与流速水头之差，根据这个关系，从断面的总水头减去同一断面的流速水头，即得该断面的测压管水头。将各断面的测压管水头连成的线就是测压管水头线。所以，测压管水头线是根据总水头线逐断面减去流速水头绘出的。

由图 3-17 可以看出，绘制测压管水头线和总水头线之后，图形上出现四根有能量意义的线：总水头线、测压管水头线、水流轴线（管轴线）和基准面（线）。有了这四条线，能量方程中各项能量沿流程的变化就一目了然了。总水头线与测压管水头线间的垂直距离变化，反映出平均流速沿流程的变化；测压管水头线与总流中心线间的垂直距离变化，反映出总流各断面压强沿流程的变化。图中测压管水头线位于水流轴线以上，说明流段的相对压强为正值；如果测压管水头线位于水流轴线以下，表明该流段中的相对压强为负值，即出现真空。理想流动与实际流动总水头线间的垂直距离表示断面间水头损失的变化。

### 3.4.5 能量方程的应用

#### 3.4.5.1 应用条件

伯努利方程可以解释和解决工程和生活中的一些问题，但是，必须明白能量方程式是在一定条件下推导出来的，因此它的应用也有一定的局限性。在应用时要注意其适用条件：

（1）流体流动是恒定流。

（2）流体是不可压缩的。

（3）建立方程式的两断面必须是渐变流断面（两断面之间可以是急变流）。

（4）建立方程式的两断面间无能量的输入与输出。

若总流的两断面间有水泵等流体机械输入机械能或有水轮机输出机械能，能量方程式应改写为：

$$z_1 + \frac{p_1}{\gamma} + \frac{\alpha_1 v_1^2}{2g} \pm H = z_2 + \frac{p_2}{\gamma} + \frac{\alpha_2 v_2^2}{2g} + h_{w1-2} \tag{3-21}$$

式中，$+H$ 表示单位重量流体获得的能量；$-H$ 表示单位重量流体失去的能量。

(5) 建立方程式的两断面间无分流或合流。

如果两断面之间有分流或合流，应当怎样建立两断面的能量方程呢？

若断面 1—1、2—2 间有分流，如图 3-18 所示，纵然分流点是非渐变流断面，而离分流点稍远的断面 1—1、2—2 或 3—3 都是均匀流或渐变流断面，可以近似认为各断面通过流体的单位能量在断面上的分布是均匀的。而 $Q_1=Q_2+Q_3$，即 $Q_1$ 的流体一部分流向断面 2—2，一部分流向断面 3—3。无论流到哪一个断面的流体，在断面 1—1 单位重量流体所具有的能量都是 $z_1+\frac{p_1}{\gamma}+\frac{\alpha_1 v_1^2}{2g}$，只不过流到断面 2—2 时产生的单位能量损失是 $h_{w1-2}$ 而已。能量方程是两断面间单位能量的关系，因此可以直接建立断面 1—1 和断面 2—2 的能量方程：

$$z_1+\frac{p_1}{\gamma}+\frac{\alpha_1 v_1^2}{2g}=z_2+\frac{p_2}{\gamma}+\frac{\alpha_2 v_2^2}{2g}+h_{w1-2}$$

或断面 1—1 和断面 3—3 的能量方程：

$$z_1+\frac{p_1}{\gamma}+\frac{\alpha_1 v_1^2}{2g}=z_3+\frac{p_3}{\gamma}+\frac{\alpha_3 v_3^2}{2g}+h_{w1-3}$$

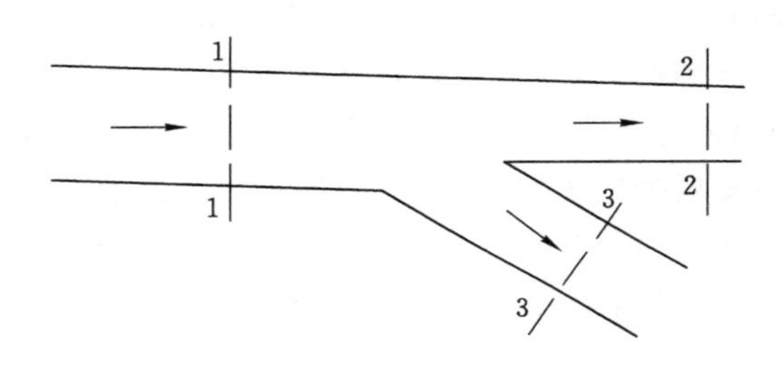


图 3-18 流动的分流

可见，两断面间虽有分出流量，但写能量方程时，只考虑断面间各段的能量损失，而不考虑分出流量的能量损失。

同样，可以得出合流时的能量方程，此处不再赘述。

#### 3.4.5.2 船吸等现象的浅释

伯努利方程在生活中无处不在，现选取几个常见的现象进行简单解释。

(1) 船吸现象

两船靠近并行，由于船型的特点，两船间的水道如同变截面水道，两船间的水流速度比船外侧的水流速度快，根据伯努利方程可以定性判断，两船之间水的压力比外侧小。在这种压力差的作用下，两船将相互靠拢，这种现象称为船吸(图 3-19)。1912 年，铁甲巡洋舰豪克号突然撞向与其平行行驶的大型远洋轮奥林匹克号，酿成一起重大海难事故，当时的人们并不明白这个原理，海事法庭甚至最后裁定奥林匹克号为过失方。为了避免这样的事故再次发生，世界海事组织对航海规则做出了严格的规定，包括两船同向而行时两船的间隔，在狭窄地带大船和小船应各自如何规避等。

(2) 轿车发飘

小轿车高速行驶时会出现车速越高车身越“轻”的发飘现象，这也可以用伯努利方程来简单解释。车身纵剖面上凸下平，如图 3-20 所示，形状和机翼剖面有些类似。行驶时，车上

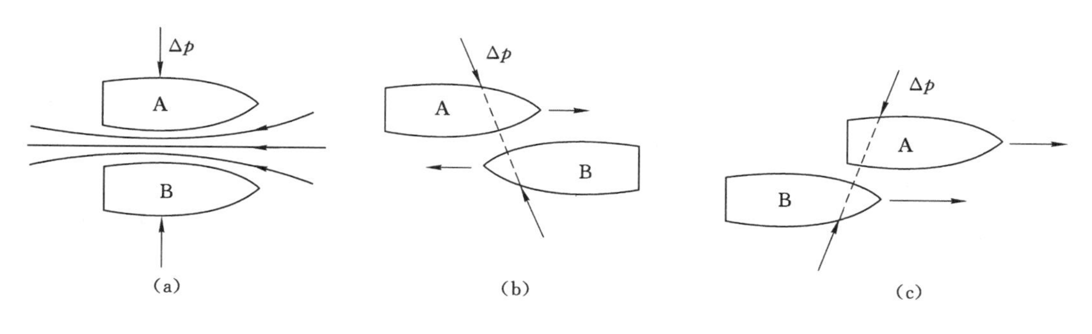


图 3-19　船吸现象

面气流的相对速度比下面的快,因此上表面压力比下面的小。上、下面的压力差形成一种向上的升力,车速越快,升力也越大,车身也就显得更“轻”。这种发飘的车操作性能很差,容易发生危险。有些赛车加装了能产生负升力的翼板,就是为了解决这个问题。

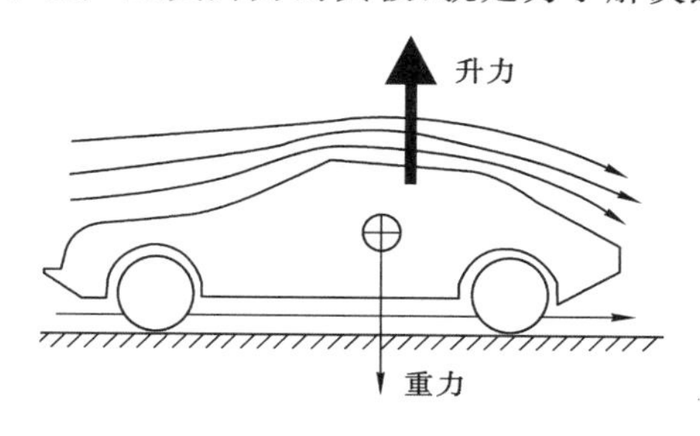


图 3-20　汽车受力

(3) 香蕉球

足球比赛中的任意球阶段,球员常以“香蕉球”破门得分。球员将球踢成旋球,四周的空气也被带动形成旋风式的流动。足球的两侧,一侧是逆风,另一侧是顺风,因此存在速度差,根据伯努利方程,足球的两侧就产生压力差,这个压力差形成了一个侧向力,也称马格纳斯力。这个力导致运动轨迹弯曲成与香蕉形状相似的曲线,故称香蕉球。除此之外,乒乓球运动中运动员削球或拉弧圈球、排球中的飘球等,都是相同的原理。

(4) 安全黄线

乘坐火车、高铁、地铁等交通工具时,我们在站台上会看到一条长长的安全黄线。这是因为列车进站时速度都比较快,高速行驶的列车会带动车厢两侧的空气快速流动,而站台上的空气流速较小。根据伯努利方程可知,这个时候人体两侧就会产生一个压力差,感觉就像有一股力将人推向列车。1905 年,在俄国鄂洛多克车站就因此酿成悲剧,造成 34 人丧生,4 人终身残疾。因此,列车即将进站时,站台的广播和工作人员都会要求乘客站在安全黄线外等候。

3.4.5.3　应用能量方程解题的一般步骤及注意事项

应用能量方程式解题的一般步骤:分析流动总体→选择基准面→划分计算断面→写出方程并求解。必须注意以下几点:

(1) 基准面的选取,虽然可以是任意的,但是为了计算方便,基准面一般应选在下游断面中心、管流轴心或其下方,这样可使位置水头 $z$ 不出现负值。对于不同的计算断面,必须选取同一基准面。

(2) 压强基准的选取，可以是相对压强，也可以是绝对压强，但方程式两边必须选取同一基准。工程上一般选取相对压强。当问题涉及流体本身的性质(如相变等问题)时，则必须选取绝对压强。

(3) 计算断面的选取(即所列能量方程式的两个断面)，一般应选在压强或压差已知的渐变流断面上(如水箱水面、管道出口断面等)，并使所求的未知量包含在所列方程之中，这样可简化运算过程。

(4) 在计算过流断面的测压管水头 $z+\dfrac{p}{\gamma}$ 时，可以选取过流断面上的任意一点来计算。因为在渐变流的同一过流断面上，任意一点的测压管水头 $z+\dfrac{p}{\gamma}=$ 常数。具体选用哪一点，以计算方便为宜。对于管流，一般可选在管轴中心点。

(5) 方程式中的能量损失($h_w$)一项，应加在流动的末端断面(即下游断面)上。由于本章没有单独讨论能量损失的计算问题，因此在本章中，能量损失值或直接给出，或按理想流体处理不予考虑。

**【例 3-4】** 如图 3-21 所示，水箱中的水经底部立管恒定出流，已知水深 $H=1.5$ m，管长 $L=2$ m，管径 $d=200$ mm，不计能量损失，并取动能修正系数 $\alpha=1.0$，试求：(1) 立管出口处水的流速；(2) 离立管出口 1 m 处水的压强。

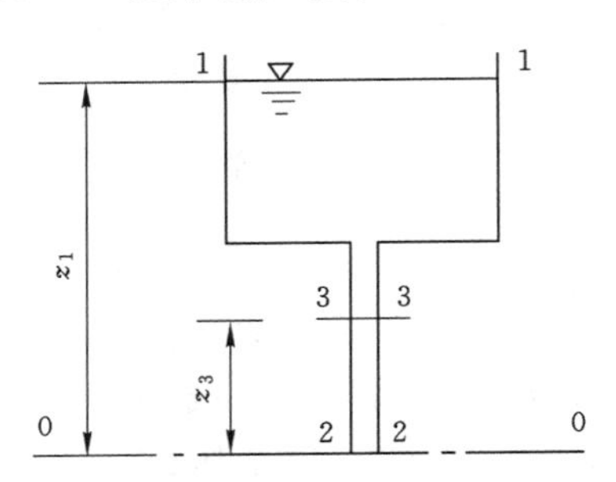


图 3-21 水经水箱立管流出

**【解】** (1) 立管出口处水的流速

本题水流为恒定流，水箱水面和欲求流速的出口断面均为渐变流断面，满足能量方程的应用条件。

在立管出口处取基准面 0—0，列出水箱水面 1—1 与出口断面 2—2 的能量方程式：

$$z_1+\frac{p_1}{\gamma}+\frac{\alpha_1 v_1^2}{2g}=z_2+\frac{p_2}{\gamma}+\frac{\alpha_2 v_2^2}{2g}+h_{w1-2}$$

按断面从左至右逐项确定如下：

断面 1—1 距离基准面的垂直高度，$z_1=1.5+2=3.5$ (m)；

断面 1—1 处与大气相接触，按相对压强考虑，$p_1=p_a=0$；

断面 1—1 与断面 2—2 相比，面积要大得多，因此流速 $v_1$ 比 $v_2$ 小得多，而流速水头 $\dfrac{\alpha_1 v_1^2}{2g}$ 远小于 $\dfrac{\alpha_2 v_2^2}{2g}$，可以忽略不计，即认为 $\dfrac{\alpha_1 v_1^2}{2g}=0$；

断面2—2与基准面重合，$z_2=0$，断面2—2处直通大气，取与断面1—1相同压强基准，即相对压强，$p_2=0$。

不计能量损失，即$h_{w1-2}=0$，且动能修正系数$\alpha_1=\alpha_2=1.0$。

将上述已知条件代入能量方程式，可得：

$$3.5+0+0=0+0+\frac{v_2^2}{2g}+0$$

所以立管出口处水的流速为：

$$v_2=\sqrt{3.5\times 2g}=\sqrt{3.5\times 2\times 9.807}\approx 8.29\ (\mathrm{m/s})$$

(2) 离立管出口1 m处水的压强

基准面0—0仍取在立管出口处，断面2—2也不变，断面3—3则必须取在离立管出口1 m处，以便确定其压强。断面3—3与断面2—2的能量方程为：

$$z_3+\frac{p_3}{\gamma}+\frac{\alpha_3 v_3^2}{2g}=z_2+\frac{p_2}{\gamma}+\frac{\alpha_2 v_2^2}{2g}+h_{w3-2}$$

在这里，能量损失已加在流动的末端断面(即下游断面)上。$z_3=1$ m，$z_2=0$ m，$p_2=p_a=0$，$\alpha_3=\alpha_2=1.0$，$h_{w3-2}=0$，代入上式得：

$$1+\frac{p_3}{\gamma}+\frac{v_3^2}{2g}=0+0+\frac{v_2^2}{2g}+0$$

已知立管的直径不变，则流速水头相等，即$\frac{v_3^2}{2g}=\frac{v_2^2}{2g}$，所以上式为：

$$1+\frac{p_3}{\gamma}=0\quad 或\quad \frac{p_3}{\gamma}=-1$$

因此离立管出口1 m处的压强为：

$$p_3=-1\times\gamma=-1\times 9.807\approx -9.81\ (\mathrm{kPa})$$

在解题过程中，采用相对压强为基准，所以计算结果$p_3$为相对压强。

**【例3-5】** 如图3-22所示，某矿井输水高度$H_s+H_d=300$ m，出水管直径$d=200$ mm，流量$Q=200\ \mathrm{m^3/h}$，总水头损失$h_w=0.1H$，试求水泵扬程$H$。

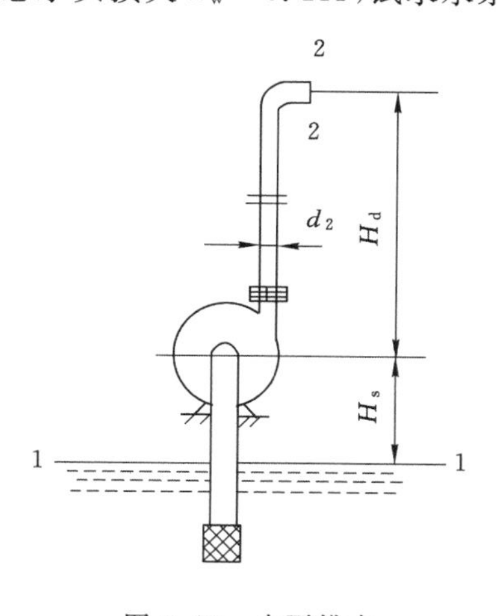


图3-22　水泵排水

**【解】** 由于管路系统中有能量输入，所以要用式(3-21)，以吸水池液面1—1为基准面，在液面1—1和出水管出口断面2—2之间列能量方程：

$$z_1+\frac{p_1}{\gamma}+\frac{\alpha_1 v_1^2}{2g}+H=z_2+\frac{p_2}{\gamma}+\frac{\alpha_2 v_2^2}{2g}+h_{w1-2}$$

由于 $z_1=0$，$p_1=0$，$\frac{v_1^2}{2g}\approx 0$，$z_2=H_s+H_d=300$ m，$p_2=0$，所以：

$$v_2=\frac{4Q}{\pi d_2^2}=\frac{4\times 200}{3\ 600\times\pi\times 0.2^2}\approx 1.77\ (\text{m/s})$$

又因为已知 $\alpha_1=\alpha_2=1.0$，$h_{w1-2}=0.1H$，所以代入方程式得：

$$0+0+0+H=300+0+\frac{1.77^2}{2\times 9.807}+0.1H$$

计算可得：

$$H\approx 334\ \text{m}$$

**【例3-6】** 水流由水箱经前后相接直径不同的两管流入大气中，大小管断面的面积比为2∶1。全部水头损失的计算式如图3-23所示。

(1) 求出口流速 $v_2$；

(2) 绘总水头线和测压管水头线；

(3) 根据水头线求 $BC$ 管中 $M$ 点的压强。

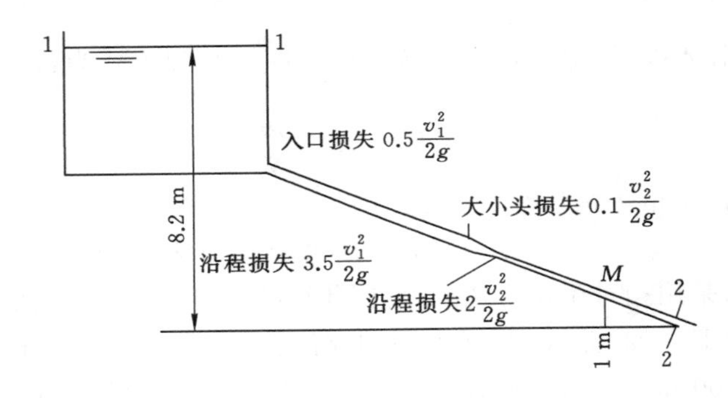


图3-23 水头损失的计算

**【解】** (1) 以管道出口断面中心为基准面，对水池水面1—1及管道出口断面2—2列方程，则有：

$$z_1=8.2\ \text{m},p_0=0,\frac{v_0^2}{2g}\approx 0$$

$$z_2=0,p_2=0$$

$$8.2+0+0=0+0+\frac{v_2^2}{2g}+h_w$$

根据图3-23可知：

$$h_w=0.5\frac{v_1^2}{2g}+0.1\frac{v_2^2}{2g}+3.5\frac{v_1^2}{2g}+2\frac{v_2^2}{2g}$$

由于两管断面之比为2∶1，所以两管流速之比为1∶2，即 $v_2=2v_1$，将 $\frac{v_2^2}{2g}=4\frac{v_1^2}{2g}$ 代入上式得：

$$h_w = 3.1\frac{v_2^2}{2g}$$

则有：

$$8.2 = 4.1\frac{v_2^2}{2g}$$

$$\frac{v_2^2}{2g} = 2\ \text{m}$$

$$v_2 = \sqrt{2\times 9.807\times 2} \approx 6.26\ (\text{m/s})$$

$$\frac{v_1^2}{2g} = 0.5\ \text{m}$$

(2) 从断面 1—1 处开始绘制总水头线，水箱静水水面高 $H=8.2$ m，总水头线就是水面线。入口处有局部水头损失，$0.5\frac{v_1^2}{2g}=0.5\times 0.5=0.25$ (m)。如图 3-24 所示，1—$a$ 的铅直向下长度为 0.25 m。从 $A$ 到 $B$ 的沿程水头损失为 $3.5\frac{v_1^2}{2g}=3.5\times 0.5=1.75$ (m)，则 $b$ 低于 $a$ 的铅直距离为 1.75 m。以此类推，直至管路出口，图 3-24 中 $1abb_0c$ 即为总水头线。

测压管水头线在总水头线之下，距总水头线的铅直距离：在 $AB$ 管段为$\frac{v_1^2}{2g}=0.5$ m，在 $BC$ 管段的距离为$\frac{v_2^2}{2g}=2$ m。由于断面不变，因此流速水头不变。两管段的测压管水头线分别与各管段的总水头线平行，图 3-24 中 $1a'b'b'_0c'$ 即为测压管水头线。

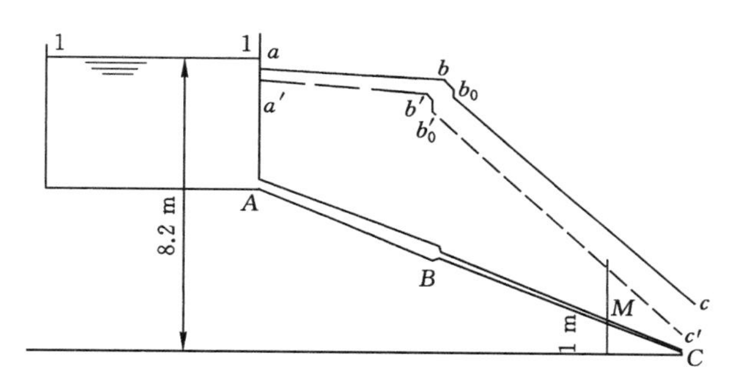


图 3-24　水头线的绘制

(3) 从图 3-24 中测量出测压管水头线至 $BC$ 管中点的距离为 1 m，即：

$$\frac{p_M}{\gamma} = 1\ \text{m}$$

所以可得：

$$p_M = 9\ 807\ \text{N/m}^2$$

由上例可以看出，绘制测压管水头线和总水头线之后，图形上出现四根有能量意义的线：总水头线、测压管水头线、水流轴线(管轴线)和基准面(线)。这四根线的相互铅直距离反映了全管线各断面的各种水头值。这样，水流轴线到基准线之间的铅直距离就是断面的位置水头，测压管水头线到水流轴线之间的铅直距离就是断面的压强水头，而总水头线到测压管水头线之间的铅直距离就是断面流速水头。

**【例 3-7】** 如图 3-25 所示，一虹吸管直径为 100 mm，各管段长度及 $B$ 点到水面的垂直距离已知。不计水头损失，求虹吸管流量和 $A$、$B$ 点的相对压强。

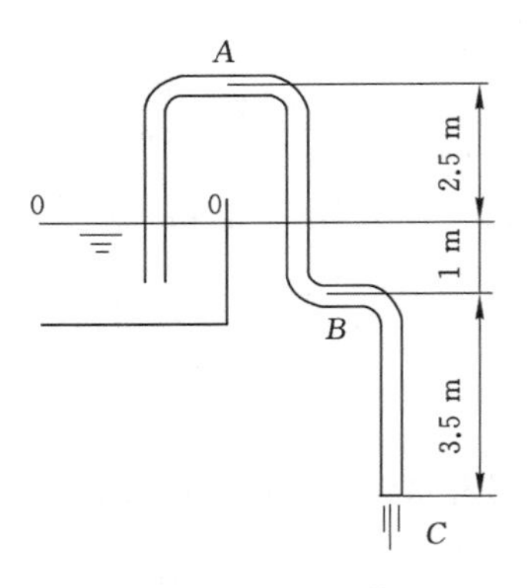


图 3-25 虹吸管

**【解】** 先求流量。

以虹吸管出口 $C$ 点为基准面，确定计算断面 0—0 和断面 $C$，由于 $z_0=1+3.5=4.5$ (m)，$p_0=0$，$\frac{v_0^2}{2g}\approx 0$，所以：

$$z_C=0,\quad p_C=0$$

建立断面 0—0 与断面 $C$ 的能量方程：

$$4.5+0+0=0+0+\frac{v_C^2}{2g}$$

$$v_C=\sqrt{2g\times 4.5}=\sqrt{2\times 9.807\times 4.5}\approx 9.4\ (\mathrm{m/s})$$

$$Q=vA=v\frac{\pi}{4}d^2=9.4\times\frac{\pi}{4}\times 0.1^2\approx 0.074\ (\mathrm{m^3/s})$$

再求 $p_A$、$p_B$。

由于 $d_A=d_B=d_C=0.1$ m，所以 $v_A=v_B=v_C=9.4$ m/s。

仍以断面 $C$ 为基准面，列断面 0—0 和断面 $A$ 的能量方程：

$$4.5+0+0=2.5+4.5+\frac{p_A}{\gamma}+\frac{v_A^2}{2g}$$

$$p_A=-\gamma\left(2.5+\frac{v_A^2}{2g}\right)=-9.807\times\left(2.5+\frac{9.4^2}{2\times 9.807}\right)\approx -68.7\ (\mathrm{kPa})$$

同理，列断面 0—0 和断面 $B$ 的能量方程：

$$4.5+0+0=3.5+\frac{p_B}{\gamma}+\frac{v_B^2}{2g}$$

$$p_B=\gamma\left(1-\frac{v_B^2}{2g}\right)=9.807\times\left(1-\frac{9.4^2}{2\times 9.807}\right)\approx -34.4\ (\mathrm{kPa})$$

3.4.5.4 流速和流量测量中的应用

(1) 在流速测量中的应用——毕托管

毕托管是一种测量水流或气流中任意一点流速的仪器。其结构简图如图 3-26 所示。测量流速时，把毕托管前部的小孔正对来流方向，放入流体中的欲测点处，而毕托管上部的接头则分别接测压管或比压计，测出的差值就是流速水头，再进一步求出流速。

流动流体中，静止物体最前缘速度为零，称为驻点。驻点处动能全部转换成压能，该点处压强称为总压 $p'$，由伯努利方程可知：$h_u=\frac{p'}{\gamma}-\frac{p}{\gamma}=\frac{u^2}{2g}$，测得某点总压 $p'$ 和静压 $p$ 就能得到该点流速。毕托管就是利用这一原理，把测速管与测压管结合为一体，用以测定流体中任意一点的流速，如图 3-27 所示。

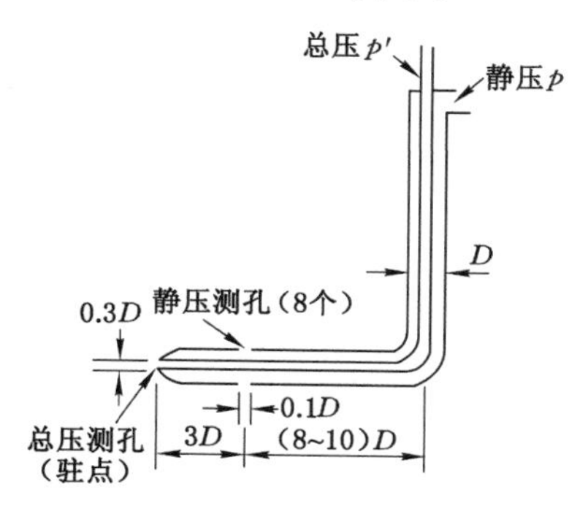


图 3-26　毕托管简图

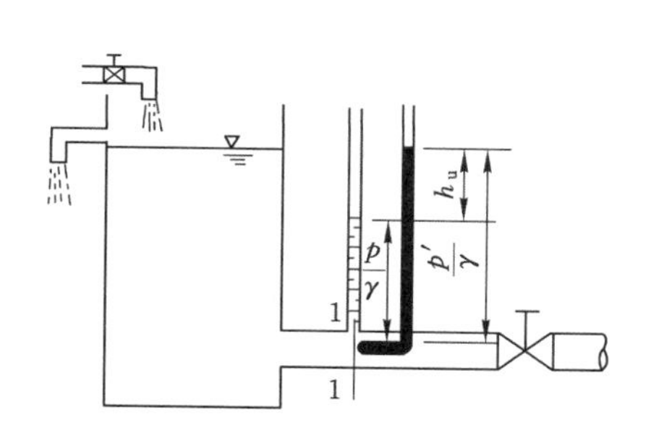


图 3-27　流速计原理

根据 $h_u=\frac{p'}{\gamma}-\frac{p}{\gamma}=\frac{u^2}{2g}$，设 $\frac{p'}{\gamma}-\frac{p}{\gamma}=\frac{\Delta p}{\gamma}$ 则有：

$$\frac{\Delta p}{\gamma}=\frac{u^2}{2g}$$

所以，任意一点的流速为：

$$u=\sqrt{\frac{\Delta p}{\gamma}2g}$$

考虑到毕托管放入流体中后，对流线的干扰及流动阻力等因素影响，按上式计算的流速需要乘上一个系数 $\varphi$ 加以修正，$\varphi$ 称为流速系数，是指任意一点的理论流速与实际流速的比值。因此，任意一点的实际流速为：

$$u=\varphi\sqrt{\frac{\Delta p}{\gamma}2g} \tag{3-22}$$

式中　$u$——流体中任意一点的实际流速，m/s；

$\varphi$——流速系数，一般取 $\varphi=1\sim1.04$；

$\frac{\Delta p}{\gamma}$——由比压计或微压计以压差形式显示的任意一点的流体动能，m。

当采用上式计算流体中任意一点的流速时，应注意对于不同的流体以及不同种类的比压计，式中 $\frac{\Delta p}{\gamma}$ 的表达式有所不同。

若被测流体为水，毕托管上接汞比压计时：

$$\frac{\Delta p}{\gamma}=\left(\frac{\gamma_{Hg}}{\gamma_{H_2O}}-1\right)\Delta h=12.6\Delta h \tag{3-23a}$$

若被测流体为空气，毕托管上接水比压计时：

$$\frac{\Delta p}{\gamma}=\frac{\gamma_{H_2O}}{\gamma_{KO}}\Delta h \tag{3-23b}$$

若被测流体为空气，毕托管上接酒精比压计时：

$$\frac{\Delta p}{\gamma}=\frac{\gamma_{jO}}{\gamma_{KO}}\Delta h \tag{3-23c}$$

以上三式中，$\gamma_{Hg}$、$\gamma_{H_2O}$、$\gamma_{jO}$及$\gamma_{KO}$分别为汞、水、酒精和空气的容重，单位为 $N/m^3$；$\Delta h$ 为比压计或微压计中的液柱高差，单位为 m。

在通风与空调工程中，用毕托管测定风管中任意一点的流速时，常采用微压计来显示空气的流速水头。其连接方法如图 3-28 所示。微压计内装有轻质液体(如酒精)，根据微压计上的读数 $l$，计算出 $\Delta h$ 和$\frac{\Delta p}{\gamma}$，代入式(3-22)，便可求出管中任意一点的风速。

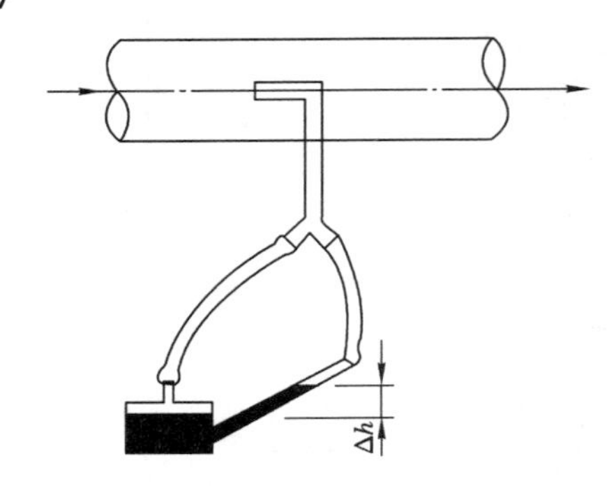


图 3-28　毕托管测量风速

应当指出，用毕托管所测定的流速，只是过流断面上某一点的流速 $u$，若要测定断面平均流速 $v$，可将过流面积分为若干等份，用毕托管测定每一小等份面积上的流速，然后计算各点流速的平均值，以此作为断面平均流速。显然，面积划分越小，测点越多，计算结果就越符合实际。

**【例 3-8】**　如图 3-28 所示，在毕托管上连接酒精比压计，测定风管中某点的风速，已知微压计测压斜管的倾角 $\alpha=30°$，读数 $l=50$ mm，酒精的容重$\gamma_{jO}=7.85\ kN/m^3$，空气的容重$\gamma_{KO}=12.68\ N/m^3$，流速系数 $\varphi=1.0$，试求管内该点的风速。

**【解】**　根据已知条件有：

$$\frac{\Delta p}{\gamma}=\frac{\gamma_{jO}}{\gamma_{KO}}\Delta h=\frac{\gamma_{jO}}{\gamma_{KO}}l\sin\alpha=\frac{7.85\times10^3}{12.68}\times0.05\times\sin30°\approx15.5\ (m)$$

所以管内该点的风速为：

$$u=\varphi\sqrt{\frac{\Delta p}{\gamma}2g}=1.0\times\sqrt{15.5\times2\times9.81}\approx17.44\ (m/s)$$

(2) 在流量测量中的应用——文丘里流量计

文丘里流量计原理如图 3-29 所示，它是由一段渐缩段、喉部和扩散段前后相连所组成的。在收缩段前部与喉部分别安装一测压装置，将它连接在主管中，当主管水流通过此流量计时，由于喉管断面缩小，流速增加，压强相应降低，测压计测定压强水头的变化 $\Delta h$，即可计算出流速和流量。

取断面 1、断面 2 两渐变流断面，列理想流体能量方程式：

$$z_1+\frac{p_1}{\gamma}+\frac{v_1^2}{2g}=z_2+\frac{p_2}{\gamma}+\frac{v_2^2}{2g}$$

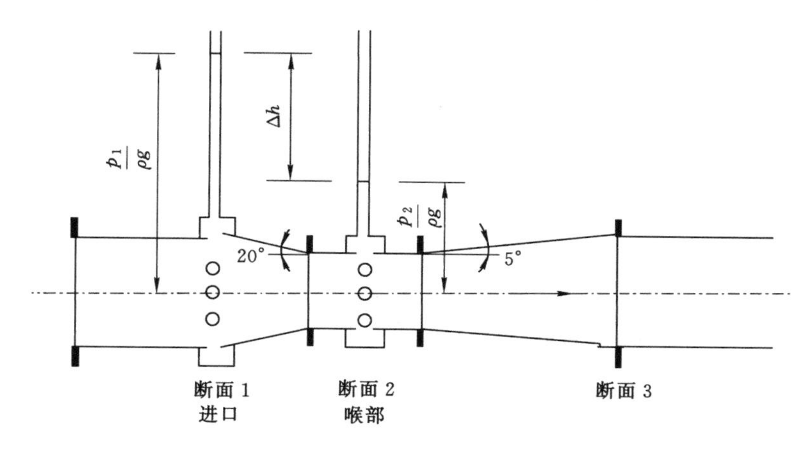


图 3-29 文丘里流量计原理

$$(z_1+\frac{p_1}{\gamma})-(z_2+\frac{p_2}{\gamma})=\frac{v_2^2}{2g}-\frac{v_1^2}{2g}=\Delta h$$

代入连续性方程得：

$$v_2=\frac{A_1}{A_2}v_1$$

喉部理想流速为：

$$v_1=\sqrt{\frac{1}{\left(\frac{A_1}{A_2}\right)^2-1}}\sqrt{2g\left[(z_1+\frac{p_1}{\gamma})-(z_2+\frac{p_2}{\gamma})\right]}$$

$$=\sqrt{\frac{2g\Delta h}{\left(\frac{A_1}{A_2}\right)^2-1}}=\sqrt{\frac{2g\Delta h}{\left(\frac{d_1}{d_2}\right)^4-1}}$$

因为，断面 1 和断面 2 两断面间会有摩擦损失，所以实际流速小于理想流速，引入流量系数 $\mu$，它的值在 0.95～0.98 之间，则流量为：

$$Q=\mu A_1v_1=\mu\frac{\pi d_1^2}{4}\sqrt{\frac{2g\Delta h}{\left(\frac{d_1}{d_2}\right)^4-1}}$$

但$\frac{\pi d_1^2}{4}\cdot\frac{\sqrt{2g}}{\sqrt{\left(\frac{d_1}{d_2}\right)^4-1}}$只和管径 $d_1$、$d_2$ 有关，对于一定的流量计，它是一个常数，以 $K$ 表示，即：

$$K=\frac{\pi d_1^2}{4}\cdot\frac{\sqrt{2g}}{\sqrt{\left(\frac{d_1}{d_2}\right)^4-1}}$$

则有：

$$Q=\mu K\sqrt{\Delta h} \tag{3-24}$$

**【例 3-9】** 设文丘里管的两管直径为 $d_1=200$ mm，$d_2=100$ mm，测得两断面的压强差 $\Delta h=0.5$ m，流量系数 $\mu=0.98$，求流量。

**【解】** $K=\frac{\pi d_1^2}{4}\cdot\frac{\sqrt{2g}}{\sqrt{\left(\frac{d_1}{d_2}\right)^4-1}}=\frac{\pi}{4}\times(0.2)^2\cdot\frac{\sqrt{2\times9.8}}{\sqrt{\left(\frac{200}{100}\right)^4-1}}\approx0.036$

$$Q=\mu K\sqrt{\Delta h}=0.98\times0.036\times\sqrt{0.5}\approx0.0249\ (\mathrm{m^3/s})=24.9\ (\mathrm{L/s})$$

### 3.4.6 气流能量方程

前面讲到，总流能量方程式是对不可压缩流体导出的，而气体是可压缩流体，但是对流速不太高（<68 m/s）、压强变化不大的系统，如通风空调管道、烟道等，气流在运动过程中密度变化很小，在这样的条件下，能量方程式也可用于气体。下面分两个方面来讨论气流的能量方程。

#### 3.4.6.1 通风空调系统中的气流

在这种系统中，高差往往不大，系统内外气体的容重差也甚小，所以式(3-20)中的位能项 $z_1$ 和 $z_2$ 可以忽略不计。同时考虑到对于气流，水头的概念不像液流那样具体明确，因此将式(3-20)的各项都乘以气体容重 $\gamma$，变成具有压强的因次，则可得出：

$$p_1+\frac{\rho v_1^2}{2}=p_2+\frac{\rho v_2^2}{2}+p_w \tag{3-25}$$

式中，$p_w=\gamma h_w$，为两断面间的压强损失。由于气流的过流断面上流速分布比较均匀，因此可取 $\alpha_1=\alpha_2=1$。

气流能量方程与液流的相比较，除各项单位为压强，表示单位体积气流的平均能量外，对应项还有基本相近的意义：

$p$——一般采用相对压强，专业上习惯称为静压，但不能误解为静止气体的压强。它与液流中的压强水头相对应。

$\frac{\rho v^2}{2}$——专业上习惯称动压，它与液流中的流速水头相对应。它表征断面流速没有能量损失降至零所能转化成的压强。

$p+\frac{\rho v^2}{2}$——专业上习惯称全压，用符号 $p_q$ 来表示。

**【例 3-10】** 为测量风机的流量常用集流管实验装置，如图 3-30 所示。在距入口适当远处（如图中的断面 2—2）安装静压测压管。若水在管中上升高度 $h=12$ mm，风管的直径 $d=100$ mm，空气密度 $\rho=1.28\ \mathrm{kg/m^3}$，忽略压强损失，试求风机的流量。

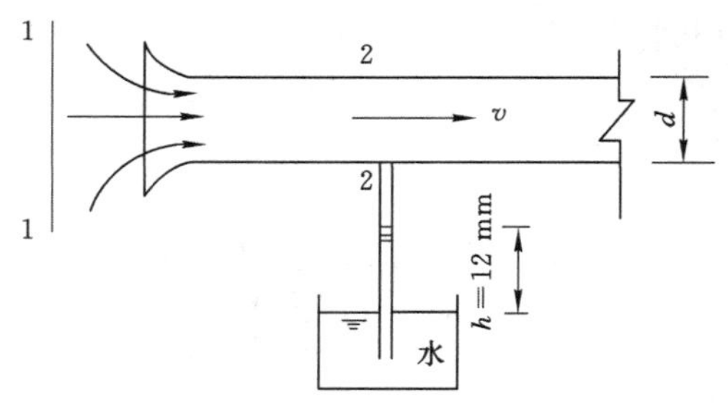


图 3-30 集流管实验装置

**【解】** 将断面 1—1 取在离集流管入口足够远处，且令其断面积远大于集流器的断面积，则可近似认为 $v_1=0$，断面 1—1 压强为大气压，即 $p_1=0$。而断面 2—2 的相对压强则为 $p_2=-\gamma_{H_2O}h$。由式(3-25)得：

$$0+0=-\gamma_{H_2O}h+\frac{\rho v_2^2}{2}$$

所以，管中气流流速为：

$$v_2=\sqrt{\frac{2\gamma_{H_2O}h}{\rho}}=\sqrt{\frac{2\times 9\ 807\times 0.012}{1.2}}\approx 14\ (\mathrm{m/s})$$

通过集流管的流量，亦即风机的流量为：

$$Q=v_2A=14\times\frac{\pi}{4}\times(0.1)^2\approx 0.11\ (\mathrm{m^3/s})$$

3.4.6.2　烟道中的气流

烟气流动时，由于烟囱高度较大，且烟气容重较小，所以位能项 $z$ 不能忽略。将式(3-20)的两边同乘烟气的容重 $\gamma$，则有：

$$\gamma z_1+p_1'+\frac{\rho v_1^2}{2}=\gamma z_2+p_2'+\frac{\rho v_2^2}{2}+p_w \tag{3-26}$$

式中两边的压强同时取了绝对压强 $p'$。这是因为，烟气的密度 $\rho$ 低于大气的密度 $\rho_a$，需要考虑因高差而引起的大气压强差。而在实际工程中，仍习惯采用相对压强，下面结合图 3-31来导出用相对压强表示的气流能量方程式。

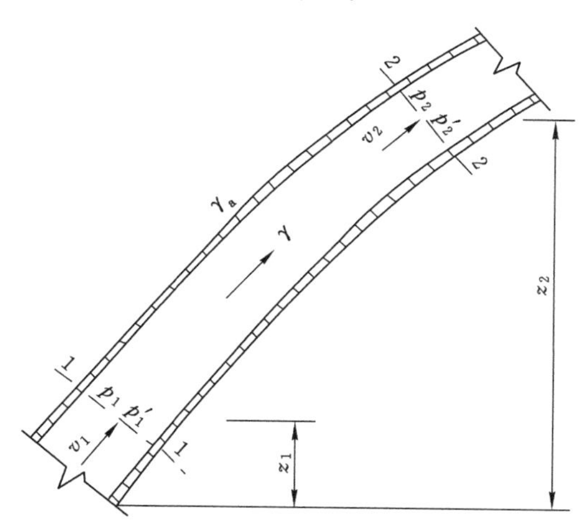


图 3-31　气流能量方程

断面 2—2 处的绝对压强可表示为：

$$p_2'=p_2+p_{a2}$$

断面 1—1 处的绝对压强则可写成：

$$p_1'=p_1+p_{a1}=p_1+p_{a2}+\gamma_a(z_2-z_1)$$

上两式中的 $p_{a1}$ 和 $p_{a2}$ 分别为两断面所在高程上的当地大气压，$p_1$ 和 $p_2$ 则分别是以各自高程处大气压强为零点起算的相对压强。将其代入式(3-26)，整理后可得：

$$(\gamma_a-\gamma)(z_2-z_1)+p_1+\frac{\rho v_1^2}{2}=p_2+\frac{\rho v_2^2}{2}+p_w \tag{3-27}$$

式中，$(\gamma_a-\gamma)(z_2-z_1)$专业上称为位压。它与液流的位置水头相对应，是容重差与高程差的乘积，大气压强因高度不同而产生的差别计入此项中。位压可正可负，它仅属于断面1—1，是以断面2—2为基准量度的断面1—1处单位体积气体的位能。

静压与位压之和称为势压，用$p_s$表示：

$$p_s = p + (\gamma_a - \gamma)(z_2 - z_1)$$

势压与动压之和称为总压，用$p_z$表示：

$$p_z = p_s + \frac{\rho v^2}{2}$$

可见，总压也是等于全压与位压之和，如果位压等于零，总压即等于全压。这时式(3-27)就简化成式(3-25)。

**【例3-11】** 如图3-32所示，空气由炉口$a$流入，通过燃烧作用形成烟气后，经$b$、$c$、$d$由烟囱流出。烟气密度$\rho=0.6\ \mathrm{kg/m^3}$，空气密度$\rho_a=1.2\ \mathrm{kg/m^3}$，由$a$到$c$的压强损失换算为出口动压的9倍，即$9\frac{\rho v_2^2}{2}$，$c$到$d$的压强损失为$20\frac{\rho v_2^2}{2}$。试求：(1) 出口流速$v$；(2) $c$处的静压$p_c$。

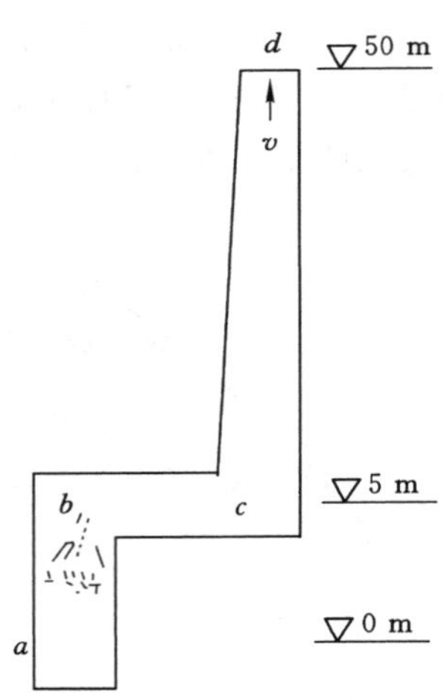


图3-32　例3-11图

**【解】** (1) 列进口前0 m和出口50 m高程处的两断面的气流能量方程：

$$(\rho_a - \rho)g(z_d - z_a) + 0 + 0 = 0 + \frac{\rho v^2}{2} + p_{wa-c} + p_{wc-d}$$

$$(1 + 9 + 20)\frac{\rho v^2}{2} = (\rho_a - \rho)g(z_d - z_a)$$

$$30 \times 0.6\frac{v^2}{2} = (1.2 - 0.6) \times 9.807 \times (50 - 0)$$

$$v \approx 5.7\ \mathrm{m/s}$$

(2) 计算$p_c$。列$c$、$d$两断面的能量方程：

$$(\rho_a - \rho)g(z_d - z_c) + p_c + \frac{\rho v_c^2}{2} = 0 + \frac{\rho v^2}{2} + p_{wc-d}$$

近似认为$v_c=v$，则有：

$$p_c = (\rho_a - \rho)g(z_c - z_d) + 20\frac{\rho v^2}{2}$$
$$= (1.2 - 0.6) \times 9.807 \times (5 - 50) + 20 \times 0.6 \times \frac{5.7^2}{2}$$
$$\approx -69.8\ (\text{Pa})$$

# 3.5　恒定流动量方程式

## 3.5.1　动量方程

恒定流动量方程式是动量守恒定律在流体力学中的具体应用。我们研究动量方程式，就是在恒定流条件下，分析流体总流在流动空间内的动力平衡规律。

恒定流动量方程式，可以根据物理学中的动量定律导出。动量定律指出，物体在某一时间内的动量增量等于该物体所受外力的合力在同一时间内的冲量，即：

$$\sum \boldsymbol{F}\mathrm{d}t = m\boldsymbol{v}_2 - m\boldsymbol{v}_1 \tag{3-28}$$

若以符号 $\boldsymbol{K}$ 表示物体的动量，则上式可写为：

$$\sum \boldsymbol{F}\mathrm{d}t = \Delta\boldsymbol{K} \tag{3-29}$$

在动量定律的数学表达式中，动量与外力均为矢量，故式(3-28)与式(3-29)均为矢量方程。

下面根据动量定律导出恒定流动量方程式，然后着重说明其应用。

如图 3-33 所示，在流体恒定流的总流中，选取渐变流断面 1—1 与 2—2 之间的流段作为研究对象，分析其受力及动量变化。断面 1—1 上，流体的压强为 $p_1$，断面平均流速为 $v_1$，过流面积为 $A_1$；断面 2—2 上，流体相应的各参数为 $p_2$、$v_2$ 和 $A_2$。按不可压缩流体考虑，流体的密度不变，并且通过两断面的流体体积流量相等。

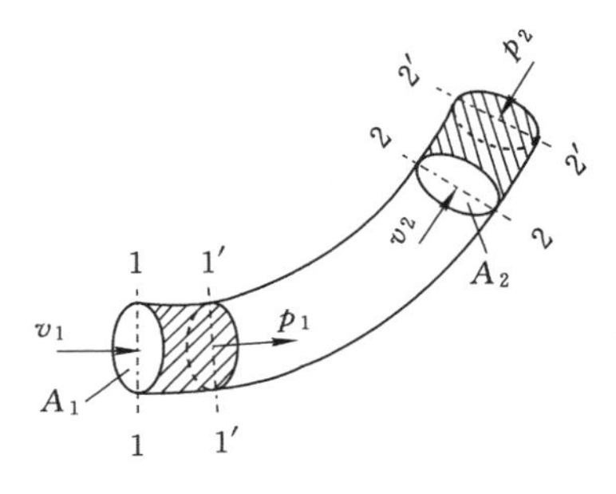


图 3-33　总流的动量变化及受力分析

经时间 $\mathrm{d}t$，从位置 1—2 运动到位置 1′—2′。$\mathrm{d}t$ 时段前后的动量变化，只是增加了流段新占有的 2—2′体积内流体所具有的动量，减去流段退出的 1—1′体积内所具有的动量。中间 1′—2 空间为 $\mathrm{d}t$ 前后流段所共有。由于恒定流动，1′—2 空间内各点流速大小方向未变，所以动量也不变，因此不予考虑，即动量增量为：

$$\Delta\boldsymbol{K} = \boldsymbol{K}_{2-2'} - \boldsymbol{K}_{1-1'} = m_2\boldsymbol{v}_2 - m_2\boldsymbol{v}_1$$

在上式中，流体的动量是采用断面平均流速计算的，它与按实际流速计算的动量存在差异。因此，需要乘上一个系数$\beta$加以修正。$\beta$称为动量修正系数，是指实际动量与按断面平均流速计算的动量的比值。

动量修正系数$\beta$的大小，取决于总流过流断面上流速分布的不均匀程度，流速分布越不均匀，$\beta$值越大。一般情况下工业管道内的流体流动，$\beta=1.0\sim1.05$，工程上常近似地取$\beta=1.0$。

修正后的动量增量为：

$$\Delta \boldsymbol{K} = \beta_2 m_2 \boldsymbol{v}_2 - \beta_1 m_2 \boldsymbol{v}_1$$

根据质量守恒定律，单位时间流入断面1—1的流体质量$m_1$应等于流出断面2—2的流体质量$m_2$，即：

$$m_1 = m_2 = m = \rho Q \mathrm{d}t$$

所以有：

$$\Delta \boldsymbol{K} = \beta_2 \rho Q \boldsymbol{v}_2 \mathrm{d}t - \beta_1 \rho Q \boldsymbol{v}_1 \mathrm{d}t$$

把上式代入动量定律的数学表达式(3-29)，可得：

$$\sum \boldsymbol{F} \mathrm{d}t = \beta_2 \rho Q \boldsymbol{v}_2 \mathrm{d}t - \beta_1 \rho Q \boldsymbol{v}_1 \mathrm{d}t$$

等式两边同除以$\mathrm{d}t$，整理得：

$$\sum \boldsymbol{F} = \rho Q(\beta_2 \boldsymbol{v}_2 - \beta_1 \boldsymbol{v}_1) \tag{3-30}$$

式中　$\sum \boldsymbol{F}$——所有外力的总和，N；

$\beta$——动量修正系数；

$\rho Q v$——单位时间内，通过总流过流断面的流体动量，称为动量流量，N。

式(3-30)即为恒定流不可压缩流体总流的动量方程式。它表明，单位时间内流体的动量增量等于作用在流体上所有外力的总和。

在式(3-30)中，由于力和速度都是矢量，故该式为矢量方程，为避免进行矢量运算，将力和速度向$x$、$y$、$z$三个坐标轴投影，可得轴向的标量方程，即：

$$\begin{cases} \sum F_x = \rho Q(\beta_{2x} v_{2x} - \beta_{1x} v_{1x}) \\ \sum F_y = \rho Q(\beta_{2y} v_{2y} - \beta_{1y} v_{1y}) \\ \sum F_z = \rho Q(\beta_{2z} v_{2z} - \beta_{1z} v_{1z}) \end{cases} \tag{3-31}$$

式中　$\sum F_x$、$\sum F_y$、$\sum F_z$——各外力在$x$、$y$、$z$坐标轴上投影的代数和；

$v_{1x}$、$v_{1y}$、$v_{1z}$——流体动量改变前的流速在$x$、$y$、$z$三个坐标轴上的投影；

$v_{2x}$、$v_{2y}$、$v_{2z}$——流体动量改变后的流速在$x$、$y$、$z$三个坐标轴上的投影。

式(3-31)即为恒定流动量方程式在$x$、$y$、$z$三个坐标轴上的投影方程式。它表明，单位时间内流体动量增量在某轴上的投影等于流体所受各外力在该轴上投影的代数和。在应用动量方程式分析和计算有关工程问题时，若某一轴向没有动量变化，则该轴向可不做分析。

### 3.5.2　应用动量方程的注意事项

恒定流总流的动量方程式一般适用于恒定流不可压缩流体总流的渐变流断面。在工程上，主要用于求解运动着的流体与外部物体之间的相互作用力。

应用恒定流动量方程式的条件是：恒定流；过流断面为渐变流断面；不可压缩流体。

求解实际工程问题时可按以下步骤进行：

(1) 取控制体：即在流体流动的区域内，把所要研究的流段用控制体隔离起来，以便分析其受力及动量变化。控制体是指某一封闭曲面内的流体体积，如图 3-34 所示。控制体两端的过流断面一般应选在渐变流断面上，这样可以方便计算断面平均流速和作用在断面上的压力。控制体的周界，根据具体问题，可以是固体壁面（如管壁），也可以是液体与气体相接触的自由面，或液体与液体的分界面。

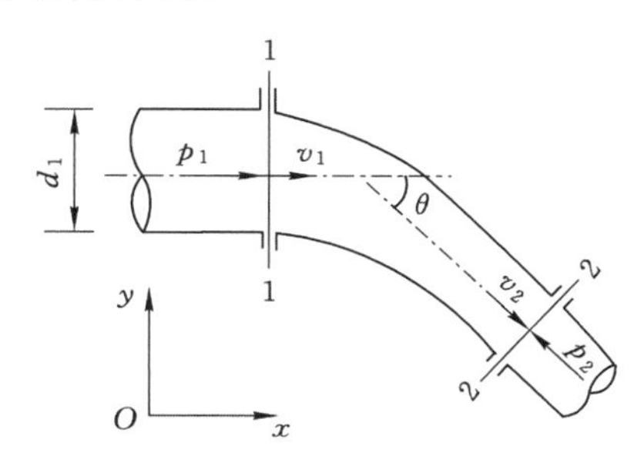


图 3-34　输水弯管

(2) 分析外力：即在建立坐标系的基础上，分析作用在控制体上的所有外力，标注在图上，并向各坐标轴投影。

(3) 求动量增量：即分析控制体内流体的动量变化，并向各坐标轴进行投影。必须注意控制体内流体的动量增量应为流出控制体的流体动量减去流入控制体的流体动量，两者次序不可颠倒。在动量增量的计算中，若已知某一流速而另一流速为未知量，可列连续性方程式求出。

(4) 解出未知力：即在所有外力及动量增量分析完毕之后，把它们在各个坐标轴上的投影分别代入相应的各轴向动量方程之中，通过运算解出流体与固体间的相互作用力，并确定其方向和作用点。

**【例 3-12】**　水平设置的输水弯管（图 3-34），转角 $\theta=60°$，直径 $d_1=200$ mm，$d_2=150$ mm，已知转弯前断面的压强 $p_1=18\ \mathrm{kN/m^2}$（相对压强），输水流量 $Q=0.1\ \mathrm{m^3/s}$，不计水头损失，试求水流对弯管作用力的大小。

**【解】**　在转弯段取过流断面 1—1、2—2 及管壁所围成的空间为控制体。选直角坐标系 $xOy$，令 $Ox$ 轴与 $v_1$ 方向一致。

分析作用在控制体内液体上的力，包括：过流断面上的动水压力 $P_1$、$P_2$；重力 $G$ 在 $xOy$ 面无分量；弯管对水流的作用力 $R'$，此力在要列的方程中是待求量，假定分量 $R'_x$、$R'_y$ 的方向分别与 $x$、$y$ 轴方向相反，如计算得正值，表示假定方向正确，如得负值则表示力的实际方向与假定方向相反。

列总流动量方程的投影式：

$$P_1-P_2\cos 60°-R'_x=\rho Q(\beta_2 v_2\cos 60°-\beta_1 v_1)$$

$$P_2\cos 60°-R'_y=\rho Q(-\beta_2 v_2\sin 60°)$$

其中：

$$P_1=p_1A_1=0.565\ \mathrm{kN}$$

列断面1—1、2—2的能量方程，忽略水头损失，有：

$$\frac{p_1}{\rho g}+\frac{v_1^2}{2g}=\frac{p_2}{\rho g}+\frac{v_2^2}{2g}$$

$$p_2=p_1+\frac{v_1^2-v_2^2}{2}\rho=7.043\ \text{kN/m}^2$$

$$P_2=p_2A_2=0.124\ \text{kN}$$

$$v_1=\frac{4Q}{\pi d_1^2}=3.185\ \text{m/s}$$

$$v_2=\frac{4Q}{\pi d_2^2}=5.66\ \text{m/s}$$

将各量代入总流动量方程，解得：

$$R'_x=0.538\ \text{kN}$$

$$R'_y=0.597\ \text{kN}$$

水流对弯管的作用力与弯管对水流的作用力，大小相等，方向相反，即：

$$R_x=0.538\ \text{kN},\text{方向沿}\ Ox\ \text{方向}$$

$$R_y=0.579\ \text{kN},\text{方向沿}\ Oy\ \text{方向}$$

或

$$R=\sqrt{R_x^2+R_y^2}=0.804\ \text{kN}=804\ \text{N}$$

方向是与 $x$ 轴成 $\alpha$ 角：

$$\alpha=\arctan\frac{R_x}{R_y}=48^\circ$$

## 思考与练习

3-1 举例说出工程实际中哪些是压力流，哪些是无压流。为什么？

3-2 什么是恒定流与非恒定流、均匀流与非均匀流、渐变流和急变流？各种流动分类的原则是什么？试举出具体的例子。

3-3 流线有哪些性质？

3-4 渐变流与急变流过流断面上的压强分布有何不同？

3-5 关于水流的流向问题有如下一些说法："水一定由高处向低处流"，"水一定从压强大的地方向压强小的地方流"，"水一定从流速大的地方向流速小的地方流"。这些说法是否正确？若不正确，什么才是正确的说法？

3-6 三大基本方程各用于什么条件？有何意义？

3-7 气流与液流的能量方程式有何不同？为什么？

3-8 直径为150 mm的给水管道，输水量为980.7 kN/h，试求断面平均流速。

3-9 断面为300 mm×400 mm的矩形风道，风量为2 700 m$^3$/h，求平均流速。如风道出口处断面收缩为150 mm×400 mm，求该断面的平均流速。

3-10 如图3-35所示，水从水箱经直径为 $d_1=10$ cm、$d_2=5$ cm、$d_3=2.5$ cm的管道流入大气。当出口流速为10 m/s时，求：(1) 流量及质量流量；(2) $d_1$ 及 $d_2$ 管段的流速。

3-11 设计输水量为2 942.1 kN/h的给水管道，流速限制在0.9～1.4 m/s之间。试确定管道直径，根据所选直径求流速。（直径规定为50 mm的倍数）

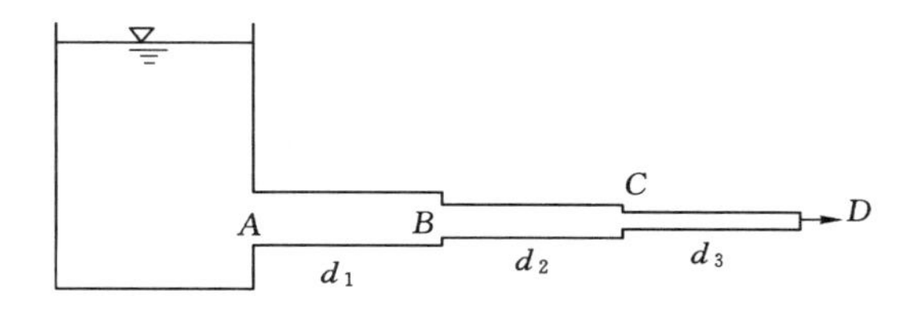


图 3-35 题 3-10 图

3-12 圆形风道，流量为 10 000 $m^3/h$，流速不超过 20 m/s。试设计直径，根据所定直径求流速。(直径应当是 50 mm 的倍数)

3-13 某蒸汽干管的始端蒸汽流速为 25 m/s，密度为 2.62 $kg/m^3$，干管前段直径为 50 mm，接出直径为 40 mm 支管后，干管后段直径改为 45 mm。如果支管末端密度降低至 2.30 $kg/m^3$，干管后段末端密度降至 2.24 $kg/m^3$，但两管质量流量相等，求两管末端流速。

3-14 一变直径的管段 $AB$，如图 3-36 所示，直径 $d_A=0.2$ m、$d_B=0.4$ m，高差 $\Delta h=1.5$ m。今测得 $p_A=30$ $kN/m^2$、$p_B=40$ $kN/m^2$，$B$ 处断面平均流速 $v_B=1.5$ m/s。试判断水在管中的流动方向，并求水流经两断面间的水头损失。

3-15 如图 3-37 所示，已知水管直径 50 mm，末端阀门关闭时压力表读数为 21 $kN/m^2$，阀门打开后读值降至 5.5 $kN/m^2$，如不计水头损失，求通过的流量。

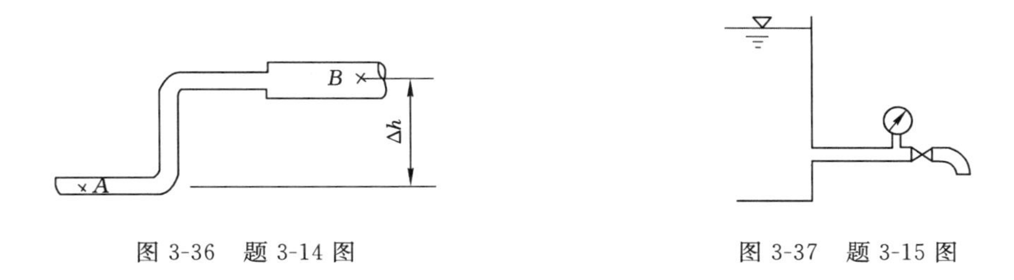


图 3-36 题 3-14 图　　图 3-37 题 3-15 图

3-16 水在变直径竖管中流动。如图 3-38 所示，已知粗管直径为 $d_1=300$ mm，流速 $v_1=6$ m/s。为使两断面的压力表读值相同，试求细管直径 $d_2$。(不计水头损失)

3-17 如图 3-39 所示，水管的出口直径 $d_2=100$ mm，当地大气压为 92 kPa，水的汽化压强为 20 kPa，为保证在直径 $d_1=50$ mm 的喉部不发生汽化现象，水箱水位 $H$ 不得大于多少？

3-18 如图 3-40 所示，同一水箱上、下两孔口出流，求证：在射流交点处 $h_1\gamma_1=h_2\gamma_2$。

3-19 某水泵在运行时的进水口真空表读数为 3 $mH_2O$，如图 3-41 所示，出水口压力表读数为 28 $mH_2O$，吸水管直径为 400 mm，压水管直径为 300 mm，流量读数为 180 L/s，不计水头损失，求水泵扬程(即水经过水泵后的水头增加值)。

3-20 图 3-42 所示为一轴流风机。已测得进口压强 $p_1=-10^3$ $N/m^2$，出口压强 $p_2=150$ $N/m^2$，设截面 1—2 间压强损失 $p_w=100$ $N/m^2$，求风机的全压 $p$(为风机输送给单位体积气体的能量)。

3-21 如图 3-43 所示，已知离心泵出水量 $Q=30$ L/s，吸水管直径 $d=150$ mm，水泵轴线高于水面 $H_g=7$ m，不计损失，求入口处断面的真空压强。

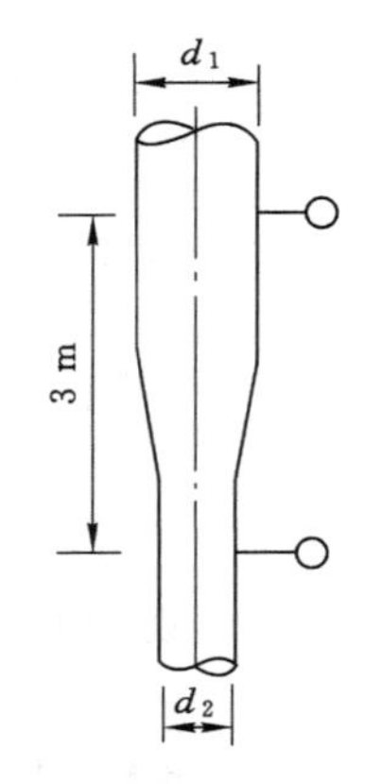


图 3-38 题 3-16 图

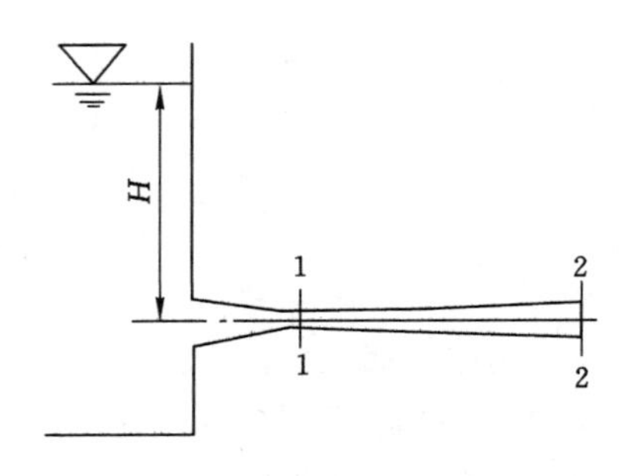


图 3-39 题 3-17 图

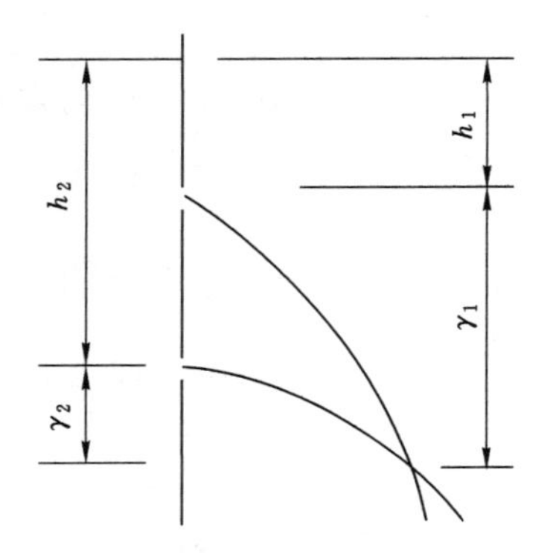


图 3-40 题 3-18 图

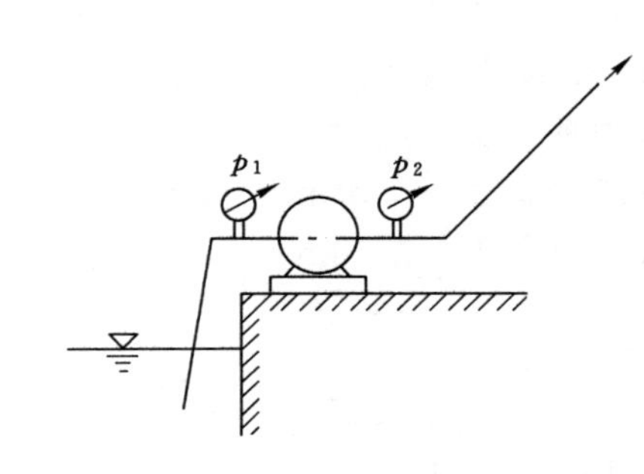


图 3-41 题 3-19 图

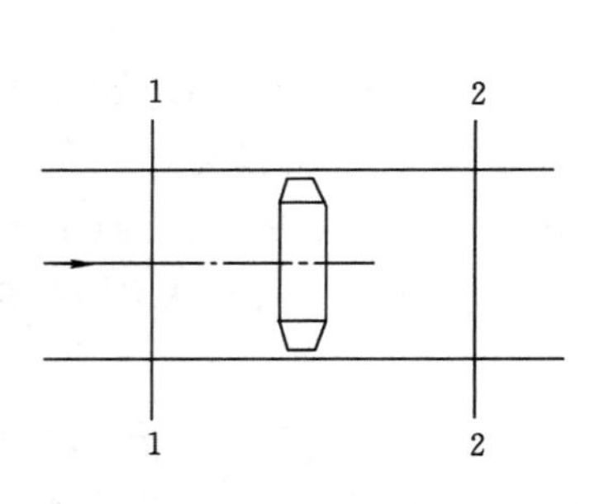


图 3-42 题 3-20 图

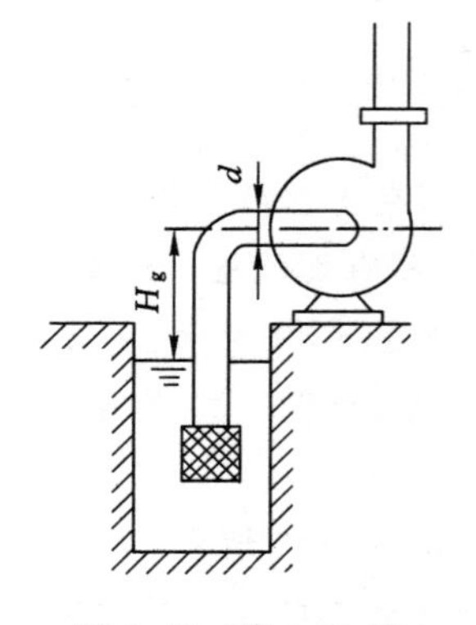


图 3-43 题 3-21 图

3-22 如图 3-44 所示，由断面积为 0.2 $m^2$ 和 0.1 $m^2$ 的两根管子所组成的水平输水管从水箱流入大气：

(1) 若不计水头损失，① 求断面流速 $v_1$ 及 $v_2$；② 绘总水头线及测压管水头线；③ 求进口 $A$ 点的压强。

(2) 若计入损失，第一段为 $4\dfrac{v_1^2}{2g}$，第二段为 $3\dfrac{v_2^2}{2g}$，① 求断面流速 $v_1$ 及 $v_2$；② 绘总水头

线及测压管水头线；③ 根据总水头线求各段中间的压强。

3-23　如图3-45所示，高层楼房煤气立管$B$、$C$两个供煤气点各供应$Q=0.02\ m^3/s$的煤气量。假设煤气的密度为$0.6\ kg/m^3$，管径为50 mm，压强损失$AB$段用$3\frac{\rho v_1^2}{2}$计算，$BC$段用$4\frac{\rho v_2^2}{2}$计算，假定$C$点要求保持余压为$300\ N/m^2$，求$A$点酒精（$\gamma_{jO}=7.9\ kN/m^3$）液面应有的高差。（空气密度为$1.2\ kg/m^3$）

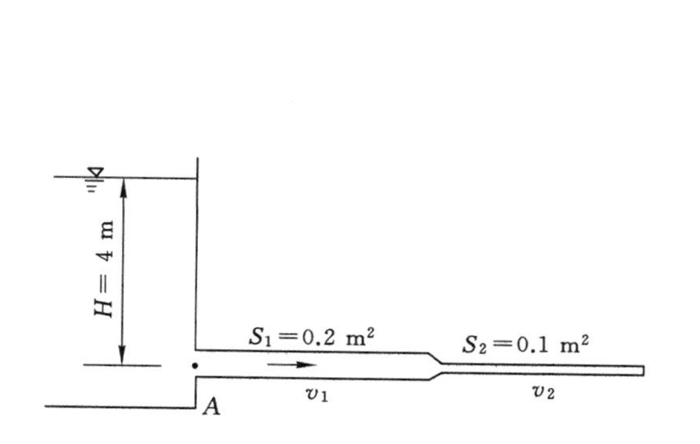


图3-44　题3-22图

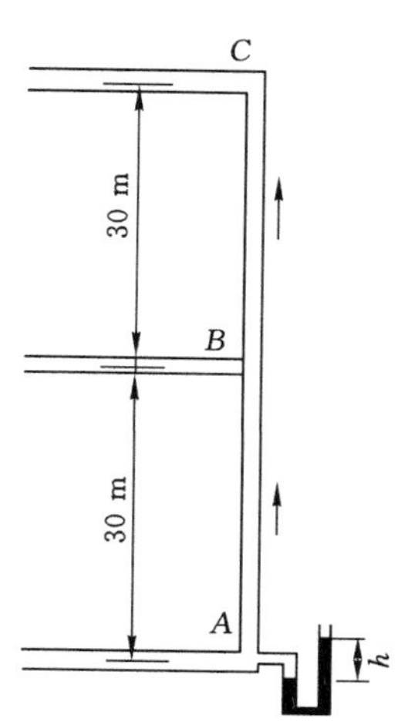


图3-45　题3-23图

3-24　图3-46所示为一水平风管，空气自断面1—1流向断面2—2，已知断面1—1的压强$p_1=150\ mmH_2O$，$v_1=15\ m/s$；断面2—2的压强$p_2=140\ mmH_2O$，$v_2=10 m/s$，空气密度$\rho=1.29\ kg/m^3$，求两断面的压强损失。

3-25　某集中供热系统如图3-47所示。已知补水箱液面距定压点$O$的高差为2 m，补水泵前后管内的水头损失为3.5 m，定压点$O$处的压头为1.2 m，试确定补水泵的理论扬程$H_i$。

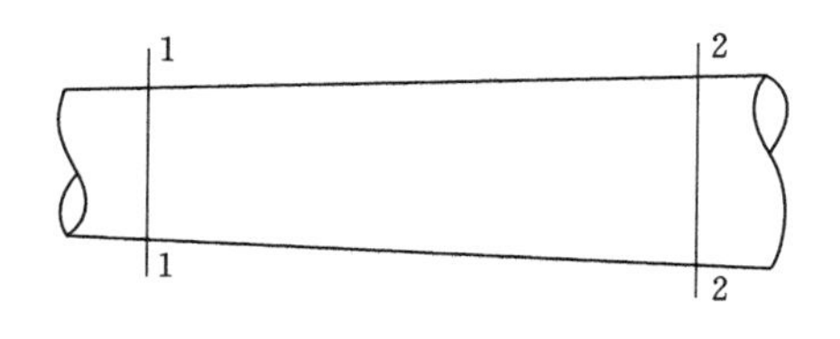


图3-46　题3-24图

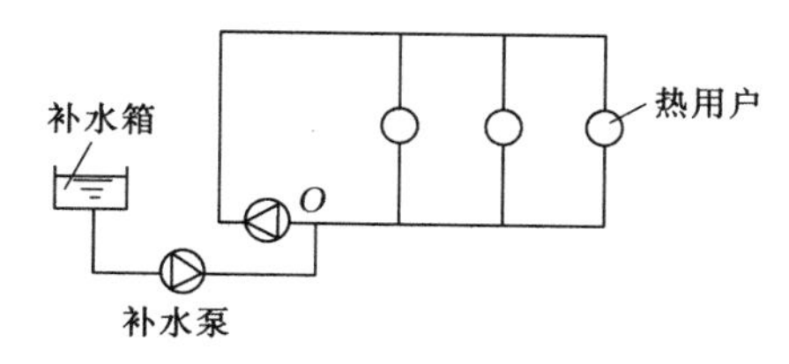


图3-47　题3-25图

3-26　定性绘制图3-48中管路系统的总水头线和测压管水头线。

3-27　直角三通水平放置，如图3-49所示。已知出入接口直径均为$d=500$ mm，入口流量$q_v=0.6\ m^3/s$，压强$p=70$ kPa，两出口流量相同，不计水头损失，求固定三通需要的力。

3-28　高压水管末端的喷嘴如图3-50所示，出口直径$d=10$ cm，管段直径$D=40$ cm，通过的流量$Q=0.4\ m^3/s$，喷嘴与管段用法兰盘连接，共有12个螺栓，若不计水与喷雾的重量，求每个螺栓受力为多少？

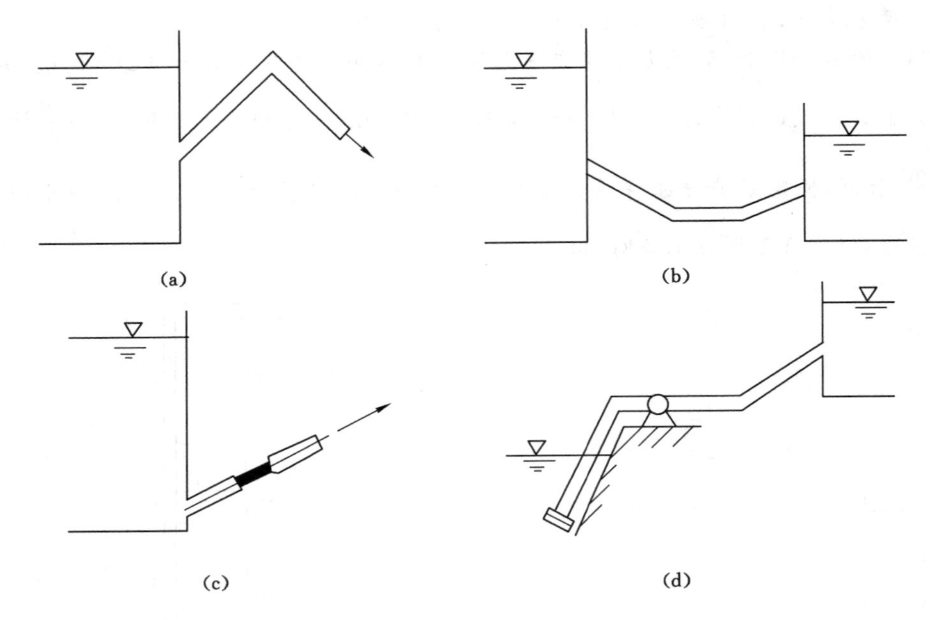


图 3-48　题 3-26 图

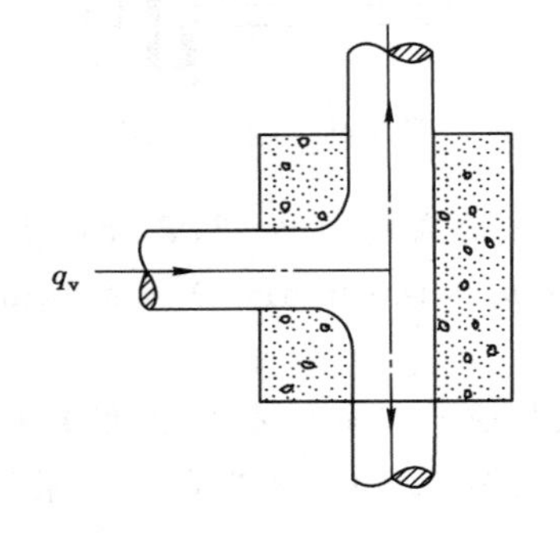


图 3-49　题 3-27 图

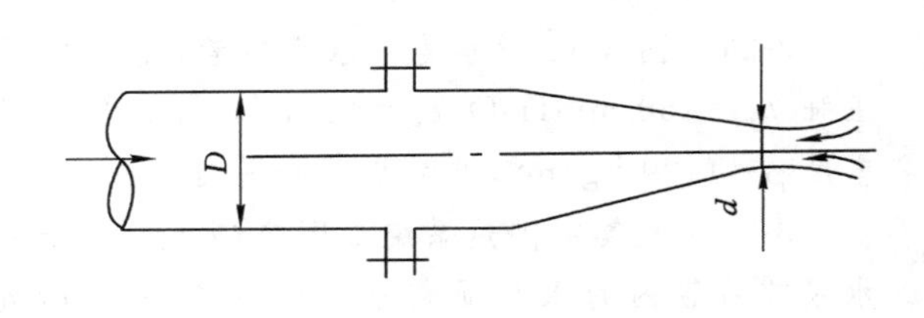


图 3-50　题 3-28 图

# 第 4 章　流动阻力与能量损失

**知识目标**

1. 理解：圆管层流和圆管紊流的运动特征；尼古拉兹实验解释的规律及意义。
2. 掌握：流动阻力与能量损失的两种形式及计算公式；两种流态特征及流态判别方法；圆管流与非圆管流沿程阻力系数的确定方法，局部阻力系数的确定方法。
3. 熟悉：造成水头损失的原因和减阻措施。

**能力目标**

能应用公式、图表解决工程中管路能量损失的计算问题。

**思政目标**

1. 结合减阻措施知识点和国家碳达峰、碳中和大背景，树立节能意识、生态意识。
2. 结合本专业的节能潜力，树立社会责任感和专业使命感。

流体在流动中需要消耗能量以克服阻力，这部分能量不可逆转地转化为热量，从而形成能量损失。流动阻力是造成能量损失的原因，因此，能量损失的变化规律就必然是流动阻力规律的反映。产生阻力的内因是流体的黏滞性和惯性力，外因是固体壁面对流体流动的阻止和扰动。在供热通风与空调工程中，要通过管道输送流体，用能量方程解决流体的能量转换规律时，必须要计算出流体流动的能量损失，以便确定水泵、风机等流体机械应提供的能量。因此本章以恒定流为研究对象，介绍实际流体的流动形态、各种边界条件和不同流动形态下的能量损失变化规律及相应的计算方法。

## 4.1　流动阻力与能量损失的两种形式

流体流动的能量损失与流体的运动状态和流动边界条件有密切的关系。根据流动的边界条件，能量损失分为沿程能量损失和局部能量损失两种形式。

### 4.1.1　流动阻力和能量损失的分类

当束缚流体流动的固体边壁沿程不变，流动为均匀流动时，流层之间或质点之间只存在沿程不变的切应力，称为沿程阻力。沿程阻力做功引起的能量损失称为沿程能量损失。由于沿程损失沿管路长度均匀分布，因此，沿程能量损失的大小与管路长度成正比。在管路中单位重量水流的沿程能量损失称为沿程水头损失，以 $h_f$ 表示。

当流体流经固体边界突然变化处(急变流处),由于固体边界的突然变化造成过流断面上流速分布急剧变化,从而在较短范围内集中产生的阻力称为局部阻力。局部阻力做功引起的能量损失称为局部能量损失。在管道入口、突然扩大、突然缩小、弯头、闸阀、三通等管件处都存在局部能量损失。在这些管件处单位重量水流的局部能量损失称为局部水头损失,以 $h_j$ 表示。

如图 4-1 所示,从水箱侧壁上引出的管道,有直管段和局部构件。为了测量损失,在管道上装设一系列的测压管,可绘出连接各测压管的水面相应的测压管水头线、总水头线。图 4-1 中的 $h_{fab}$、$h_{fbc}$、$h_{fcd}$ 就是 $ab$、$bc$、$cd$ 段的沿程水头损失。沿程水头损失沿管道均匀分布,使实际总水头线在相应的各管段上形成一定的坡度,这就是水力坡度。水力坡度表示单位重量水流在单位长度上的沿程水头损失。在同一流量下,直径不同的管段水力坡度不同,直径相同的管段水力坡度不变。整个管路的沿程水头损失等于各管段的沿程水头损失之和,即:

$$\sum h_f = h_{fab} + h_{fbc} + h_{fcd}$$

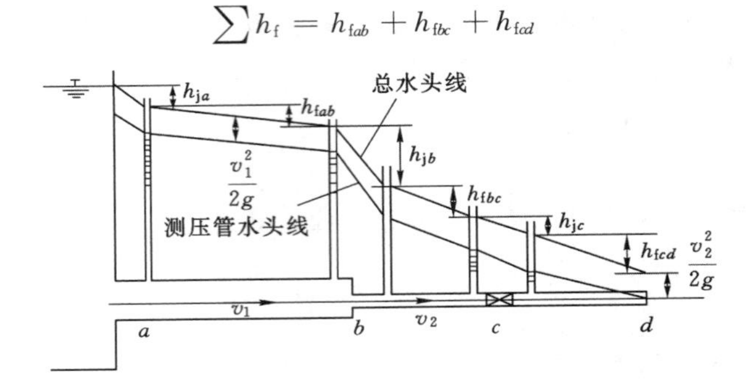


图 4-1 沿程阻力与沿程损失

当水流经过管件,即图中的 $a$、$b$、$c$ 处时,由于水流运动边界条件发生了急剧改变,引起流速分布迅速改组,水流质点相互碰撞和掺混,并伴随有旋涡区产生,形成局部水头损失。整个管路上的局部水头损失等于各管件的局部水头损失之和,即:

$$\sum h_j = h_{ja} + h_{jb} + h_{jc}$$

单位重量液体在整个管路上的总水头损失应等于各管段的沿程水头损失与各管件的局部水头损失的总和,即:

$$\sum h_w = \sum h_f + \sum h_j$$

### 4.1.2 能量损失的计算公式

能量损失计算公式用水头损失表示时,有如下几个公式。

沿程水头损失(达西公式):

$$h_f = \lambda \frac{L}{d} \frac{v^2}{2g} \tag{4-1}$$

式中 $\lambda$——沿程阻力系数;

$L$——管道长度,m;

$d$——管道直径,m;

$g$——重力加速度,m/s²;

$v$——管道断面平均流速,m/s。

局部水头损失：

$$h_j = \zeta \frac{v^2}{2g} \tag{4-2}$$

式中 $\zeta$——局部阻力系数。

在供热通风与空调工程中，对于气体管路以及流体的密度或容重沿程发生改变的管路，其能量损失一般用压强损失来表示。

沿程压强损失：

$$p_f = \lambda \frac{L}{d} \frac{\rho v^2}{2} \tag{4-3}$$

局部压强损失：

$$p_j = \zeta \frac{\rho v^2}{2} \tag{4-4}$$

式中 $\rho$——流体的密度，$kg/m^3$。

## 4.2 两种流态与雷诺数

从19世纪初期起，研究人员就发现沿程损失与流速之间存在某种规律。1883年，英国物理学家雷诺经过大量实验证明，流体运动存在两种流动状态，而沿程损失的规律与流态密切相关。

### 4.2.1 雷诺实验

1883年，英国物理学家雷诺在如图4-2所示的装置上进行了流态实验。

实验时，水箱A中水位恒定，水流通过玻璃管B可以恒定出流，阀门H用以调节管内流量，水箱上部容器D中盛有容重与水相近的带有颜色的水，可以经过细管E注入玻璃管B中，阀门F用以控制颜色水流量。

实验开始，先将B管末端阀门H微微开启，使水在管内缓慢流动。然后打开E管上的阀门F，使少量颜色水注入玻璃管内，这时可以看到一股边界非常清晰的带颜色细直流束，它与周围清水互不掺混，如图4-3(a)所示。这一现象表明玻璃管B内的水流呈层状流动，

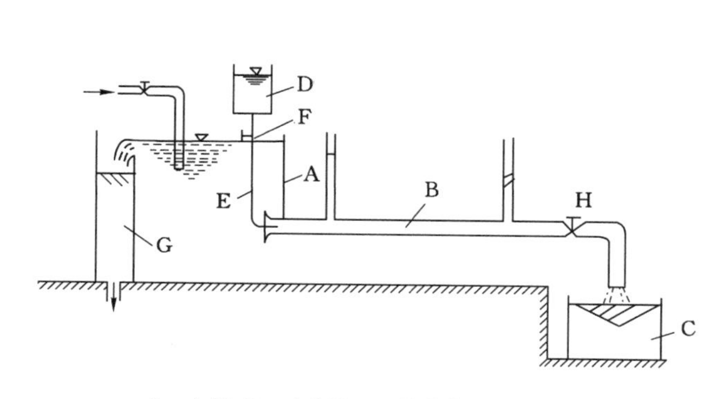


A—水箱；B—玻璃管；C—量水筒；D—色液箱；
E—细管；F—小阀门；G—溢流管；H—阀门。

图4-2 流态实验装置

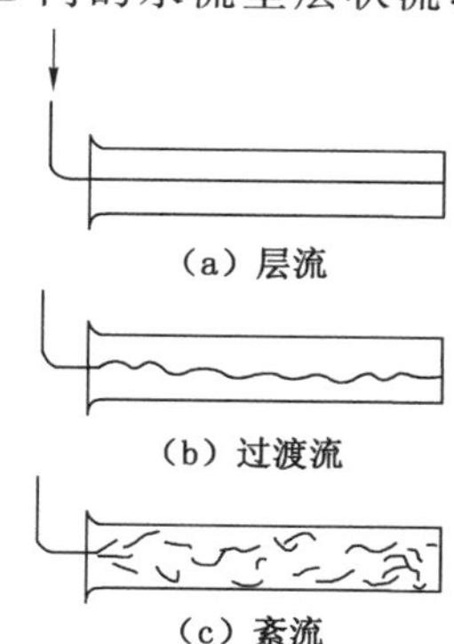


图4-3 层流与紊流

各流层的流体质点互不混杂，有条不紊地向前流动。这种流动形态称为层流。如果把阀门H逐渐开大，玻璃管内水的流速随之增大到某一临界数值时，则可以看到颜色水出现摆动，且流束明显加粗，呈现出波状轮廓，但仍不与周围清水相混，如图4-3(b)所示。此时流动形态处于过渡状态。如继续开大阀门H，颜色水与周围清水迅速掺混，以至于整个玻璃管内的水流都染上颜色，如图4-3(c)所示。这种现象表明管内流动非常紊乱，流体质点的瞬时速度大小和方向是随时间而变的，各流层质点互相掺混。这种流动形态称为紊流。

如果再慢慢地关小阀门H，使实验以相反程序进行时，则会观察到出现的实验现象以相反程序重演，但紊流转变为层流的临界流速值(称为下临界流速，以 $v_k$ 表示)要比层流转变为紊流的临界流速值(称为上临界流速，以 $v'_k$ 表示)小，即 $v_k<v'_k$。

实验发现，在特定设备上进行实验，下临界流速 $v_k$ 是不变的，而上临界流速 $v'_k$ 一般是不稳定的，它与实验操作和外界因素对水流的干扰有很大关系，在实验时扰动排除的越彻底，上临界流速 $v'_k$ 值越大。实际工程中扰动是难免的，所以上临界流速没有实际意义，以后所指的临界流速即是下临界流速。所以，$v>v'_k$ 时，流动为紊流，$v<v'_k$ 时，流动为层流。

### 4.2.2 沿程水头损失与流态的关系

如果在玻璃管B上选取两个断面，分别安装测压管。根据能量方程可知，两测压管的液面差就是两断面之间管路的沿程水头损失 $h_f$。用阀门H调节流量，在雷诺实验观察流态的同时，通过流量测量和测压管测量可得到不同流速所对应的沿程水头损失值，以 $\lg v$ 为横坐标，以 $\lg h_f$ 为纵坐标，将实验资料绘出，便可以得到如图4-4所示的实验曲线。

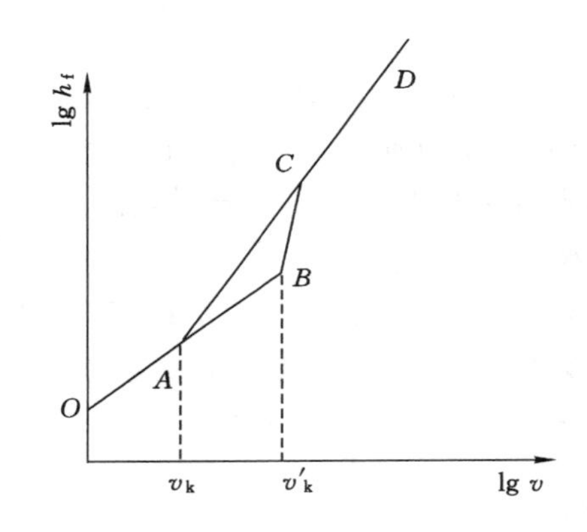


图4-4 雷诺实验流速与沿程损失对数曲线图

实验曲线 $OABCD$ 在流速由小变大时获得，而当流速由大变小时的实验曲线是 $DCAO$。其中 $AC$ 部分不重合。图中 $A$ 点对应的是下临界流速，$B$ 点对应的是上临界流速。$A$、$C$ 之间的实验点分布比较散乱，是流态不稳定的过渡区域。

由图4-4分析可得：

$$h_f = kv^m \tag{4-5}$$

式中 $k$——比例系数。

当 $v<v_k$ 时，$m=1.0$，$h_f=kv^{1.0}$；

当 $v>v'_k$ 时，$m=1.75\sim2.0$，$h_f=kv^{1.75\sim2.0}$；

当 $v_k<v<v'_k$ 时，$h_f$ 与 $v$ 的关系不稳定。

### 4.2.3 流动形态的判别标准

实验证明，临界流速与流体的动力黏滞系数 $\mu$ 成正比，与管径 $d$、流体密度 $\rho$ 成反比，即：

$$v_k \propto \frac{\mu}{\rho d} = \frac{\nu}{d}$$

或

$$\frac{v_k d}{\nu} = Re_k$$

式中 $\nu$——运动黏滞系数，$m^2/s$。

上式中 $Re_k$ 是一个比例常数，是不随管径和流体物理性质而变化的无量纲数，称为雷诺数。较为准确的测定证明，$Re_k=2\ 300$，大都稳定在 2 000 左右。圆管流动的实际雷诺数为：

$$Re = \frac{vd}{\nu} \tag{4-6}$$

因此，有压圆管中两种流动形态的判别，只需把水流的实际雷诺数 $Re$ 和临界雷诺数 $Re_k$ 相比较即可。当 $Re>2\ 000$ 时，水流为紊流运动状态；当 $Re\leqslant 2\ 000$ 时，水流为层流运动状态。临界雷诺数 $Re_k$ 即为两种流态的判别准则数。

对于非圆管有压流动和无压流，同样可以用雷诺数判别流态，只是计算 $Re$ 时，采用水力半径 $R$ 作为特征长度，代替圆形管道的直径 $d$ 进行计算，即：

$$Re = \frac{vR}{\nu} \tag{4-7}$$

式中 $R$——水力半径，m。

$$R = \frac{A}{\chi} \tag{4-8}$$

式中 $A$——过流断面面积，$m^2$；

$\chi$——湿周，它是水流与周围固体边壁接触的周界长度，m。

无压流和非圆形断面的有压流，临界雷诺数 $Re_k$ 大都稳定在 500 左右，即 $Re_k=500$。故无压流和非圆形断面的有压流，层流与紊流流态的判别式是：

$$Re > 500\text{，为紊流}$$

$$Re \leqslant 500\text{，为层流}$$

**【例 4-1】** 室内给水管径 $d=40$ mm，假定管内流速 $v=1.1$ m/s，水温 $t=10$ ℃。

(1) 试判断管内水的流态；

(2) 管内保持层流状态的最大流速为多少？

**【解】** (1) 10 ℃时水的运动黏滞系数 $\nu=1.31\times10^{-6}$ $m^2/s$，管内水流的雷诺数为：

$$Re = \frac{vd}{\nu} = \frac{1.1\times0.04}{1.31\times10^{-6}} \approx 33\ 588 > 2\ 000$$

即水流为紊流。

(2) 保持层流的最大流速所对应的就是临界雷诺数 $Re_k$。

由于：

$$Re_k = \frac{v_k d}{\nu} \approx 2\ 000$$

所以：

$$v_k = \frac{Re_k \nu}{d} = \frac{2\ 000 \times 1.31 \times 10^{-6}}{0.04} \approx 0.066\ (\text{m/s})$$

**【例 4-2】** 某矩形风道，风道断面尺寸为 250 mm×200 mm，风速 $v$=5 m/s，空气温度为 30 ℃。

(1) 试判断风道内气体的流态；

(2) 该风道的临界流速是多少？

**【解】** (1) 30 ℃时空气的运动黏滞系数 $\nu=16.6\times10^{-6}$ $\text{m}^2/\text{s}$，风道的水力半径为：

$$R = \frac{A}{\chi} = \frac{0.25 \times 0.2}{2 \times (0.25 + 0.2)} \approx 0.056\ (\text{m})$$

风管内雷诺数为：

$$Re = \frac{vR}{\nu} = \frac{5 \times 0.056}{16.6 \times 10^{-6}} \approx 16\ 867 > 500$$

故为紊流。

(2) 临界流速：

$$v_k = \frac{Re_k \nu}{R} = \frac{500 \times 16.6 \times 10^{-6}}{0.056} \approx 0.148\ (\text{m/s})$$

# 4.3 均匀流动的沿程水头损失和基本方程式

前面讨论了管路流动中能量损失的两种形式和流动状态与沿程损失的关系，指出沿程阻力(均匀流内部流层间的切应力)是造成沿程水头损失的直接原因。为了解决沿程水头损失的计算问题，本节进一步研究在均匀流条件下，沿程水头损失与沿程阻力的关系。

在第 3 章中，我们已经知道：均匀流是指质点流速的大小和方向均不变的流动。在过流断面不变的直管中的流动，是均匀流动最常见的例子。在均匀流中，由于流速沿程不变，所以不存在惯性力，流线是相互平行的直线，过流断面为平面，断面上的压强按静水压强规律分布，即 $z+\dfrac{p}{\gamma}$=常数；均匀流中的能量损失只有沿程损失，且单位长度上的沿程损失都相等。

## 4.3.1 均匀流动的沿程水头损失

设有一个均匀总流，在其中任取一段流股如图 4-5 所示，为了确定均匀流自断面 1—1 和断面 2—2 的沿程水头损失，可写出断面 1—1 和断面 2—2 的伯努利方程式：

$$z_1 + \frac{p_1}{\gamma} + \frac{\alpha_1 v_1^2}{2g} = z_2 + \frac{p_2}{\gamma} + \frac{\alpha_2 v_2^2}{2g} + h_f$$

由于流动为均匀流，有：

$$\frac{\alpha_1 v_1^2}{2g} = \frac{\alpha_2 v_2^2}{2g}$$

所以：

$$h_f = \left(z_1 + \frac{p_1}{\gamma}\right) - \left(z_2 + \frac{p_2}{\gamma}\right) \tag{4-9}$$

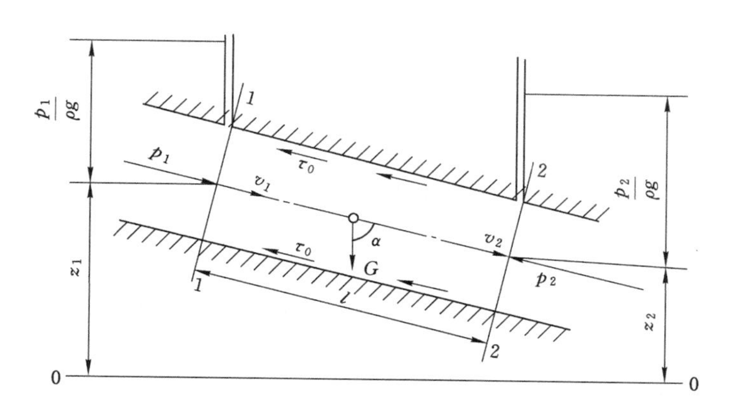


图 4-5　均匀流沿程水头损失推导示意图

式(4-9)说明,在均匀流条件下,两过水断面间的沿程水头损失等于两过水断面测压管水头的差值,即流体用于克服阻力所消耗的能量全部由势能提供。

前已说明,沿程阻力是造成沿程水头损失的直接原因。因此,有必要分析作用在流段上的外力并建立沿程水头损失与切应力的关系——均匀流基本方程。

### 4.3.2　均匀流基本方程

在图 4-5 中,如果断面 1—1 和断面 2—2 之间的长度为 $l$,过水断面面积 $A_1=A_2=A$,湿周为 $\chi$。下面分析其作用力的平衡条件。

断面 1—1 受到上游水流的动水压力为 $P_1$,断面 2—2 受到下游水流的动水压力为 $P_2$,流段在本身的重力为 $G$ 及流段表面的切力(沿程阻力)$T$ 的共同作用下保持均匀流动。

在水流运动方向上各力投影的平衡方程式为:

$$P_1-P_2+G\cos\alpha-T=0$$

因为 $P_1=p_1A$,$P_2=p_2A$,而且 $\cos\alpha=\dfrac{z_1-z_2}{l}$,并设液体与固体边壁接触面上的平均切应力为 $\tau_0$。代入上式,得:

$$p_1A-p_2A+\gamma Al\frac{z_1-z_2}{l}-\tau_0\chi l=0$$

两边同时除以 $\gamma A$,得:

$$\frac{p_1}{\gamma}-\frac{p_2}{\gamma}+z_1-z_2=\frac{\tau_0}{\gamma}\cdot\frac{\chi}{A}l$$

由式(4-9)可知:

$$h_f=\left(z_1+\frac{p_1}{\gamma}\right)-\left(z_2+\frac{p_2}{\gamma}\right)$$

于是:

$$h_f=\frac{\tau_0}{\gamma}\cdot\frac{\chi}{A}l=\frac{\tau_0}{\gamma}\cdot\frac{l}{R}\tag{4-10}$$

或

$$\tau_0=\gamma R\frac{h_f}{l}=\gamma RJ\tag{4-11}$$

式中，$\frac{h_f}{l}$为单位管长的沿程损失，称为水力坡度，常用符号 $J$ 表示。

式(4-11)给出了圆管均匀流沿程水头损失与切应力的关系，是研究沿程水头损失的基本公式，称为均匀流基本方程。对于明渠均匀流，按上述方法同样可得到与式(4-11)相同的结果，所以该方程对有压流和无压流均适用。

由于均匀流基本方程式是根据作用在恒定均匀流段上的外力平衡得到的平衡关系式，并没有反映流动过程中产生沿程水头损失的物理本质。公式推导过程中未涉及流体质点的运动状况，因此该式对层流和紊流都适用。然而层流和紊流切应力的产生和变化有本质的不同，最终决定两种流态水头损失的规律不同。

### 4.3.3 圆管均匀流过流断面上切应力分布

在图 4-6 所示的圆管恒定均匀流中，取圆柱的轴与管轴重合，圆柱半径为 $r$，作用在圆柱表面上的切应力为 $\tau$，推导步骤与前述相同，便可得出流束的均匀流动方程式：

$$\tau = \gamma \frac{r}{2} J \tag{4-12}$$

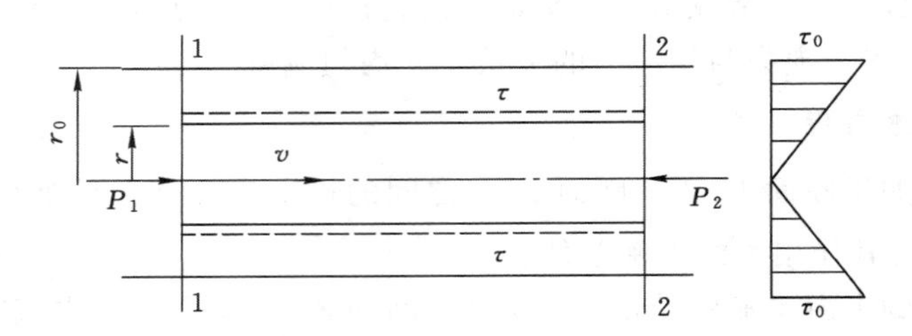


图 4-6 圆管均匀流过流断面上切应力分布示意图

由式(4-11)得圆管壁上的切应力 $\tau_0$ 为：

$$\tau_0 = \gamma \frac{r_0}{2} J \tag{4-13}$$

比较式(4-12)和式(4-13)，可得：

$$\frac{\tau}{\tau_0} = \frac{r}{r_0} \tag{4-14}$$

即圆管均匀流过流断面上切应力呈直线分布，管轴处 $\tau=0$，管壁处切应力为最大值$\tau=\tau_0$。

## 4.4 圆管中的层流运动

圆管层流是研究流体运动较为简单的一种情况，也是能够得出流速分布及水头损失解析解为数不多的几种流场之一。本节将给出有关表达式。

### 4.4.1 圆管层流运动的特征

如前所述，层流中各流层质点互不掺混，对于圆管来说，各层质点沿平行管轴线方向运动。与管壁接触的一层流速为零，管轴线上速度最大，整个管流如同无数薄壁圆筒一个套着一个滑动，如图 4-7 所示。

各流层间的切应力服从牛顿内摩擦定律，考虑到圆管中有压均匀流是轴对称流，故采用圆柱坐标 $r$、$x$。这里 $r=r_0-y$，因此：

$$\tau=\mu\frac{\mathrm{d}u}{\mathrm{d}y}=-\mu\frac{\mathrm{d}u}{\mathrm{d}r} \tag{4-15}$$

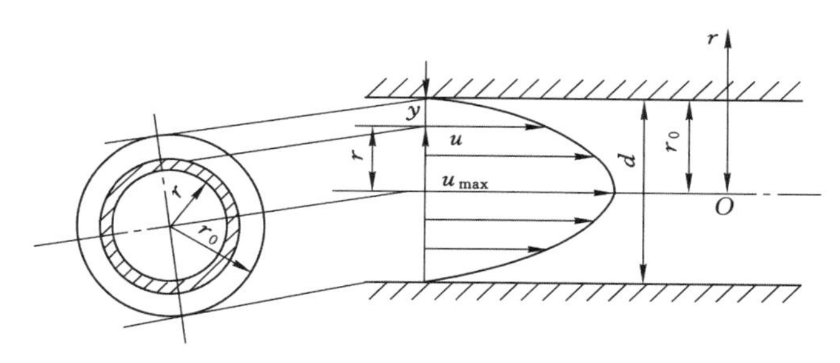


图 4-7　圆管层流流速分布

### 4.4.2　圆管层流运动的流速分布

分析圆管层流过流断面上的流速分布，由式(4-15)结合式(4-12)可得：

$$\tau=-\mu\frac{\mathrm{d}u}{\mathrm{d}r}=\frac{1}{2}r\gamma J$$

于是有：

$$\mathrm{d}u=-\frac{\gamma}{2}\cdot\frac{J}{\mu}r\,\mathrm{d}r$$

由于 $\gamma$ 和 $\mu$ 都是常数，在均匀流过水断面上 $J$ 也是常数，积分上式得：

$$u=-\frac{\gamma J}{4\mu}r^2+C \tag{4-16}$$

积分常数 $C$ 由边界条件确定，当 $r=r_0$ 时，$u=0$，此时 $C=\frac{\gamma J}{4\mu}r_0^2$，代回上式得：

$$u=\frac{\gamma J}{4\mu}(r_0^2-r^2)=\frac{\gamma J r_0^2}{4\mu}\left(1-\frac{r^2}{r_0^2}\right) \tag{4-17}$$

上式表明，圆管层流过流断面上流速分布呈旋转抛物面分布，这是圆管层流的重要特征之一。

将 $r=0$ 代入上式，得管轴处最大流速为：

$$u_{\max}=\frac{\gamma J}{4\mu}r_0^2 \tag{4-18}$$

流量为 $Q=\int_A u\,\mathrm{d}A=vA$，选取宽 $\mathrm{d}r$ 的环形面积为微元面积 $\mathrm{d}A$，得平均流速：

$$v=\frac{Q}{A}=\frac{\int_A u\,\mathrm{d}A}{A}=\frac{1}{\pi r_0^2}\int_0^{r_0}\frac{\gamma J}{4\mu}(r_0^2-r^2)2\pi r\,\mathrm{d}r=\frac{\gamma J}{8\mu}r_0^2 \tag{4-19}$$

比较式(4-18)和式(4-19)，可得：

$$v=\frac{1}{2}u_{\max} \tag{4-20}$$

即圆管层流的平均流速为最大流速的一半。可见，层流过流断面上流速分布不均匀，其动能修正系数为：

$$\alpha = \frac{\int_A u^3 \mathrm{d}A}{v^3 A} = 16\int_0^1 \left[1-\left(\frac{r}{r_0}\right)^2\right]^3 \frac{r}{r_0}\mathrm{d}\left(\frac{r}{r_0}\right) = 2$$

### 4.4.3 圆管层流水头损失的计算

圆管层流水头损失的计算可由式(4-19)求得：

$$J = \frac{h_f}{l} = \frac{8\mu v}{\gamma r_0^2} = \frac{32\mu v}{\gamma d^2} \tag{4-21}$$

即有：

$$h_f = \frac{32\mu v l}{\gamma d^2} \tag{4-22}$$

上式表明，在圆管层流中沿程水头损失和断面平均流速的一次方成正比，这与雷诺实验的结果一致。

沿程水头损失也可以用流速水头$\frac{v^2}{2g}$来表示，式(4-22)可改写成：

$$h_f = \frac{64}{\frac{vd}{\nu}} \cdot \frac{l}{d} \cdot \frac{v^2}{2g} = \frac{64}{Re} \cdot \frac{l}{d} \cdot \frac{v^2}{2g}$$

根据达西公式 $h_f=\lambda \frac{l}{d}\frac{v^2}{2g}$可知，对于圆管层流：

$$\lambda = \frac{64}{Re} \tag{4-23}$$

这表明在圆管层流中沿程阻力系数只是雷诺数的函数，与管壁粗糙情况无关。

**【例 4-3】** 设圆管直径 $d=2$ cm，用毕托管测得轴心速度 $u_m=14$ cm/s，水温 $t=10$ ℃。试求在管长 $l=20$ m 上的沿程水头损失。

**【解】** 先判别流态，查得 10 ℃时水的运动黏性系数 $\nu=1.3\times10^{-6}$ m²/s。

$$Re_{max}=\frac{u_m d}{\nu}=\frac{0.14\times0.02}{1.3\times10^{-6}}\approx 2\ 154<2\ 300$$

故为层流。

所以：

$$v = \frac{1}{2}u_m = 0.07 \text{ m/s}$$

$$Re = \frac{1}{2}Re_{max} = 1\ 077$$

$$\lambda = \frac{64}{Re} = \frac{64}{1\ 077} = 0.059\ 4$$

$$h_f = \lambda \frac{l}{d}\frac{v^2}{2g} = 0.059\ 4 \times \frac{20}{0.02} \times \frac{0.07^2}{2\times 9.8} \approx 0.015\ (\mathrm{mH_2O})$$

## 4.5 紊流运动

自然界和工程中的大多数流动都是紊流。工业生产中的许多工艺过程，如流体的管路

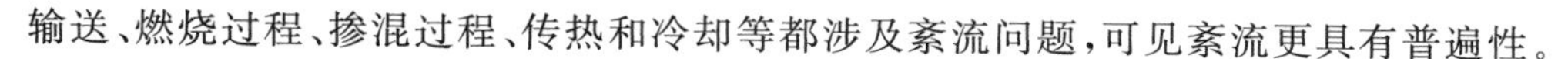

输送、燃烧过程、掺混过程、传热和冷却等都涉及紊流问题，可见紊流更具有普遍性。

### 4.5.1　紊流特性与时均化

在紊流状态下，流体质点在流动过程中不断地掺混，质点掺混使得空间各点的速度随时间无规则地变化。与之相联系，压强、浓度等量也随时间无规则地变化，这种现象称为紊流脉动。

质点掺混、紊流脉动是从不同角度来表述紊流的特征。前者着眼于质点运动情况，后者着眼于空间点的运动参数。质点掺混、紊流脉动既是紊流的特征，也是研究紊流的出发点。

撇开流体随机特性，通过运动参数的时均化来研究紊流的运动规律，是流体力学研究紊流的有效途径。

通常把某一瞬时通过某点的流体质点的流速称为该点的瞬时流速，用 $u_x$ 表示。通过测量可知流体质点的瞬时流速是随时间不断变化的，借鉴样本均值与偏差的处理方法，可认为这种瞬时流速是由时均流速和脉动流速构成的。如图 4-8 所示，如在足够长的时间过程 $T$ 中，对瞬时流速的时间取平均值，有：

$$\bar{u}_x = \frac{1}{T}\int_0^T u_x \mathrm{d}t \tag{4-24}$$

式中，$\bar{u}_x$ 称为时间平均流速，简称时均流速。

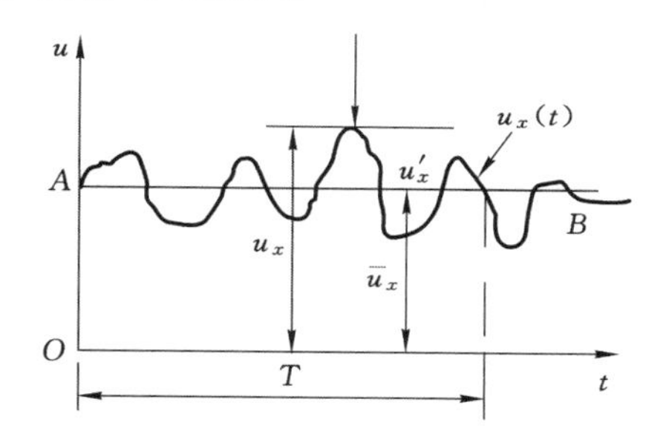


图 4-8　紊流运动的时均化

瞬时流速与时均流速之差称为脉动流速 $u'_x$，即：

$$u_x = \bar{u}_x + u'_x \tag{4-25}$$

同理，在 $y$、$z$ 坐标方向的瞬时流速 $u_y$、$u_z$ 与瞬时压强 $p$ 均可看成是由时间平均值和脉动值两部分组成，即：

$$u_y = \bar{u}_y + u'_y$$
$$u_z = \bar{u}_z + u'_z$$
$$p = \bar{p} + p'$$

各脉动量的时均值总是等于零，如对脉动流速 $u'_x$ 进行时间平均，有：

$$\bar{u}'_x = \frac{1}{T}\int_0^T u'_x \mathrm{d}t = \frac{1}{T}\int_0^T (u_x - \bar{u}_x)\mathrm{d}t = \frac{1}{T}(u_x - \bar{u}_x) = 0$$

因各脉动量的均方值不等于零，即：

$$\bar{u}'^2_x = \frac{1}{T}\int_0^T (u_x - \bar{u}_x)^2 \mathrm{d}t \neq 0$$

除此之外，两个脉动量积的时均值也不为零，即 $\overline{u'_x u'_y}$、$\overline{u'_y u'_z}$ 等不为零。

在研究流体运动规律时，常用脉动流速的均方根值来表示脉动幅度的大小，如：

$$N=\frac{\sqrt{\frac{1}{3}(\overline{u_x'^2}+\overline{u_y'^2}+\overline{u_z'^2})}}{\overline{u}} \tag{4-26}$$

式中，$N$ 称为紊流度，或者称为紊流强度。

当引入了时均值的概念后，紊流运动就可看成是一个时间平均流动和一个脉动流动的叠加而分别加以研究。因此，在工程实践中，一般水流的计算都可按时均值考虑，而紊流中的恒定流，也是指时均恒定流动。

需要指出的是，掺混和脉动是紊流的特征，这一特征并不因采用时均化研究方法而消失。紊流的许多问题，如紊流切应力的产生、过流断面上的流速分布、紊流中的热传递规律等，仍需从紊流的特征出发进行研究，否则不能得到符合实际的结论。

### 4.5.2 黏性底层与紊流核心区

以圆管中的紊流为例。在紊流中，紧贴固体边界附近有一极薄的流层，由于受流体黏性作用和固体边壁的限制，消除了流体质点的掺混，使其流态表现为层流性质。这一流层称为黏性底层（或层流底层），如图 4-9 所示。

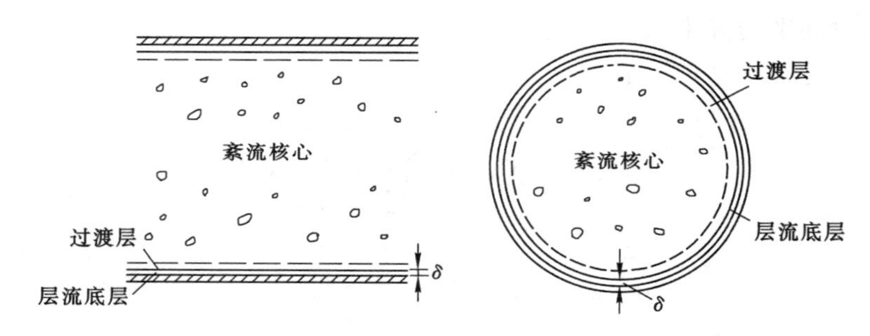


图 4-9　黏性底层与紊流核心区

在黏性底层之外的流区，流体质点发生掺混，流速及其有关物理量的脉动开始显现，为紊流区，该紊流区常称为紊流核心区。

在黏性底层和紊流核心区之间有一极薄的、界限不清的过渡区。在做紊流分析时，一般将整个有效断面分为黏性底层和紊流核心区两个区域进行讨论。

黏性底层的厚度 $\delta$ 随 $Re$ 的增大而减小，可用半经验公式表示：

$$\delta=\frac{32.8d}{Re\sqrt{\lambda}} \tag{4-27}$$

由式(4-27)可以看出，紊流运动越强，雷诺数越大，则黏性底层越薄。黏性底层的厚度一般只有十分之几毫米，但它对紊流沿程能量损失规律的研究却具有重大意义。现以圆管为例说明。

由于管道受加工方法和材质的影响，管壁表面总是粗糙不平的，糙粒凸出管壁的平均高度称为绝对粗糙度，以 $\Delta$ 表示。由于 $\delta$ 是随 $Re$ 而变化的，因此 $\delta$ 可能大于也可能小于 $\Delta$。

当 $\delta$ 大于 $\Delta$ 若干倍时，则糙粒凸出的高度被淹没在黏性底层中，此时紊流核心就像在一个非常光滑的水套内流动，如图 4-10(a)所示。此时流体的能量损失与管壁的粗糙度无关，这种管道称为水力光滑管。当 $\delta$ 小于 $\Delta$ 时，管壁糙粒的凸出部分伸入紊流核心，紊流核心的流体绕过糙粒凸出部分时，会形成小的旋涡，如图 4-10(b)所示，加剧了流体流动的紊动强度，增大了沿程能量损失。此时沿程能量损失与管壁的粗糙度有关，这种情况称为水力粗糙管。

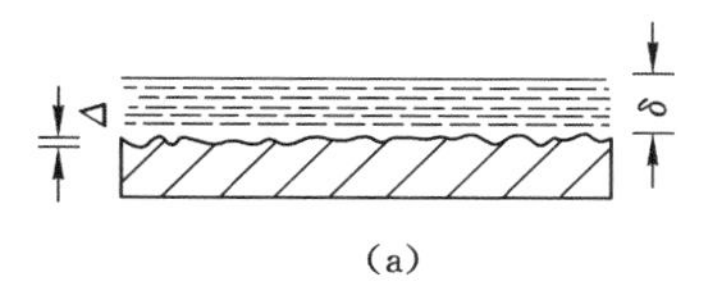
(a)

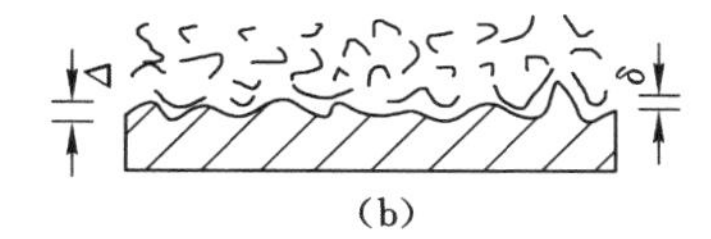
(b)

图 4-10　水力光滑与水力粗糙

由以上分析可以看出，水力光滑管或水力粗糙管并非只取决于管壁的光滑或粗糙程度，还取决于黏性底层的厚度 $\delta$，而 $\delta$ 与雷诺数等因素有关，所以水力光滑管与水力粗糙管没有绝对不变的意义。同样的管道，在雷诺数小时，可能是水力光滑管，而随着管内流速的提高，雷诺数增大时就又可能变为水力粗糙管了。

在紊流的过流断面上，除靠近管壁的一层很薄的黏性底层以外的区域，都属于紊流核心。由于紊流时流体质点相互掺混，使得流速分布趋于平均化。从理论上可以证明紊流核心过流断面上的流速呈对数规律分布：

$$u = \frac{1}{\beta}\sqrt{\frac{\tau_0}{\rho}}\ln y + C \tag{4-28}$$

式中　$\tau_0$——紊流中靠近管壁处流速梯度较大的流层内的切应力；

$y$——质点离圆管管壁的距离；

$\beta$——卡门通用常数，由实验确定；

$C$——由管道边界条件决定的积分常数。

式(4-28)是根据普朗特半经验理论得出的紊流流速分布公式，它表明紊流过流断面上的流速呈对数规律分布。实验表明，该流速分布规律在紊流核心的过流断面上同实际流速分布相符。

## 4.6　紊流沿程阻力系数的确定

在 4.1 节中已经给出了圆形管道压力流的沿程水头损失计算公式为：

$$h_f = \lambda \frac{L}{d}\frac{v^2}{2g}$$

该式是圆管水头损失计算的通用公式，不但适用于层流，同样也可用于紊流。但对于不同的流态，式中沿程阻力系数的规律不同，因此，管道沿程水头损失的计算转变为沿程阻力系数的计算。流体做层流运动时的沿程阻力系数 $\lambda=\frac{64}{Re}$，很容易得到证明；而对于紊流，由于流体运动的复杂性，单纯用数学分析的方法直接推导紊流的沿程阻力系数 $\lambda$ 的计算公式，目前还不可能。要解决紊流的阻力计算，工程上通常有以下两种途径来确定 $\lambda$ 值：一种是以紊流的半经验理论为基础，借助实验研究，整理成半经验公式；另一种是直接依据紊流沿程损失的实验资料综合成阻力系数 $\lambda$ 的纯经验公式。

根据对有压管路大量实验资料的分析发现，沿程阻力系数 $\lambda$ 与 $Re$ 和 $\frac{\Delta}{d}$（管道相对粗糙度）有关。

许多学者对此进行了大量的实验研究，其中德国科学家尼古拉兹的实验成果比较典型地分析了沿程阻力系数的变化规律。

### 4.6.1 尼古拉兹实验

尼古拉兹实验的目的是探索紊流沿程阻力系数 $\lambda$ 的变化规律。实验是在管壁粘贴不同粒径均匀砂粒形成人工粗糙的六种管径中进行，其管道的相对粗糙度分别为 $\frac{1}{30}$、$\frac{1}{61}$、$\frac{1}{126}$、$\frac{1}{252}$、$\frac{1}{507}$、$\frac{1}{1\ 014}$。把这些管道安装在测定沿程水头损失的实验装置中，分别测出每根人工粗糙管在不同流量下的断面平均流速 $v$ 和沿程水头损失 $h_f$，然后根据公式 $Re=\frac{vd}{\nu}$ 和 $\lambda=\frac{d}{L}\frac{2g}{v^2}h_f$ 计算出相应雷诺数 $Re$ 和沿程阻力系数 $\lambda$。如果把所测的一系列资料换算为对数值，点绘在以 lg $Re$ 为横坐标、以 lg $100\lambda$ 为纵坐标的对数坐标纸上，便可以得到如图 4-11 所示的实验曲线。

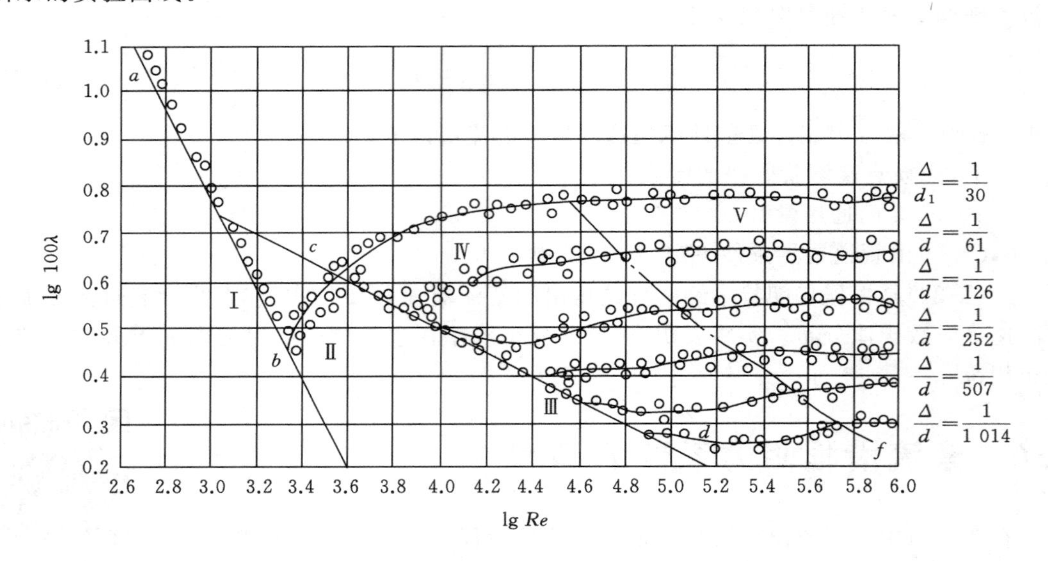


图 4-11 尼古拉兹实验曲线

实验表明，六种管径且相对粗糙度已知的管道，在管内流速从小到大（$Re$ 也相应随之变化），管道内输送的水流的流动状态从层流状态发展为充分的紊流状态，其对应的阻力规律不同。根据沿程阻力系数 $\lambda$ 变化的特征，尼古拉兹实验曲线可以划分为五个阻力区。

(1) 第Ⅰ区：当 $Re<2\ 000$（即 lg $Re<3.3$）时，流体流动处于层流状态，所有的实验点，不论其相对粗糙度如何，都落在直线Ⅰ上。这说明在层流区沿程阻力系数 $\lambda$ 与 $\frac{\Delta}{d}$ 无关，只与 $Re$ 有关，并符合 $\lambda=\frac{64}{Re}$。

(2) 第Ⅱ区：在 $Re=2\ 000\sim4\ 000$（lg $Re=3.3\sim3.6$）范围内，六条相对粗糙度不同的管道的实验点偏离直线Ⅰ分布在 $bc$ 曲线上。该区域是层流向紊流的过渡区，相当于上、下临界流速之间的区域，$\lambda$ 随 $Re$ 的增大而增大，而与相对粗糙度无关。该区域在工程上实用意义不大。

(3) 第Ⅲ区：当 $Re>4\ 000$(即 $\lg Re>3.6$)以后，相对粗糙度最大的管道的实验点单独分离出去，而相对粗糙度不同的其他管道的实验点都集中在直线Ⅲ上。随着 $Re$ 的增大，相对粗糙度较大的管道，其实验点在 $Re$ 较低时就偏离直线Ⅲ。而相对粗糙度较小的管道，其实验点要在 $Re$ 较大时才脱离直线Ⅲ。相对粗糙度不同的管道的实验点集中在直线Ⅲ上，表明沿程阻力系数只与雷诺数有关，与相对粗糙度无关。这是因为管内流态虽是紊流，但靠近管壁的黏性底层在雷诺数不大时，其厚度完全掩盖了管壁的糙粒凸起高度，水流处于水力光滑管状态。但随着雷诺数的增大，黏性底层的厚度不断减小，相对粗糙度大的管道，其实验点就脱离了该区；而相对粗糙度较小的管道，只有在雷诺数较高时，才脱离直线Ⅲ。因此，在直线Ⅲ范围内，$\lambda$ 只与 $Re$ 有关，而与 $\frac{\Delta}{d}$ 无关，该区称为水力光滑管区。

(4) 第Ⅳ区：随着雷诺数的不断提高，不同相对粗糙度的管道的实验点都脱离了直线Ⅲ，在图 4-11 中的第Ⅳ区范围内各自形成独立的曲线，这说明沿程阻力系数 $\lambda$ 不但与 $Re$ 有关，而且与 $\frac{\Delta}{d}$ 也有关。这是因为靠近管壁的黏性底层的厚度随雷诺数的增大而变薄之后，管壁的粗糙度已开始影响到紊流核心的运动，水流处于水力光滑管向水力粗糙管转变的过渡状态，所以该区称为紊流过渡区。

(5) 第Ⅴ区：在这个区域里，不同相对粗糙度的实验点分别分布在与横坐标平行的各自直线上，这说明 $\lambda$ 分别保持某一常数，只与该管道的 $\frac{\Delta}{d}$ 有关，而与 $Re$ 无关。这是因为 $Re$ 足够大，管道的黏性底层的厚度很薄，管壁的糙粒几乎全部都伸入紊流核心，此时影响管道沿程阻力系数 $\lambda$ 的唯一因素是管壁的粗糙度，因此该区称为紊流粗糙区，此时水流处于水力粗糙管状态。在该区只要管道的相对粗糙度已定，管道的沿程阻力系数 $\lambda$ 就是常数，沿程水头损失 $h_f$ 与 $v$ 的平方成正比，故该区又称为阻力平方区。

综上所述，尼古拉兹实验所揭示的沿程阻力系数 $\lambda$ 的变化规律可归纳如下：

① 层流区：　$\lambda=f_1(Re)=\frac{64}{Re}$

② 临界过渡区：　$\lambda=f_2(Re)$

③ 紊流光滑区：　$\lambda=f_3(Re)$

④ 紊流过渡区：　$\lambda=f_4(Re,\Delta/d)$

⑤ 紊流粗糙区(阻力平方区)：　$\lambda=f_5(\Delta/d)$

尼古拉兹实验的重要意义在于比较完整地反映了沿程阻力系数 $\lambda$ 的变化规律，找出了影响 $\lambda$ 值变化的主要因素，提出了紊流阻力分区的概念，为推导紊流沿程阻力系数 $\lambda$ 的半经验公式提供了可靠的依据。

### 4.6.2　莫迪图

尼古拉兹实验是在人工粗糙管中进行的，而工业管道的实际粗糙与人工均匀粗糙有较大差异，因此，尼古拉兹实验结果用于实际管道时，必须要分析这种差异，并寻求解决问题的方法。

(1) 当量粗糙度

由于实际管道壁面粗糙度难以测定，为了应用尼古拉兹实验的结果解决工业管道的计算问题，需要引入“当量粗糙度”的概念。

当量粗糙度是指将和实际管道在紊流粗糙区 $\lambda$ 值相等的同直径尼古拉兹人工粗糙管的粗糙度作为该实际管道的当量粗糙度。

部分常用工业管道的当量粗糙度 $\Delta$ 值见表 4-1。

**表 4-1 常用工业管道的当量粗糙度**

| 管道材料 | $\Delta$/mm | 管道材料 | $\Delta$/mm |
| --- | --- | --- | --- |
| 新氯乙烯管 | 0～0.002 | 镀锌钢管 | 0.15 |
| 铅管、铜管、玻璃管 | 0.01 | 新铸铁管 | 0.15～0.5 |
| 钢管 | 0.046 | 旧铸铁管 | 1～1.5 |
| 涂沥青铸铁管 | 0.12 | 混凝土管 | 0.3～3.0 |

(2) 莫迪图

为了解决工业管道的沿程损失计算，柯列勃洛克将大量工业管道实验资料与尼古拉兹综合阻力曲线比较后发现，尼古拉兹过渡区的实验资料对工业管道不适用，从而提出了工业管道 $\lambda$ 计算公式，即柯列勃洛克公式：

$$\frac{1}{\sqrt{\lambda}} = -2\lg\left(\frac{\Delta}{3.7d} + \frac{2.51}{Re\sqrt{\lambda}}\right) \tag{4-29}$$

式中，$\Delta$ 为工业管道的当量粗糙度。

该公式中，当 $Re$ 小时，公式右边括号内第二项很大，第一项相对很小，适用于光滑管区。当 $Re$ 很大时，公式右边括号内第二项很小，这样它也适用于粗糙管区。也就是说，该式其实适用于工业管道紊流流态的三个阻力区，并与工业管道的实验结果符合较好。

为了简化计算，1944 年莫迪以式(4-29)为基础，绘制出工业管道的阻力系数变化曲线图，即莫迪图(图 4-12)。该图反映了工业管道的沿程阻力系数 $\lambda$ 的变化规律，在图上可以按管道中流体的雷诺数 $Re$ 和工业管道的当量相对粗糙度等直接查出 $\lambda$ 值，进而求出管道的沿程损失。

### 4.6.3 紊流沿程阻力系数的计算公式

综上所述，紊流流态影响沿程阻力系数 $\lambda$ 的因素很多，而且也比较复杂，因此到目前为止还不能从纯理论方面提出 $\lambda$ 的计算方法，只能根据实验资料结合理论分析总结出经验或半经验公式，这些公式尽管在理论上还不十分严密，但却都与实验结果符合较好，可以满足工程中水力计算要求，因而得到广泛应用。

#### 4.6.3.1 紊流光滑区

(1) 布拉修斯公式

$$\lambda = \frac{0.3164}{Re^{0.25}} \tag{4-30}$$

该公式在 $Re<10^5$ 范围内使用，准确度较高。

(2) 尼古拉兹光滑管公式

$$\frac{1}{\sqrt{\lambda}} = 2\lg\frac{Re\sqrt{\lambda}}{2.51} \tag{4-31}$$

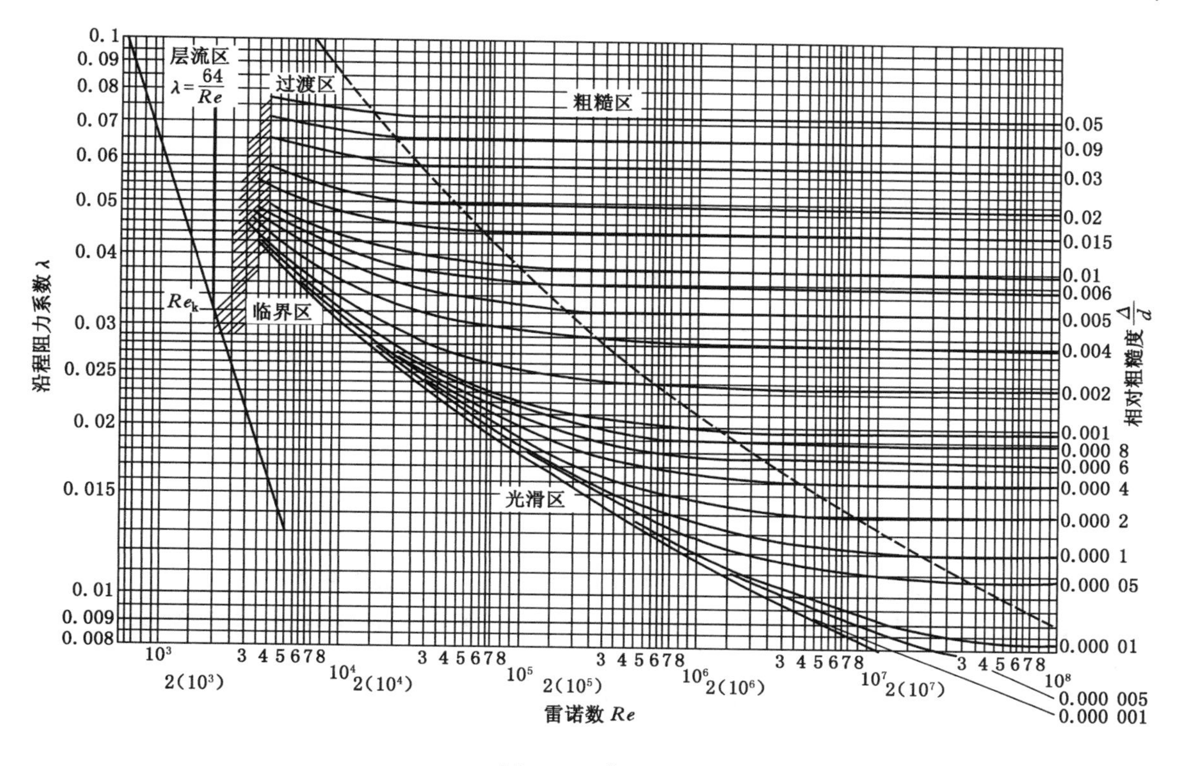


图 4-12　莫迪图

该公式为半经验公式，适用于 $Re<10^6$ 的范围内。

(3) 适用于硬聚乙烯给水管道的计算公式

$$\lambda=\frac{0.304}{Re^{0.239}} \tag{4-32}$$

该式是上海市政工程设计院在中国建设技术发展中心和哈尔滨工业大学建筑工程学院的配合下提出的 λ 的计算公式。该式适用于流速小于 3 m/s 的塑料管道。对于玻璃管和一些非碳钢类的金属管道，由于它们的内壁光滑，当流速小于 3 m/s 时，同样也可用该式计算 λ 值。

4.6.3.2　紊流过渡区

除上面提出的柯列勃洛克公式以外，还有下列公式：

(1) 莫迪公式

$$\lambda=0.0055\left[1+\left(20\,000\frac{\Delta}{d}+\frac{10^6}{Re}\right)^{\frac{1}{3}}\right] \tag{4-33}$$

该公式在 $Re=4\,000\sim10^7$、$\frac{\Delta}{d}\leqslant0.01$、$\lambda<0.05$ 时与柯氏公式相比较，误差不超过 5%。

(2) 阿里特苏里公式

$$\lambda=0.11\left(\frac{\Delta}{d}+\frac{68}{Re^{0.25}}\right) \tag{4-34}$$

该公式主要用于热水采暖管道的 λ 值的计算，并编有专用计算图表。

(3) 在给水管道中适用于旧钢管和旧铸铁管的舍维列夫公式

当 $v<1.2$ m/s 时(紊流过渡区),有:

$$\lambda = \frac{0.0179}{d^{0.3}} \times \left(1+\frac{0.867}{v}\right)^{0.3} \tag{4-35}$$

在给水工程中,使用金属管道考虑锈蚀的影响,锈蚀会使管壁粗糙度增大,为了保证计算可靠,钢管和铸铁管的阻力系数都按旧管的粗糙度考虑。

4.6.3.3 紊流粗糙管区

(1) 适用于旧钢管和旧铸铁管的舍维列夫公式

当 $v>1.2$ m/s 时(紊流粗糙管区),有:

$$\lambda = \frac{0.021}{d^{0.3}} \tag{4-36}$$

式中 $d$——管道内径,m。

(2) 希弗林逊公式

$$\lambda = 0.11\left(\frac{\Delta}{d}\right)^{0.25} \tag{4-37}$$

这是一个指数公式,由于形式简单、计算方便,因此,工程上经常采用。

**【例 4-4】** 在管径 $d=100$ mm、管长 $l=300$ m 的圆管中,流动着 10 ℃的水,其雷诺数 $Re=80\ 000$,试分别求下列三种情况下的水头损失:

(1) 管内壁为 $\Delta=0.15$ mm 的均匀砂粒的人工粗糙管;

(2) 为水力光滑铜管;

(3) 为工业管道,其当量粗糙度 $\Delta=0.15$ mm

**【解】** (1) 管内壁为 $\Delta=0.15$ mm 的均匀砂粒的人工粗糙管

根据 $Re=80\ 000$ 和 $\Delta/d=0.15/100=0.0015$,查图 4-10 尼古拉兹实验曲线得 $\lambda=0.02$。10 ℃时,$\nu=1.3\times10^{-6}$ m²/s。

根据 $Re=\frac{vd}{\nu}$,即 $80\ 000=\frac{v\times0.1}{1.3\times10^{-6}}$,得:

$$v = 1.04 \text{ m/s}$$

$$h_f = \lambda \frac{L}{d}\frac{v^2}{2g} = 0.02\times\frac{300}{0.1}\times\frac{1.04^2}{2\times9.8} \approx 3.31 \text{ (m)}$$

(2) 水力光滑铜管的沿程水头损失

在 $Re<10^5$ 时,可用布拉修斯公式:

$$\lambda = \frac{0.3164}{Re^{0.25}} = \frac{0.3164}{80\ 000^{0.25}} \approx 0.0188$$

$$h_f = \lambda \frac{L}{d}\frac{v^2}{2g} = 0.0188\times\frac{300}{0.1}\times\frac{1.04^2}{2\times9.8} \approx 3.11 \text{ (m)}$$

(3) $\Delta=0.15$ mm 的工业管道的沿程水头损失

根据莫迪图得 $\lambda\approx0.024$,则:

$$h_f = \lambda \frac{L}{d}\frac{v^2}{2g} = 0.024\times\frac{300}{0.1}\times\frac{1.04^2}{2\times9.8} \approx 3.97 \text{ (m)}$$

**【例 4-5】** 某铸铁输水管路,内径 $d=300$ mm,管长 $L=2\ 000$ m,流量 $Q=60$ L/s,试计算管路的沿程水头损失。

**【解】** (1) 判别流态

$$v=\frac{Q}{A}=\frac{Q}{\frac{\pi}{4}d^2}=\frac{0.06}{\frac{\pi}{4}\times 0.3^2}\approx 0.85\ (\mathrm{m/s})<1.2\ (\mathrm{m/s})$$

管中水流处于紊流过渡区。

(2) 计算 $\lambda$ 值

根据舍维列夫公式，当流速小于 1.2 m/s 时，有：

$$\lambda=\frac{0.0179}{d^{0.3}}\left(1+\frac{0.867}{v}\right)^{0.3}=\frac{0.0179}{0.3^{0.3}}\times\left(1+\frac{0.867}{0.85}\right)^{0.3}\approx 0.0317$$

(3) 计算 $h_f$ 值

$$h_f=\lambda\frac{L}{d}\frac{v^2}{2g}=0.0317\times\frac{2000}{0.3}\times\frac{0.85^2}{2\times 9.8}\approx 7.79\ (\mathrm{m})$$

## 4.7　非圆管流沿程损失的计算

前面已经研究了圆管内流体在两种不同流态时的沿程损失的计算方法。但是在工程中为了配合建筑结构或工艺上的需要，也常用到非圆形管道来输送流体。例如，通风及空调系统中的风道，有很多就是采用矩形断面。如何把已有圆管沿程损失的计算方法用于非圆管的计算呢？在工程中通常采用的方法是在阻力相同的条件下，从水力半径的概念出发，把非圆管折算成圆管来进行水力计算。

### 4.7.1　水力半径

管道对沿程损失的影响除了壁面的粗糙度之外，主要是体现在过流断面的面积和湿周（即流体与固体壁面接触的周界）两个水力要素上。当流量一定时，过流断面的大小决定管内流速的高低。而当流速不变时，湿周的大小又决定了流体与固体壁面的接触面积。前面的研究也证明了，紊流运动状态过流断面上流速的变化主要发生在与固体壁面接触的边界处，即流动阻力主要集中在边界附近。所以湿周大的断面，水头损失也大；而过流断面面积大的，单位时间通过的流量数量多，单位重量流体损失的能量小。因此，两个断面水力要素对流体能量损失的影响完全不同，而水力半径是一个基本上能反映过流断面和湿周对沿程损失影响的综合物理量，即有如下公式：

$$R=\frac{A}{\chi}$$

无论是圆管还是非圆管，只要两者流速相等，同时它们的水力半径也相等，两者在相同管长的条件下，沿程损失也相等。

圆管的水力半径：

$$R=\frac{A}{\chi}=\frac{\frac{\pi d^2}{4}}{\pi d}=\frac{d}{4}$$

边长分别为 $a$ 和 $b$ 的矩形断面水力半径：

$$R=\frac{A}{\chi}=\frac{ab}{2(a+b)}$$

### 4.7.2　当量直径

根据以上分析，我们引入当量直径的概念。当量直径是指与非圆形管道水力半径相同的圆形管道的直径。例如，非圆形管道的水力半径为 $R$，即：

$$R = R_{圆} = \frac{d}{4}$$

$$d_e = d = 4R \tag{4-38}$$

式中　$d_e$——非圆形管道的当量直径。

式(4-38)为非圆形管道当量直径的计算公式。该式表明，非圆形管道的当量直径等于该管道水力半径的 4 倍。

如边长分别为 $a$、$b$ 的矩形管道，其当量直径为：

$$d_e = 4R = 4\frac{ab}{2(a+b)} = \frac{2ab}{a+b}$$

同样，可得正方形管道的当量直径为：

$$d_e = 4R = 4\frac{a^2}{4a} = a$$

式中　$a$——正方形的边长。

有了当量直径，就可以利用前面介绍的圆管能量损失的计算公式和图表来进行非圆管的沿程损失计算，即：

$$h_f = \lambda \frac{L}{d_e}\frac{v^2}{2g}$$

当然也可以用当量相对粗糙度$\frac{\Delta}{d_e}$代入相应的沿程阻力系数计算公式来计算 $\lambda$ 值。

判别非圆管流态的临界雷诺数可以用该管道的水力半径 $R$ 计算：

$$Re_k = \frac{vR}{\nu}$$

非圆管的临界雷诺数 $Re_k = 500$。

也可以用非圆管折算的当量直径计算：

$$Re_k = \frac{vd_e}{\nu} = \frac{v(4R)}{\nu}$$

该临界雷诺数仍然等于 2 000。

但是需要强调的是，采用当量直径计算非圆管沿程损失的方法并不适用于所有情况。计算时要注意以下两个方面：

(1) 实验证明，形状与圆管差异很大的非圆管，如长条缝形断面($\frac{b}{a} > 8$)，应用当量直径计算会产生较大误差。也就是说，非圆管断面的形状与圆形的偏差越小，计算的准确性越高。

(2) 用当量直径来计算非圆管能量损失只能适用于紊流流态，而不适用于层流。这是因为紊流的流速变化主要集中在管壁附近，而层流过流断面上切应力是按线性规律分布的，这样用湿周的大小作为影响能量损失的主要外部条件是不充分的，所以在层流中应用当量直径的方法计算就会存在很大误差。

**【例 4-6】**　一个钢板制风道，断面尺寸：宽 $b = 0.6$ m、高 $a = 0.4$ m，风道内风速 $v = 10$ m/s，空气温度 $t = 20$ ℃，风道长 100 m，求风道压强损失是多少？

**【解】**　计算风道当量直径：

$$d_e = \frac{2ab}{a+b} = \frac{2\times 0.4\times 0.6}{0.4+0.6} = 0.48\ (\text{m})$$

$t=20$ ℃时空气的运动黏度 $\nu=15.7\times 10^{-6}\ \text{m}^2/\text{s}$。

计算管内雷诺数：

$$Re = \frac{vd_e}{\nu} = \frac{10\times 0.48}{15.7\times 10^{-6}} \approx 3.1\times 10^5$$

查表4-1，取 $\Delta=0.15$ mm，则有：

$$\frac{\Delta}{d_e} = \frac{0.000\ 15}{0.48} = 3.125\times 10^{-4}$$

由莫迪图查得 $\lambda=0.015\ 2$，则有：

$$p_f = \lambda \frac{L}{d}\frac{\rho v^2}{2} = 0.015\ 2\times \frac{100}{0.48}\times \frac{1.2\times 10^2}{2} = 190\ (\text{N/m}^2)$$

## 4.8　局部损失的计算与减阻措施

我们已经在前面研究了沿程损失的计算方法，但这些计算只适用于过流断面的大小及形状沿程不变的均匀流管道。而实际管道中还要安装弯头、三通、闸阀、变径管等管道配件，流体流经这些配件处时，由于固体边壁或流量的改变，使均匀流状态发生变化，从而引起流速的方向、大小以及断面流速分布的变化，因而在局部管件处会产生集中的局部阻力。流体因克服局部阻力所引起的能量损失，称为局部损失。

管道中产生局部损失的管道配件种类繁多、形状各异，再加上由于边界面的变化，使流体流动发生急剧变形，因此大多数局部阻碍的能量损失计算，无法从理论上进行推导和证明，必须通过实验来测定局部阻力系数，以解决管路中的水力计算问题。

下面就局部损失的规律进行一些定性的分析，并通过对断面突然扩大这种可以通过理论计算得出局部损失的配件为例，导出局部损失的计算公式。

### 4.8.1　局部损失产生的原因

局部损失与沿程损失一样，流态对局部阻力会产生很大的影响，但要使流体在流经管道配件处受到固体边壁强烈干扰的情况下仍能保持层流，就要求 $Re$ 远比2 000小。而实际管道中，这种情况是极少出现的。所以我们只介绍紊流的局部损失。图4-13所示为流体通过一些常见管道配件时的流动情况。由图中情况分析引起局部损失的原因，主要有以下两个方面：

(1) 流体流过管道配件时，由于惯性作用，流体不能随边界条件的突然变化而改变方向，致使主流与固体壁面分离，从而在主流边界与固体壁面之间形成旋涡区。在旋涡区内流体做回转运动要消耗能量，同时形成的旋涡又不断被主流带走，并随之扩散，又会加大主流的紊流强度，增加阻力。

(2) 由于固体边界的突然变化，造成主流流速分布的迅速重新改组和流体质点的剧烈变形，致使流体流动中的黏性阻力和惯性阻力都显著增大，也会造成一定的水头损失。

对各种局部阻碍处产生能量损失的原因进行对比后可以发现，无论是改变流速的大小还是改变方向，局部损失在很大程度上取决于旋涡区的大小。如果固体边壁的变化仅使流

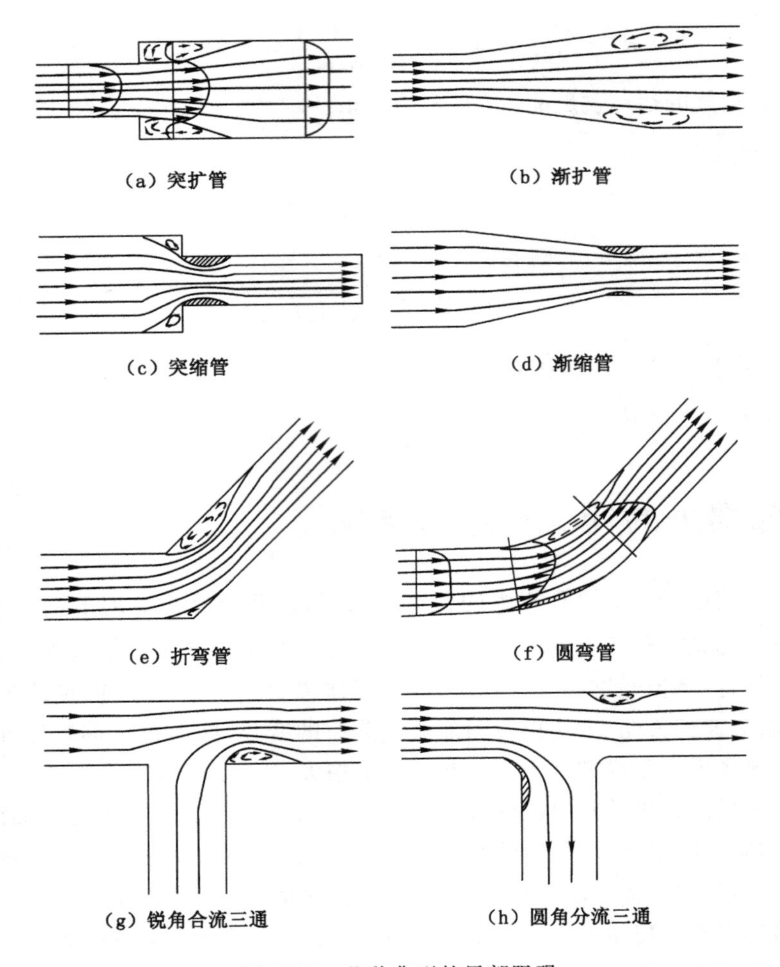


图 4-13　几种典型的局部阻碍

体质点变形和流速分布重新改组,而不出现旋涡区,其局部损失一般都比较小。

### 4.8.2　圆管突然扩大的局部损失

管道上安装的管件种类较多、形态各异,少数外形简单的局部管件,可以从理论上推导求得阻力系数。突然扩大管就是其中一种。

图 4-14 所示为一个圆管突然扩大的局部管件,可以应用恒定流能量方程式和动量方程式推导其局部损失的计算公式,有:

$$h_{\mathrm{j}}=\frac{(v_1-v_2)^2}{2g} \tag{4-39}$$

上式称为包达定理。该定理说明,在无弹性碰撞时,动能损失(即水头损失)等于按速度损失(即前后的速度差)计算的动能。由此可见,当水流断面突然扩大时,所引起的水头损失同水流冲击有关,因 $v_1>v_2$,所以上游水流对下游水流形成冲击。

根据连续性方程式:

$$v_2=v_1\frac{A_1}{A_2}\quad 或 \quad v_1=v_2\frac{A_2}{A_1}$$

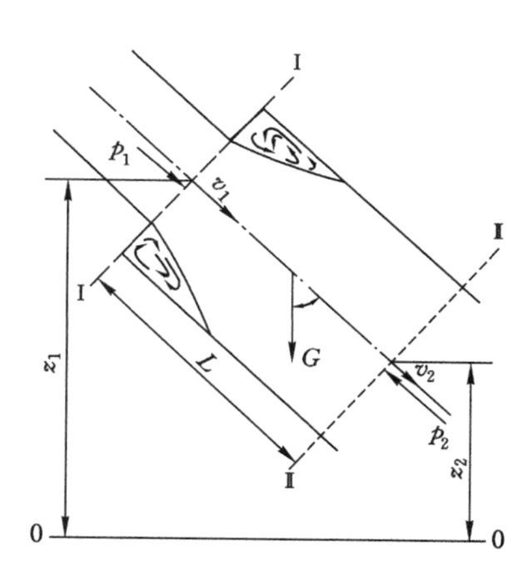


图4-14 突然扩大管

把它们分别代入式(4-39)可得：

$$\begin{cases} h_j = \left(1 - \dfrac{A_1}{A_2}\right)^2 \dfrac{v_1^2}{2g} = \zeta_1 \dfrac{v_1^2}{2g} \\ h_j = \left(\dfrac{A_2}{A_1} - 1\right)^2 \dfrac{v_2^2}{2g} = \zeta_2 \dfrac{v_2^2}{2g} \end{cases} \tag{4-40}$$

所以突然扩大管的局部阻力系数为：

$$\zeta_1 = \left(1 - \frac{A_1}{A_2}\right)^2 \quad 或 \quad \zeta_2 = \left(\frac{A_2}{A_1} - 1\right)^2$$

突然扩大管前后有两个不同的平均流速，因而有两个相应的阻力系数。计算时必须注意，应当使选用的阻力系数与流速水头相对应。

通过以上分析，我们得出了圆管突然扩大局部水头损失的计算公式。对于其他大多数类型的管件的水头损失，目前还不能用理论方法推导。但各种类型局部水头损失的基本特征有共同点，所以工程中采用共同的通用计算公式，即：

$$h_j = \zeta \frac{v^2}{2g}$$

对于气体管路，上式可改写为：

$$p_j = \gamma h_j = \zeta \frac{v^2}{2g}\gamma = \zeta \frac{\rho v^2}{2}$$

式中 $h_j$——局部水头损失，m；

$p_j$——局部压头损失，Pa；

$\zeta$——局部阻力系数；

$v$——与局部阻力系数相对应的断面平均流速，m/s。

表4-2列出了常用各种管件的局部阻力系数$\zeta$值。

应当注意，表4-2中的$\zeta$值都是针对某一过流断面平均流速而言的。因此，在计算局部损失时，必须使查得的$\zeta$值与表中所指的断面平均流速相对应，凡未标明者，均应采用局部管件以后的流速。

**表 4-2　常见管路的局部阻力系数值**

<table>
<tr><th>序号</th><th>名称</th><th>示意图</th><th>ζ值及其说明</th></tr>
<tr><td>1</td><td>断面突然扩大</td><td> 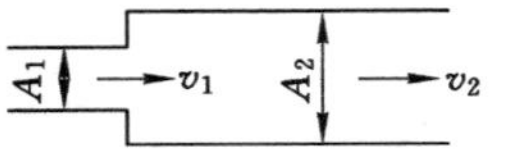</td><td>$\zeta'=\left(\frac{A_2}{A_1}-1\right)^2$ (应用 $h_j=\zeta'\frac{v_2^2}{2g}$)<br>$\zeta=\left(1-\frac{A_1}{A_2}\right)^2$ (应用 $h_j=\zeta\frac{v_1^2}{2g}$)</td></tr>
<tr><td>2</td><td>圆形渐扩管</td><td> 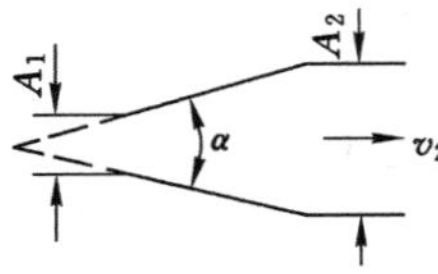</td><td>$\zeta=k\left(\frac{A_2}{A_1}-1\right)^2$ (应用 $h_j=\zeta\frac{v_2^2}{2g}$)<br><table><tr><td>α</td><td>8°</td><td>10°</td><td>12°</td><td>15°</td><td>20°</td><td>25°</td></tr><tr><td>k</td><td>0.14</td><td>0.16</td><td>0.22</td><td>0.30</td><td>0.42</td><td>0.62</td></tr></table></td></tr>
<tr><td>3</td><td>断面突然缩小</td><td> 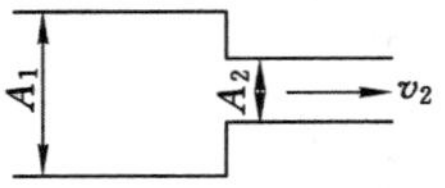</td><td>$\zeta=0.5\left(1-\frac{A_2}{A_1}\right)$ (应用 $h_j=\zeta\frac{v_2^2}{2g}$)</td></tr>
<tr><td>4</td><td>圆形渐缩管</td><td> 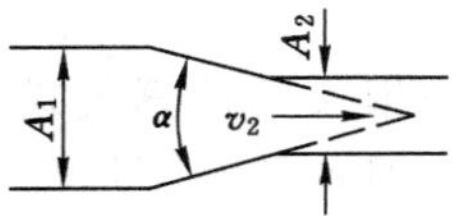</td><td>$\zeta=k_1\left(\frac{1}{k_2}-1\right)^2$ (应用 $h_j=\zeta\frac{v_2^2}{2g}$)<br><table><tr><td>α</td><td>10°</td><td>20°</td><td>40°</td><td>60°</td><td>80°</td><td>100°</td></tr><tr><td>$k_1$</td><td>0.40</td><td>0.25</td><td>0.20</td><td>0.20</td><td>0.30</td><td>0.40</td></tr></table><br><table><tr><td>$A_2/A_1$</td><td>0.1</td><td>0.3</td><td>0.5</td><td>0.7</td><td>0.9</td></tr><tr><td>$k_2$</td><td>0.40</td><td>0.36</td><td>0.30</td><td>0.20</td><td>0.10</td></tr></table></td></tr>
<tr><td>5</td><td>管道进口</td><td> 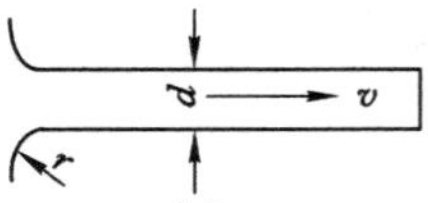(a)<br> 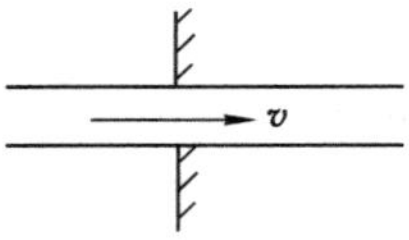(b)</td><td>圆形喇叭口，$\zeta=0.05$<br>安全修圆，$\frac{r}{d}\geqslant 0.15$，$\zeta=0.10$<br>稍加修圆，$\zeta=0.20\sim0.25$<br>直角进口，$\zeta=0.50$<br>内插进口，$\zeta=1.0$</td></tr>
</table>

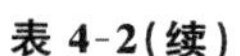

表 4-2(续)

<table>
<tr><th>序号</th><th>名称</th><th>示意图</th><th>$\zeta$ 值及其说明</th></tr>
<tr><td rowspan="2">6</td><td rowspan="2">管道出口</td><td>(a)</td><td>流入渠道，$\zeta=\left(1-\frac{A_1}{A_2}\right)^2$</td></tr>
<tr><td>(b)</td><td>流入水池，$\zeta=1.0$</td></tr>
<tr><td>7</td><td>折管</td><td></td><td>圆形<br><table><tr><td>$\alpha$</td><td>10°</td><td>20°</td><td>30°</td><td>60°</td><td>80°</td><td>90°</td></tr><tr><td>$\zeta$</td><td>0.04</td><td>0.1</td><td>0.2</td><td>0.55</td><td>0.90</td><td>1.10</td></tr></table>矩形<br><table><tr><td>$\alpha$</td><td>15°</td><td>30°</td><td>45°</td><td>65°</td><td>90°</td></tr><tr><td>$\zeta$</td><td>0.025</td><td>0.11</td><td>0.26</td><td>0.49</td><td>1.20</td></tr></table></td></tr>
<tr><td>8</td><td>弯管</td><td></td><td>$\alpha=90°$<br><table><tr><td>$d/R$</td><td>0.2</td><td>0.4</td><td>0.6</td><td>0.8</td><td>1.0</td></tr><tr><td>$\zeta$</td><td>0.132</td><td>0.138</td><td>0.158</td><td>0.206</td><td>0.294</td></tr><tr><td>$d/R$</td><td>1.2</td><td>1.4</td><td>1.6</td><td>1.8</td><td>2.0</td></tr><tr><td>$\zeta$</td><td>0.440</td><td>0.660</td><td>0.976</td><td>1.406</td><td>1.975</td></tr></table></td></tr>
<tr><td>9</td><td>缓弯管</td><td></td><td>$\alpha$ 为任意角度，$\zeta=k\zeta_{90°}$<br><table><tr><td>$\alpha$</td><td>20</td><td>40</td><td>60</td><td>90</td><td>120</td><td>180</td></tr><tr><td>$k$</td><td>0.47</td><td>0.66</td><td>0.82</td><td>1.00</td><td>1.16</td><td>1.41</td></tr></table></td></tr>
<tr><td>10</td><td>分岔管</td><td></td><td>$\zeta_{1-3}=2, h_{j1-3}=2\frac{v_3^2}{2g}, h_{j1-2}=\frac{v_1^2-v_2^2}{2g}$</td></tr>
</table>

表 4-2(续)

<table>
<tr><th>序号</th><th>名称</th><th>示意图</th><th>ζ值及其说明</th></tr>
<tr><td>11</td><td>分岔管</td><td> 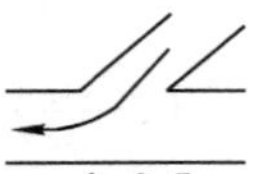ζ=0.5 <br>ζ=1.0 </td><td>ζ=3.0 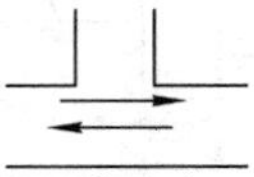<br>ζ=0.1 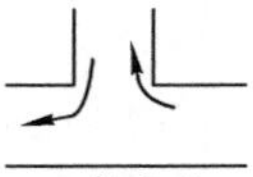<br>ζ=1.5</td></tr>
<tr><td>12</td><td>板式阀门</td><td> 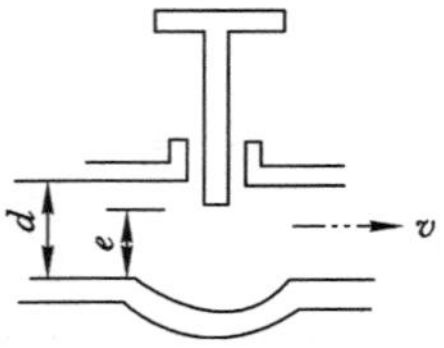</td><td>
<table>
<tr><td>e/d</td><td>0</td><td>0.125</td><td>0.2</td><td>0.3</td><td>0.4</td><td>0.5</td></tr>
<tr><td>ζ</td><td>∞</td><td>97.3</td><td>35.0</td><td>10.0</td><td>4.60</td><td>2.06</td></tr>
<tr><td>e/d</td><td>0.6</td><td>0.7</td><td>0.8</td><td>0.9</td><td>1.0</td><td></td></tr>
<tr><td>ζ</td><td>0.98</td><td>0.44</td><td>0.17</td><td>0.06</td><td>0</td><td></td></tr>
</table></td></tr>
<tr><td>13</td><td>蝶阀</td><td></td><td>
<table>
<tr><td>α</td><td>5°</td><td>10°</td><td>15°</td><td>20°</td><td>25°</td><td>30°</td></tr>
<tr><td>ζ</td><td>0.25</td><td>0.52</td><td>0.90</td><td>1.54</td><td>2.51</td><td>3.91</td></tr>
<tr><td>α</td><td>35°</td><td>40°</td><td>45°</td><td>50°</td><td>55°</td><td>60°</td></tr>
<tr><td>ζ</td><td>6.22</td><td>10.8</td><td>18.7</td><td>32.6</td><td>58.8</td><td>118</td></tr>
<tr><td>α</td><td>65°</td><td>70°</td><td>90°</td><td colspan="3">全开</td></tr>
<tr><td>ζ</td><td>256</td><td>751</td><td>∞</td><td colspan="3">0.1～0.3</td></tr>
</table></td></tr>
<tr><td>14</td><td>截止阀</td><td></td><td>
<table>
<tr><td>d/cm</td><td>15</td><td>20</td><td>25</td><td>30</td><td>35</td><td>40</td><td>50</td><td>≥60</td></tr>
<tr><td>ζ</td><td>6.5</td><td>5.5</td><td>4.5</td><td>3.5</td><td>3.0</td><td>2.5</td><td>1.8</td><td>1.7</td></tr>
</table></td></tr>
<tr><td>15</td><td>滤水网</td><td>无底阀 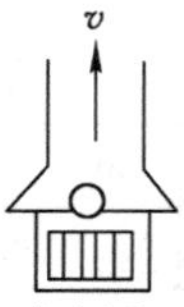　有底阀</td><td>无底阀，ζ=2～3<br>有底阀：
<table>
<tr><td>d/cm</td><td>4.0</td><td>5.0</td><td>7.5</td><td>10</td><td>15</td><td>20</td></tr>
<tr><td>ζ</td><td>12</td><td>10</td><td>8.5</td><td>7.0</td><td>6.0</td><td>5.2</td></tr>
<tr><td>d/cm</td><td>25</td><td>30</td><td>35</td><td>40</td><td>50</td><td>75</td></tr>
<tr><td>ζ</td><td>4.4</td><td>3.7</td><td>3.4</td><td>3.1</td><td>2.5</td><td>1.6</td></tr>
</table></td></tr>
</table>

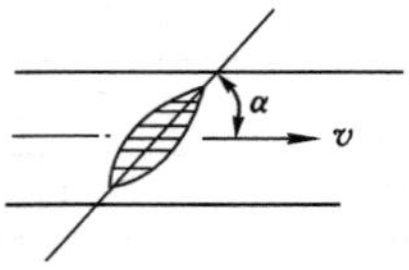

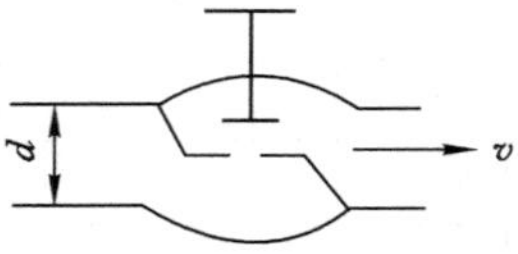

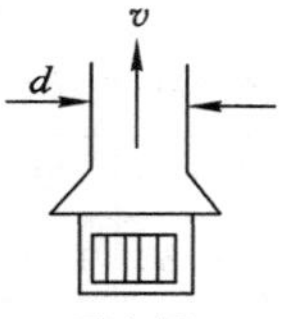

**【例 4-7】** 如图 4-15 所示，水从一水箱经过两段水管流入另一水箱，已知 $d_1=15$ cm，$l_1=30$ m，$\lambda_1=0.03$，$H_1=5$ m，$d_2=25$ cm，$l_2=50$ m，$\lambda_2=0.025$，$H_2=3$ m。水箱尺寸很大，箱内水面保持恒定，如考虑沿程水头损失和局部水头损失，试求其流量。

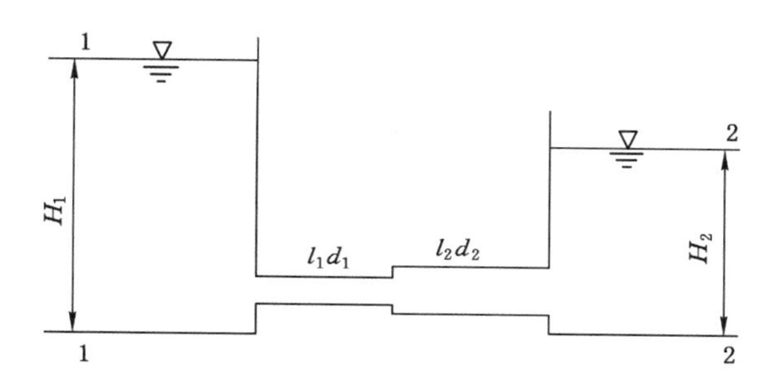


图 4-15　水箱对流示意图

**【解】** 取断面 1—1、2—2，以水箱底面作为基准面，对断面 1—1 和 2—2 列伯努利方程：

$$H_1+\frac{p_1}{\gamma}+\frac{\alpha v_1^2}{2g}=H_2+\frac{p_2}{\gamma}+\frac{\alpha v_2^2}{2g}+h_w$$

因为 $p_1=p_2=0$，略去水箱中的行近流速，则有：

$$H_1=H_2+h_w$$

又因为：

$$\begin{aligned}h_w&=\sum h_f+\sum h_j\\&=\lambda_1\frac{l_1}{d_1}\frac{v_1^2}{2g}+\lambda_2\frac{l_2}{d_2}\frac{v_2^2}{2g}+\zeta_{进口}\frac{v_1^2}{2g}+\zeta_{突扩}\frac{v_1^2}{2g}+\zeta_{出口}\frac{v_2^2}{2g}\end{aligned}$$

由连续性方程得：

$$v_2=\frac{A_1}{A_2}v_1=\left(\frac{d_1}{d_2}\right)^2v_1$$

$$\zeta_{突扩}=\left(1-\frac{A_1}{A_2}\right)^2=\left(1-\frac{d_1^2}{d_2^2}\right)^2$$

所以得：

$$h_w=\left[\lambda_1\frac{l_1}{d_1}+\lambda_2\frac{l_2}{d_2}\frac{d_1^4}{d_2^4}+\zeta_{进口}+\left(1-\frac{d_1^2}{d_2^2}\right)^2+\zeta_{出口}\frac{d_1^4}{d_2^4}\right]\frac{v_1^2}{2g}$$

将$\zeta_{进口}=0.5$ 及$\zeta_{出口}=1.0$ 代入上式得：

$$\begin{aligned}h_w&=\left[0.003\times\frac{30}{0.15}+0.025\times\frac{50}{0.25}\frac{0.15^4}{0.25^4}+0.5+\left(1-\frac{0.15^2}{0.25^2}\right)^2+1.0\times\frac{0.15^4}{0.25^4}\right]\frac{v_1^2}{2g}\\&=2.29\frac{v_1^2}{2g}\end{aligned}$$

从而有：

$$v_1=\sqrt{\frac{2g(H_1-H_2)}{2.29}}=\sqrt{\frac{2\times9.8\times(5-2)}{2.29}}\approx5.07\ (\mathrm{m/s})$$

$$Q=v_1A_1=5.07\times\frac{3.14}{4}\times0.15^2\approx0.09\ (\mathrm{m^3/s})$$

### 4.8.3　局部阻力之间的相互干扰

以上给出的局部阻力系数 $\zeta$ 值，是在局部阻碍前后都有足够长的直管段的条件下，由实验得到的。测得的局部损失也不仅仅是局部阻碍范围内的损失，还包括下游一段长度上因紊流脉动加剧而引起的附加损失。如果局部阻碍之间相距很近,流出前一个局部阻碍的流动在流速分布和紊流脉动还未达到正常均匀流之前又流入后一个局部阻碍,这样连在一起的两个局部阻碍的阻力系数不等于正常条件下两个局部阻碍的阻力系数之和。

实验研究表明,如果局部阻碍直接连接,相互干扰的结果就是局部损失可能出现大幅度地增大或减小,变化幅度约为所有单个正常局部损失总和的 0.5～3 倍。同时实验发现,如果各局部阻碍之间都有一段长度不小于 3 倍直径的连接管,干扰的结果将使总的局部损失小于按正常条件下算出的各局部损失的叠加。

### 4.8.4 减小阻力的措施

减小流体的流动阻力一直是工程流体力学的一个重要课题。减小流动阻力对节约电源、降低系统运行成本、改善系统运行状况都具有重大的实际意义。

减小管中流体运动的阻力有两种完全不同的方式:一是通过改变流体外部的边界、改善边壁对流动的影响来减小局部阻力;二是通过流体中加入少量添加剂,使其影响流体运动的内部结构实现减阻的目的。本节只介绍改善边壁的减阻措施。

(1) 减小沿程阻力的措施

① 采用壁面光滑的管材,或设法在较粗糙的管内壁喷涂材料,使其表面粗糙度降低。这是因为紊流粗糙区与紊流过渡区,沿程阻力系数均与管材的相对粗糙度有关。

② 用柔性边壁代替刚性边壁。水槽中的拖曳实验证明高雷诺数下的柔性平板的摩擦阻力比刚性平板小 50%,对安放在另一管道中的弹性软管进行阻力实验,两管间的环形空间充满液体,结果比同样条件下刚性管道的沿程阻力小 35%。环形空间内液体的黏性越大,软管的管壁越薄,减阻效果越好,如目前工程中大量推广采用各种塑料管材,如 UPVC 管、PPR 管、铝塑复合管等,这类管材无论是在粗糙度、阻力特性、施工安装方便性等方面均优于钢铁管材。

③ 采用经济合理的流速。由前已知,流动阻力总是与流速的平方成正比,因此,减小流速可减少沿程与局部水头损失。但是较低的流速必然导致过流流量减少,或者说,在一定流量下,管道断面增大,从而引起管材的投资增大,因此,经济合理的流速既要考虑流动阻力不要太大,以免增加流体输送机械的运行动力消耗,又不致使管材的初投资太大,同时也要考虑技术上合理。

(2) 减小局部阻力的措施

减小紊流局部阻力的着眼点在于防止或推迟流体与壁面的分离,避免旋涡区的产生或减小旋涡区的范围与强度。下面举例说明常用配件选择应注意的问题。

① 管道进口

对管道进口,应尽量选用弧形或锥形,避免采用直管进口,如图 4-16 所示,平顺的管道进口比直管进口可减小局部损失 90%以上。

② 变径

管道变径最好采用扩散角在 5°～8°的渐扩或渐缩管,尽量避免采用突然扩大或突然缩小的管道。渐扩管的阻力系数随扩散角的大小而变化,如渐扩管制成如图 4-17(a)所示的形式,其阻力系数大约可减小一半左右。对突然扩大的管件如制成如图 4-17(b)所示的台阶式,阻力系数也能有所减小。

③ 弯管

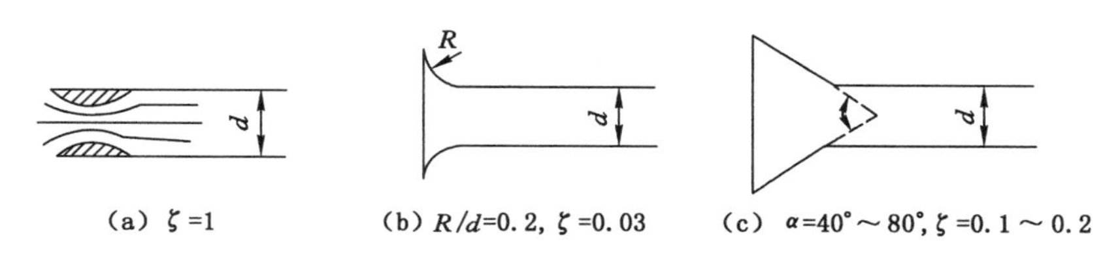


图 4-16 几种管道进口的阻力系数

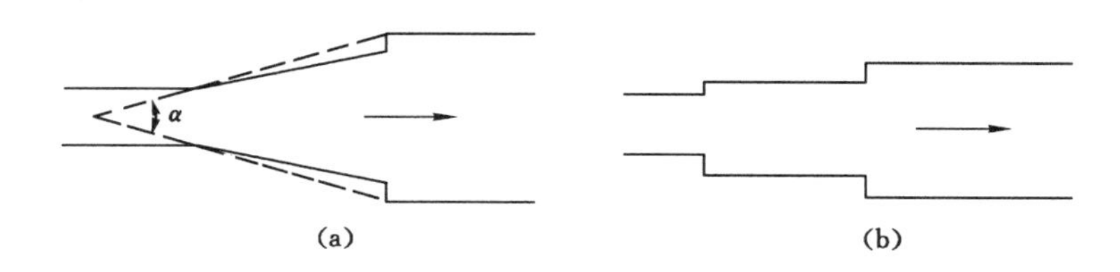


图 4-17 复合式渐扩管和台阶式突扩管

尽量采用弧形弯管，而避免采用直角弯管。如由于安装位置限制，确实需要采用直角弯管或小弯曲半径时，在通风管道中可在弯管内加导流叶片，如图 4-18 所示

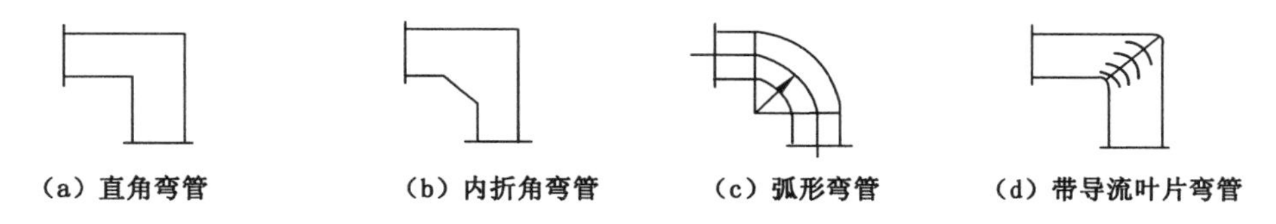


图 4-18 几种风道弯管

弯管的阻力系数在一定范围内随曲率半径尺寸的增大而减小。表 4-3 给出了 90°弯管在不同的 $R/d$ 时的 $\zeta$ 值。由表 4-3 可以看出，在 $R/d<1$ 时，$\zeta$ 值随 $R/d$ 的增大而急剧减小。但在 $R/d>3$ 之后，$\zeta$ 值又随 $R/d$ 的增大而增大。这是因为随 $R/d$ 的增大，弯管长度增加，管道的摩阻增加，所以弯管尺寸最好选在$(1\sim4)d$ 的范围内。

**表 4-3 不同 $R/d$ 时的 $\zeta$ 值($Re=10^6$)**

| $R/d$ | 0 | 0.5 | 1 | 2 | 3 | 4 | 6 | 10 |
|---|---|---|---|---|---|---|---|---|
| $\zeta$ | 1.14 | 1.00 | 0.246 | 0.159 | 0.145 | 0.167 | 0.20 | 0.24 |

④ 三通

尽可能地减小支管与合流管之间的夹角，如将正三通改为斜三通或顺流三通，都能改进三通的工作，减小局部阻力系数。尽量采用顺流三通，并使 $R/d>1$，避免采用 T 形三通，在设计中，应尽能使两分支的流速相近，以免产生引射现象，因为引射引起的两分支的总阻力大于不产生引射两分支的总阻力。对大型风道，如安装位置受限，不能采用顺流三通，可采用斜角的 T 形三通，或在三通内加导流叶片。

⑤ 配件间的合理衔接

配件之间的不合理衔接，会使局部阻力增加很多，如既要转 90°弯又要扩大断面，应先扩大断面再转弯。实验证明，先弯后扩的水头损失为先扩后弯水头损失的 4 倍。又如在风机与水泵出口后管道要改变方向，采用弯管转向时，弯管的弯曲方向要与风机水泵的旋转方向相同。如多台泵与风机并联安装，其出口管与母管连接的三通应采用顺流三通，这是由于出口存在旋流，出口流速及压强较大，此接法可大大减小旋涡与碰撞损失，从而大大降低了总水头损失，如图 4-19 所示。

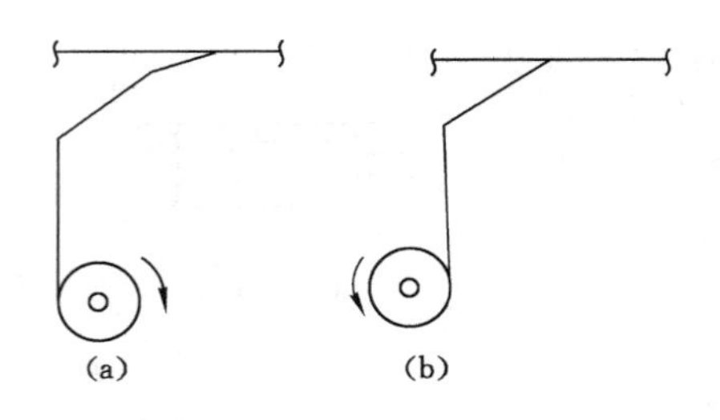


图 4-19　水泵风机的出口连接

## 思考与练习

4-1　能量损失有几种形式？产生能量损失的物理原因是什么？

4-2　什么是层流和紊流？怎样判别水流的流态？

4-3　紊流不同阻力区沿程阻力系数的影响因素有何不同？

4-4　什么是当量粗糙度？

4-5　造成局部水头损失的主要原因是什么？减少局部损失的基本方法是什么？

4-6　为什么在一根绝对粗糙度 $\Delta$ 一定的管道中，既可能是水力光滑管，也可能是水力粗糙管？

4-7　直径为 $d$、长度为 $l$ 的管道，通过恒定的流量 $Q$，试问：

(1) 当流量增大时，沿程阻力系数 $\lambda$ 如何变化？

(2) 当流量增大时，沿程水头损失 $h_f$ 如何变化？

4-8　试求图 4-20 中三种过流断面的水力半径？

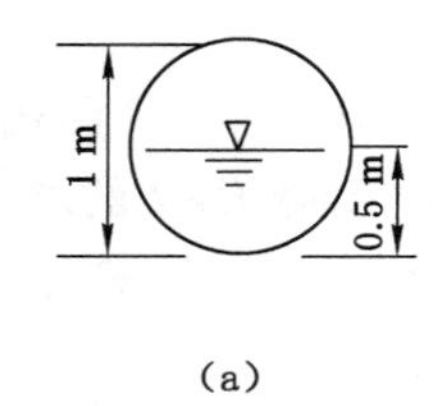


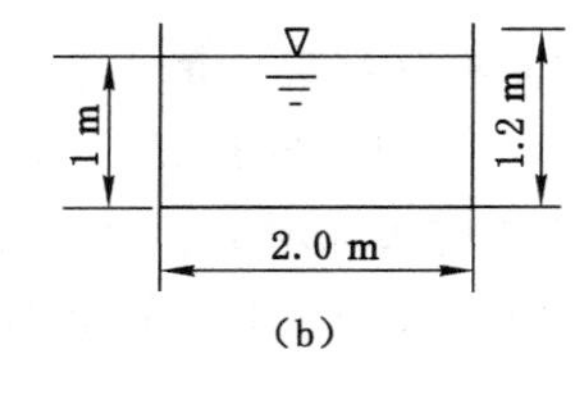


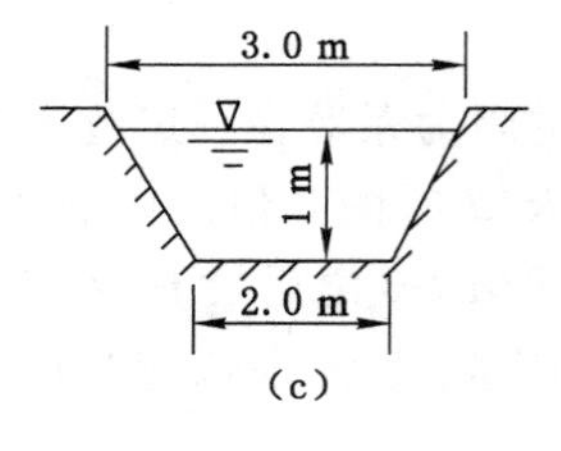


图 4-20　题 4-8 图

4-9　某管道直径 $d=50$ mm，通过温度为 10 ℃的燃油，燃油的运动黏滞系数 $\nu=5.16\times10^{-6}\ \mathrm{m^2/s}$，试求保持层流状态的最大流量 $Q_{max}$。

4-10　水流经变断面管道，已知小管径为 $d_1$，大管径为 $d_2$，且 $d_2/d_1=2$。试问哪个断面的雷诺数大？两断面雷诺数的比值 $Re_1/Re_2$ 是多少？

4-11　一矩形断面小排水沟，水深 $h=15$ cm，底宽 $b=20$ cm，流速 $v=0.15$ m/s，水温为 15 ℃，试判别其流态。

4-12　设圆管直径 $d=2$ cm，断面平均流速 $v=0.1$ m/s，水温 $t=10$ ℃，运动黏度 $\nu=1.31\times10^{-6}\ \mathrm{m^2/s}$。试求在管长 $l=20$ m 流段上的沿程水头损失。

4-13　利用圆管层流 $\lambda=\dfrac{64}{Re}$、水力光滑区 $\lambda=\dfrac{0.3164}{Re^{0.25}}$ 和粗糙区 $\lambda=0.11\left(\dfrac{\Delta}{d}\right)^{0.25}$ 这三个公式，论证在层流区 $h_1\propto v$、光滑区 $h_1\propto v^{1.75}$、粗糙区 $h_1\propto v^2$。

4-14 铸铁管管径 $d=300$ mm，通过流量 $Q=50$ L/s，试用舍维列夫公式求沿程阻力系数 $\lambda$ 及每千米长的沿程水头损失。

4-15 长度 10 m、直径 $d=50$ mm 的水管，在流动处于粗糙区，测得流量为 4 L/s 的沿程水头损失 1.2 m，水温为 20 ℃，求该种管材的 $\Delta$ 值。

4-16 如图 4-21 所示，矩形风道的断面尺寸为 1 200 mm×600 mm，风道内空气的温度为 45 ℃，流量为 42 000 $m^3/h$，今用酒精微压计测风道水平段 $A$、$B$ 两点的压差，读值 $a=7.5$ mm，已知 $\alpha=30°$，$l_{AB}=12$ m，酒精的密度 $\rho=860$ $kg/m^3$，试求风道的沿程阻力系数 $\lambda$。

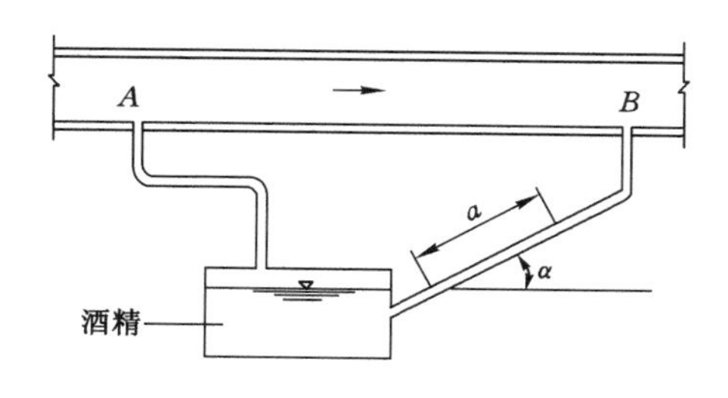


图 4-21 题 4-16 图

4-17 为测定 90°弯头的局部阻力系数 $\zeta$，可采用如图 4-22 所示的装置。已知 $AB$ 段的管长 $l=10$ m，管径 $d=50$ mm，$\lambda=0.03$。实测数据为：$A$、$B$ 两断面测压管水头差 $\Delta h=0.629$ m；经 2 min 流入量水箱的水量为 0.329 $m^3$。求弯头的局部阻力系数 $\zeta$。

4-18 从水箱中引出一直径不同的管路，如图 4-23 所示。已知 $d_1=175$ mm，$l_1=30$ m，$\lambda_1=0.032$，$d_2=125$ mm，$l_2=20$ m，$\lambda_2=0.037$，第二段管子上有一平板闸阀，其开度为 $e/d=0.5$，当输送流量为 $Q=25$ L/s 时，求沿程水头损失 $\sum h_f$、局部水头损失 $\sum h_j$ 和水箱的水头 $H$。

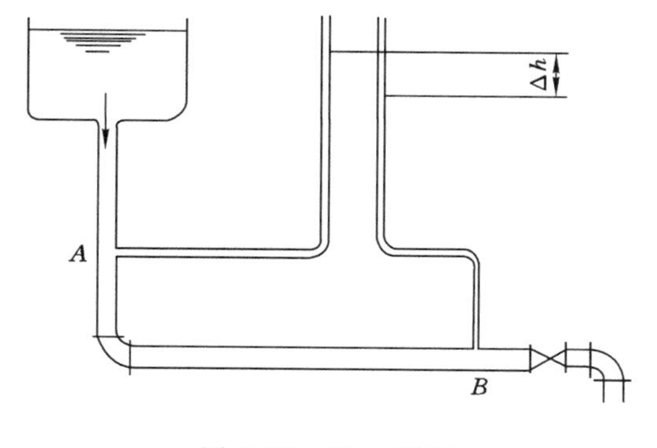


图 4-22 题 4-17 图

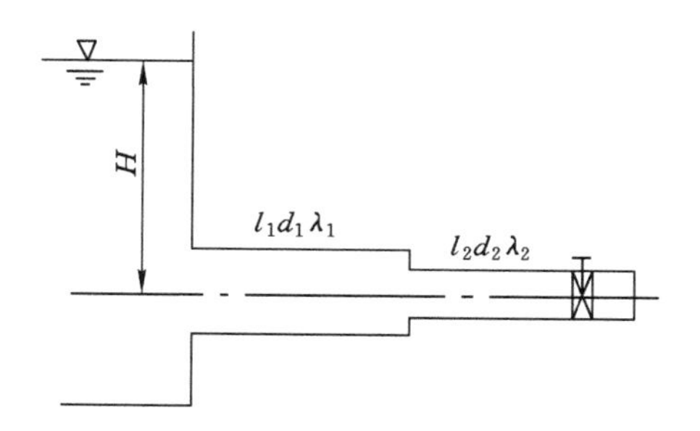


图 4-23 题 4-18 图

4-19 如图 4-24 所示，水从 A 水箱经底部连接管流入 B 水箱，已知钢管直径 $d=100$ mm，长度 $l=50$ m，流量 $Q=0.031\ 4$ $m^3/s$，转弯半径 $R=200$ mm，折角 $\alpha=30°$，板式阀门相对开度 $e/d=0.6$，待水位静止后，试求两水箱的水面差。

4-20 如图 4-25 所示，为测定阀门的局部阻力系数 $\zeta$，在阀门的上、下游装了 3 个测压管，其间距 $l_1=1$ m，$l_2=2$ m。若管道直径 $d=50$ mm，流速 $v=3$ m/s，测压管水头差 $\Delta h_1=250$ mm，$\Delta h_2=850$ mm，试求阀门的局部阻力系数 $\zeta$。

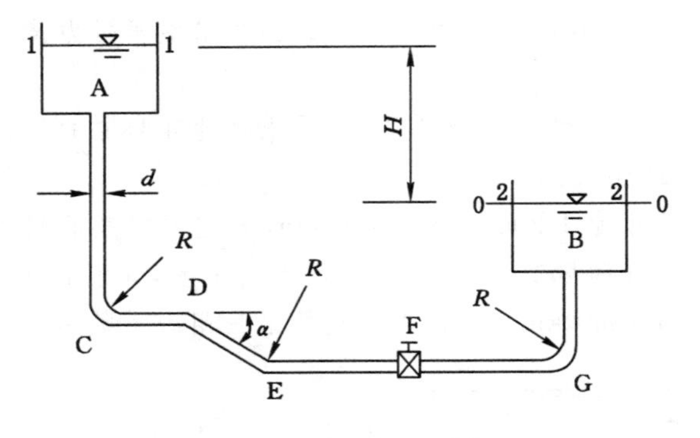


图 4-24 题 4-19 图

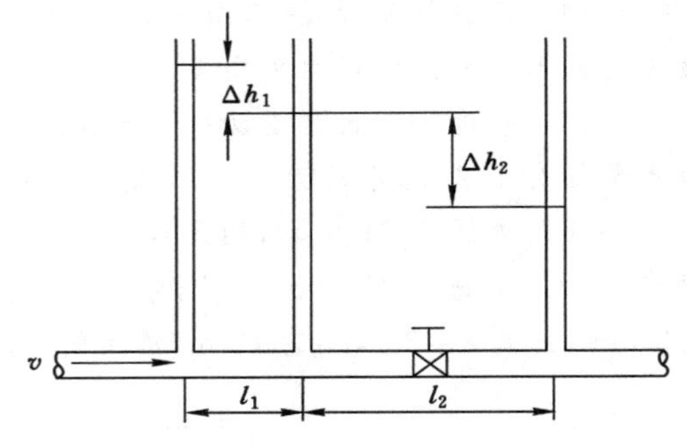


图 4-25 题 4-20 图

# 第5章 管路计算

知识目标

1. 了解：水击产生及其传播过程和防止危害的措施。
2. 掌握：简单管路和串联、并联管路及枝状管网的水力计算。
3. 熟悉：简单管路、串联管路、并联管路；无压均匀流管路的定义及其水力计算方法。

能力目标

能够综合运用前面所学知识解决实际中遇到的各类管路水力计算问题。

思政目标

1. 结合精选的暖通空调专业管路计算案例，教育学生具备较强的专业意识和专业认同感。
2. 体会本章应用流体动力学知识解决管路计算问题的过程，提升自己利用理论知识解决实际问题的能力。
3. 结合水击现象，树立防患未然的意识和严谨的职业精神。

工程实际中的各种流体输配管路，如供水管路、供热管路、通风管路等，都会涉及管路的计算问题，即流量、能量损失和管道几何尺寸之间关系的确定问题，管路计算的任务就是利用流体力学的基本理论，根据流体在管路中的具体流动规律，确定其流量、能量损失和管道几何尺寸之间的关系，工程实际中也将管路计算称为水力计算。

本章利用能量方程、连续性方程及阻力损失规律，讨论恒定紊流状态下的管路计算问题。

## 5.1 管路计算的任务

### 5.1.1 管路计算类型

(1) 设计计算

设计计算一般是指在管路布置已经确定、流量已知的条件下，选择合适的管径并计算水头损失，以便合理地选用泵和风机。例如在供热、通风管路设计中，管路的布置和流量是根据工程上的具体要求确定的，管路计算的任务就是经济合理地确定各管段的管径，从而计算流体在管路中流动时所产生的能量损失，最后合理地选择出泵和风机。这类问题在从事新工程设计时会经常遇到。

(2) 校核计算

校核计算一般是指在管路直径已知、作用压头已经给定的条件下，确定通过管路的流量，即核算管路的输送能力。例如在一已知的系统中，其管路布置和管径都是已知的，根据现有的动力设备(泵或风机)的容量来核算通过管路的流量是否满足要求。这类问题在旧工程的改建或扩建中会经常遇到。

### 5.1.2 管路流动类型

我们知道，流体流动的总能量损失由沿程损失和局部损失两部分组成，但在工程实际中管道流动的具体条件各不相同，这两部分损失在总损失中所占的比例也不相同。所以，在进行管路计算时，为了便于处理不同类型的流动，通常按照这两种类型损失在总损失中所占比例的不同而将管路划分为短管和长管两种类型。

(1) 短管

短管是指局部损失在总损失中所占的比例较大(超过沿程损失的 10%)，两部分损失必须同时考虑的管路。如水泵吸水管、虹吸管、锅炉给水管、室内给水和室内采暖管路以及工业通风管等都需要按照“短管”计算。

(2) 长管

长管是指局部损失在总损失中所占的比例较小(不超过沿程损失的 10%)，计算时可将其忽略或按沿程损失百分比(5%～10%)进行估算的管路。城市中的给水干管、供热干管以及长距离输油管道可以按“长管”考虑。

### 5.1.3 管路的构成类型

(1) 简单管路

简单管路是指管径和流量沿程不发生变化的管路。简单管路虽然简单，但它是构成各种复杂管路的基本单元。

(2) 复杂管路

复杂管路是指管径或流量沿程发生变化的管路。根据其具体的布置情况又可以分为串联管路、并联管路和管网。管网属于分支管路，按其分支的特点可划分为枝状管网和环状管网。任何一个管路系统都是由许多简单管路按照一定的方式组合而成的，所以简单管路是一切复杂管路计算问题的基础。

本章还将讨论压力管路中的水击和无压均匀流的计算。

## 5.2 简单管路的计算

### 5.2.1 短管水力计算

根据短管出流的形式不同，可将其出流分为自由出流和淹没出流两种。以水箱中水的自由出流为例，即水经管路出口流入大气，如图 5-1 所示。设管路长度为 $l$，管径为 $d$，另外在管路中还装有两个相同的弯头和一个阀门。为了建立短管水流各要素的关系，以 0—0 为基准线，列断面 1—1、2—2 间的能量方程式(忽略自由液面速度)：

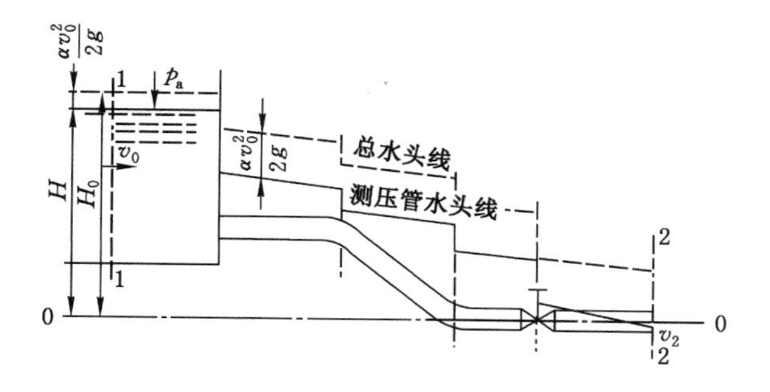


图 5-1　短管水力计算

$$H=\lambda\frac{l}{d}\frac{v^2}{2g}+\sum\zeta\frac{v^2}{2g}+\frac{v^2}{2g}$$

$$H=(\lambda\frac{l}{d}+\sum\zeta+1)\frac{v^2}{2g}$$

因出口局部阻力系数 $\zeta_0=1$，若用 $\zeta_0$ 代替 1 计入 $\sum\zeta$ 中，则上式可简化为：

$$H=(\lambda\frac{l}{d}+\sum\zeta)\frac{v^2}{2g}$$

用 $v=\frac{4Q}{\pi d^2}$ 代入上式，得：

$$H=\frac{8(\lambda\frac{l}{d}+\sum\zeta)}{g\pi^2d^4}Q^2$$

令

$$S_H=\frac{8(\lambda\frac{l}{d}+\sum\zeta)}{\pi^2d^4g} \tag{5-1}$$

则有：

$$H=S_HQ^2 \tag{5-2}$$

对于气体管路，式(5-1)仍适用。但气体常用压强表示：

$$p=\gamma H=\gamma S_HQ^2$$

令

$$S_p=\gamma S_H=\frac{8\rho(\lambda\frac{l}{d}+\sum\zeta)}{\pi^2d^4} \tag{5-3}$$

则有：

$$p=S_pQ^2 \tag{5-4}$$

式中　$S_H$——管路阻抗，$s^2/m^5$，适用于液体管路（如给水管路）计算；

$S_p$——管路阻抗，$kg/m^7$，适用于不可压缩的气体管路（如空调、通风管道）计算。

式(5-1)和式(5-3)即为阻抗的两种表达式，从表达式中我们可以看出，无论 $S_H$ 还是 $S_p$，对于一定的流体（即 $\gamma$、$\rho$ 一定），在 $d$、$l$ 已给定时，$S$ 只随 $\lambda$ 和 $\sum\zeta$ 变化。当流动处在阻力平方区时，$\lambda$ 仅与 $\Delta/d$ 有关，所以在管路的管材已定的情况下，$\lambda$ 值可视为常数。$\sum\zeta$ 项中只有进行调节的阀门的 $\zeta$ 可以改变，而其他局部构件已确定局部阻力系数是不变的。$S$ 对已给定的管路是一个定数，它综合反映了管路上的沿程阻力和局部阻力情况，故称为管路阻抗。

由式(5-2)和式(5-4)可以看出，用阻抗表示简单管路的流动规律非常简练，它表示的规律为：简单管路中，总阻力损失与体积流量平方成正比。这一规律在管路计算中广为应用。

下面举例说明常用的短管水力计算类型。

(1) 已知流量 $Q$、管径 $d$，确定水箱水位标高、水泵扬程 $H$ 或风机全压 $p$ 值

水泵是一种提升液体的机械装置。水泵的工作管路一般由吸水管和压水管组成。水通过水泵时获得能量，再经压水管输送到指定位置。关于泵的内容我们会在泵与风机部分进行讨论。水泵装置的水力计算主要是确定水泵的安装高度和水泵的扬程。确定安装高度需要进行吸水管路的计算，确定水泵的扬程还需要进行压水管的水力计算。

**【例 5-1】** 一离心式水泵安装如图 5-2 所示。泵的抽水量 $Q=8.3$ L/s，吸水管长度 $l=7.5$ m，直径 $d=100$ mm，管道的沿程阻力系数 $\lambda=0.030$，局部阻力系数：吸水管进口底阀 $\zeta_1=7.0$，管道中弯头 $\zeta_2=0.5$。水泵入口处的允许真空值 $[h_v]=5.8$ m。求该水泵的最大安装高度 $H_g$。

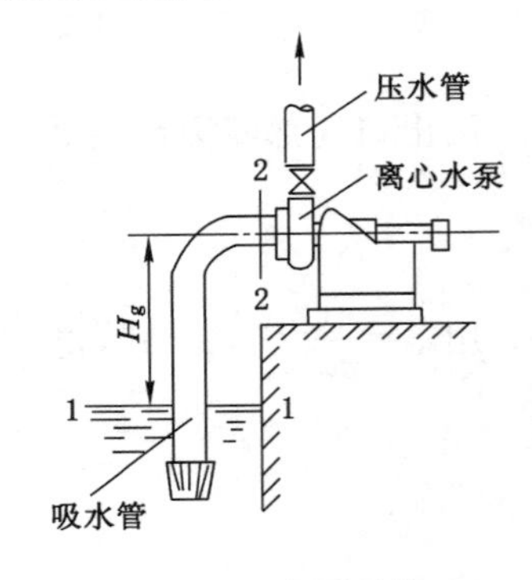


图 5-2　水泵系统

**【解】** 以断面 1—1 为基准面，建立断面 1—1 和水泵进口断面 2—2 间的能量方程：

$$z_1+\frac{p_1}{\gamma}+\frac{\alpha_1 v_1^2}{2g}=z_2+\frac{p_2}{\gamma}+\frac{\alpha_2 v_2^2}{2g}+h_{w1-2}$$

因 $p_1=p_a$，并忽略吸水池水面流速(即 $v_1=0$)，将 $\alpha_1=\alpha_2=1$ 代入式中，得：

$$\frac{p_a}{\gamma}=H_g+\frac{p_2}{\gamma}+(\lambda\frac{l}{d}+\sum\zeta+1)\frac{v^2}{2g}=H_g+\frac{p_2}{\gamma}+SQ^2$$

$$H_g=\frac{p_a-p_2}{\gamma}-SQ^2$$

管路的阻抗计算如下：

$$S=\frac{8(\lambda\frac{l}{d}+\sum\zeta+1)}{\pi^2 d^4 g}=\frac{8\times(0.030\times\frac{7.5}{0.1}+7.0+0.5+1)}{\pi^2\times 0.1^4\times 9.807}\approx 8\ 894\ (\mathrm{s^2/m^5})$$

将各值代入得：

$$H_g=\frac{p_a-p_2}{\gamma}-SQ^2=[h_v]-SQ^2=5.8-8\ 894\times 0.008\ 3^2\approx 5.19\ (\mathrm{m})$$

(2) 已知水头 $H$(或全压 $p$)、管径 $d$，计算通过管路的流量 $Q$

例如工程中常用到的虹吸管。所谓虹吸管，即管道中的一部分高出上游水位一定高度的一种简单管路，常用于通过高地等，如图 5-3 所示。因为有一部分管路高于上游液位，在虹吸管中必然会存在真空现象，这样才能使水流通过，但如果真空值达到某个界限时，水中气体就会分离出来，随着真空度的增加空气量也在增加，大量的气体集结在虹吸管的最高处

就会缩小有效过流断面，严重时甚至会造成气塞。所以，为了保证虹吸管的正常工作，必须限定虹吸管中的最大真空度不能超过允许值$[h_v]$(一般为 7.0～8.0 m)。

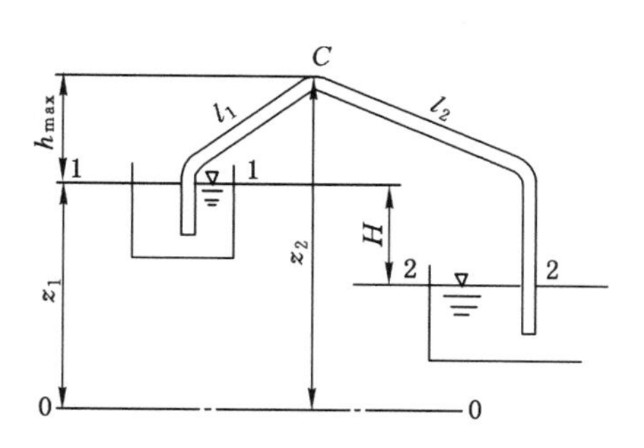


图 5-3　虹吸管

在虹吸管的水力计算中，最常用的是确定管道中的流量和最大安装高度，下面通过例题进行说明。

**【例 5-2】**　如图 5-3 所示，已知 $H=2$ m，上游管长 $l_1=15$ m，下游管长 $l_2=20$ m，管径沿程不变，均为 $d=200$ mm，$\lambda=0.025$，又已知局部阻力系数：进口阻力系数 $\zeta_1=1$，出口阻力系数 $\zeta_2=1$，中间设置 3 个角度为 45°的弯头，阻力系数 $\zeta_3=0.2$，最大允许吸上真空度$[h_v]=7$ m。求通过虹吸管的流量及管顶 C 处最大允许安装高度。

**【解】**　(1) 求虹吸管的流量

以水平线 0—0 为基准线，列出断面 1—1、2—2 能量方程式：

$$z_1+\frac{p_1}{\gamma}+\frac{\alpha_1 v_1^2}{2g}=z_2+\frac{p_2}{\gamma}+\frac{\alpha_2 v_2^2}{2g}+h_{w1-2}$$

因 $p_1=p_2=p_a$，并忽略水池水面流速(即 $v_1=v_2=0$)，将 $\alpha_1=\alpha_2=1$ 代入式中，得：

$$h_{w1-2}=z_1-z_2=H=SQ^2$$

$$Q=\sqrt{\frac{H}{S}}$$

$$S=\frac{8\left(\lambda\frac{l}{d}+\sum\zeta\right)}{\pi^2 d^4 g}=\frac{8\left(\lambda\frac{l_1+l_2}{d}+\zeta_1+\zeta_2+3\zeta_3\right)}{\pi^2 d^4 g}$$

$$=\frac{8\times\left(0.025\times\frac{15+20}{0.2}+1+1+0.2\times3\right)}{\pi^2\times0.2^4\times9.807}\approx360.68\ (\mathrm{s^2/m^5})$$

则有：

$$Q=\sqrt{\frac{H}{S}}=\sqrt{\frac{2}{360.68}}\approx0.0745\ (\mathrm{m^3/s})$$

(2) 求最大允许安装高度

为方便计算，取断面 1—1 及最高处 C 点列能量方程：

$$z_1+\frac{p_1}{\gamma}+\frac{\alpha_1 v_1^2}{2g}=z_C+\frac{p_C}{\gamma}+\frac{\alpha v_C^2}{2g}+h_{w1-C}$$

因 $p_1=p_a$，$v_1=0$，将 $\alpha_1=\alpha=1$ 代入式中，得：

$$\frac{p_a - p_C}{\gamma} = (z_C - z_1) + \left(\lambda \frac{l_1}{d} + \zeta_1 + 2\zeta_3 + 1\right) \frac{v^2}{2g}$$

$$z_C - z_1 = \frac{p_a - p_C}{\gamma} - \left(\lambda \frac{l_1}{d} + \zeta_1 + 2\zeta_3 + 1\right) \frac{v^2}{2g}$$

而式中 $v = \frac{4Q}{\pi d^2} = \frac{4 \times 0.0745}{3.14 \times 0.2^2} \approx 2.37\ (\mathrm{m/s})$，当 $\frac{p_a - p_C}{\gamma} = [h_v]$ 时，$z_C - z_1 = h_{\max}$，所以有：

$$\begin{aligned} h_{\max} &= [h_v] - \left(\lambda \frac{l_1}{d} + \zeta_1 + 2\zeta_3 + 1\right) \frac{v^2}{2g} \\ &= 7 - \left(0.025 \times \frac{15}{0.2} + 1 + 2 \times 0.2 + 1\right) \times \frac{2.37^2}{2 \times 9.807} \approx 5.78\ (\mathrm{m}) \end{aligned}$$

### 5.2.2 长管水力计算

关于长管的计算方法很多，这里直接介绍阻抗法和比阻法两种。上面所讲述的关于短管的水力计算公式[式(5-2)和式(5-4)]也同样适用于长管水力计算，只是其中的管路阻抗与短管的阻抗含义有所区别。在长管水力计算中的水头损失只考虑沿程损失而忽略局部损失和流速水头，所以这里的阻抗计算公式为：

$$S_H = \frac{8\lambda l}{g\pi^2 d^5} \tag{5-5}$$

$$S_p = \gamma S_H = \frac{8\lambda l \rho}{\pi^2 d^5} \tag{5-6}$$

上面两式即为长管阻抗的两种表达式，从中可以看出，与短管一样，无论 $S_H$ 还是 $S_p$，对于一定的流体(即 $\gamma$、$\rho$ 一定)，在 $d$、$l$ 已给定时，$S$ 只随 $\lambda$ 变化。而在阻力平方区时，$\lambda$ 可视为常数。所以我们同样可以应用式(5-2)和式(5-4)非常简便地对长管进行一系列的水力计算。

另外，在给水工程中，对于旧钢管、旧铸铁管，通常采用舍维列夫公式，参见式(4-35)及式(4-36)。我们引入比阻来进行计算，其计算公式为：

$$H = AlQ^2 \tag{5-7}$$

式中 $A$——管道的比阻，$A = \frac{8\lambda}{g\pi^2 d^5}$，指单位流量通过单位长度管道所需的水头，$\mathrm{s^2/m^6}$。

在紊流阻力平方区($v \geqslant 1.2$ m/s)：

$$A = \frac{0.001736}{d^{5.3}} \tag{5-8}$$

在紊流过渡区($v < 1.2$ m/s)：

$$A' = kA \tag{5-9}$$

式中 $k$——修正系数，即：

$$k = 0.852\left(1 + \frac{0.867}{v}\right)^{0.3} \tag{5-10}$$

为了计算方便，一般会按式(5-8)和式(5-10)编制计算表。例如常用的钢管和铸铁管的比阻见表 5-1 和表 5-2，修正系数见表 5-3。

表 5-1 钢管的比阻 $A$ 值

| 公称直径/mm | $A$/($s^2/m^6$) | 公称直径/mm | $A$/($s^2/m^6$) | 公称直径/mm | $A$/($s^2/m^6$) | 公称直径/mm | $A$/($s^2/m^6$) |
|---|---|---|---|---|---|---|---|
| 20 | 1 643 000 | 70 | 2 893 | 300 | 0.939 2 | 600 | 0.023 84 |
| 25 | 436 700 | 100 | 267.4 | 350 | 0.407 8 | 700 | 0.011 50 |
| 32 | 93 860 | 150 | 44.95 | 400 | 0.206 2 | 800 | 0.005 665 |
| 40 | 44 530 | 200 | 9.273 | 450 | 0.108 9 | 900 | 0.003 034 |
| 50 | 11 080 | 250 | 2.583 | 500 | 0.062 22 | 1 000 | 0.001 736 |

表 5-2 铸铁管的比阻 $A$ 值

| 公称直径/mm | $A$/($s^2/m^6$) | 公称直径/mm | $A$/($s^2/m^6$) | 公称直径/mm | $A$/($s^2/m^6$) | 公称直径/mm | $A$/($s^2/m^6$) |
|---|---|---|---|---|---|---|---|
| 50 | 15 190 | 200 | 9.029 | 400 | 0.223 2 | 700 | 0.011 50 |
| 75 | 1 709 | 250 | 2.752 | 450 | 0.119 5 | 800 | 0.005 665 |
| 100 | 365.3 | 300 | 1.025 | 500 | 0.068 39 | 900 | 0.003 034 |
| 150 | 41.85 | 350 | 0.452 9 | 600 | 0.026 02 | 1 000 | 0.001 736 |

表 5-3 不同 $v$ 值时的 $k$ 值

| $v$/(m/s) | 0.20 | 0.25 | 0.30 | 0.35 | 0.40 | 0.45 | 0.50 | 0.55 | 0.60 |
|---|---|---|---|---|---|---|---|---|---|
| $k$ | 1.41 | 1.33 | 1.28 | 1.24 | 1.20 | 1.175 | 1.15 | 1.13 | 1.115 |
| $v$(m/s) | 0.65 | 0.70 | 0.75 | 0.80 | 0.85 | 0.90 | 1.0 | 1.1 | ≥1.2 |
| $k$ | 1.10 | 1.085 | 1.07 | 1.06 | 1.05 | 1.04 | 1.03 | 1.015 | 1.00 |

**【例 5-3】** 如图 5-4 所示，一室外给水铸铁管道，管长为 2 500 m，管径采用 400 mm，$\lambda=0.025$，又已知水塔处的地形标高 $z_1$ 为 62 m，水塔内最低水位距地面高度 $H_1=18$ m，用水处地面标高 $z_2$ 为 40 m，管路末端出口处要求的自由水头 $H_2=24$ m，忽略管路末端流速水头，求管路的流量。

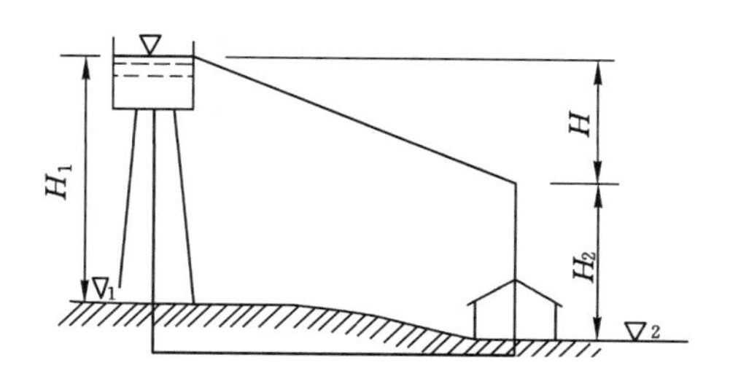


图 5-4 长管水力计算

【解】 以标高为 0 的水平面为基准面，列水塔与用水处的能量方程式：

$$z_1+\frac{p_1}{\gamma}+\frac{\alpha_1 v_1^2}{2g}=z_2+\frac{p_2}{\gamma}+\frac{\alpha_2 v_2^2}{2g}+h_{\mathrm{w1-2}}$$

$$(z_1+H_1)+0+0=z_2+H_2+0+SQ^2$$

$$Q=\sqrt{\frac{h_{\mathrm{w1-2}}}{S}}=\sqrt{(z_1+H_1)-(z_2+H_2)}\sqrt{\frac{g\pi^2 d^5}{8\lambda l}}$$

$$=\sqrt{(62+18)-(40+24)}\sqrt{\frac{9.807\times 3.14^2\times 0.4^5}{8\times 0.025\times 2\,500}}\approx 0.178\ (\mathrm{m^3/s})$$

## 5.3 串联与并联管路的计算

工程中所遇到的管路往往是串联或并联等复杂管路，因此研究串联和并联管路对于我们来说更具有实际意义。实际上所有的复杂管路都是由简单管路组合而成的。

### 5.3.1 串联管路的计算

由直径不同的几段简单管路顺次连接起来就称为串联管路，如图 5-5 所示。管路沿管线向几处供水，隔一定距离便有流量分出，随着流量减小，所采用的管径也相对减小，所以在整个管路中，管径 $d$ 随流量改变而改变。

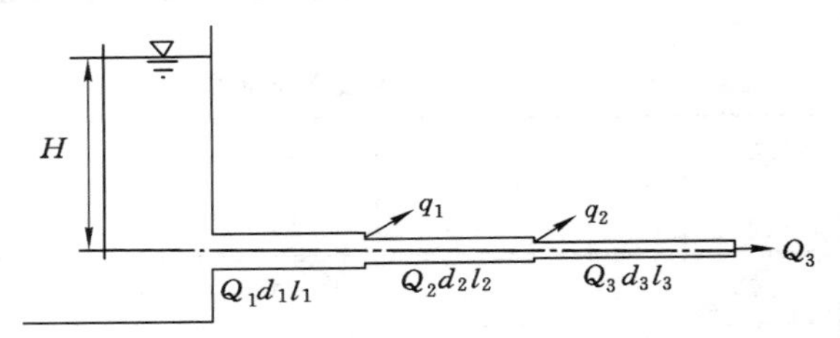


图 5-5 串联管路

管段与管段相连接的点称为节点，在每个节点上都遵循质量平衡原理，即流入节点的流量等于流出节点的流量。取流入节点流量为正、流出节点流量为负，则对于每一个节点都具有规律为 $\sum Q=0$，或写成 $Q_i=q_i+Q_{i+1}$（$q_i$ 表示各节点流入或分出的流量）

如无中途合流或分流（即 $q_i=0$），则有：

$$Q_1=Q_2=Q_3=Q_i$$

对于串联管路系统，整个管路的阻力损失应等于各管段阻力损失之和，则有：

$$h_{\mathrm{w}}=h_{\mathrm{w1}}+h_{\mathrm{w2}}+h_{\mathrm{w3}}=S_1Q_1^2+S_2Q_2^2+S_3Q_3^2 \tag{5-11}$$

如各管段流量 $Q$ 相同，则有：

$$H=h_{\mathrm{w}}=S_1Q_1^2+S_2Q_2^2+S_3Q_3^2=(S_1+S_2+S_3)Q^2=SQ^2$$

$$S=S_1+S_2+S_3 \tag{5-12}$$

由此得出结论：中途无分流或合流（$Q$ 不变），管路总阻抗 $S$ 等于各管段的阻抗叠加。但如果流量 $Q$ 沿途变化，则需逐段计算阻力损失，然后进行叠加，这是串联管路的计算原则。

**【例 5-4】** 由水塔向某居民区供水，供水量 $Q=0.15\ \text{m}^3/\text{s}$。采用长度 $l=2\ 500$ m 的给水管路供水，已知管路沿程阻力系数 $\lambda=0.030$，水塔至用水点间的最大允许水头损失为 9 m。请设计该供水管路。

**【解】** 根据阻抗关系式有：

$$S=\frac{H}{Q^2}=\frac{9}{0.15^2}=400\ (\text{s}^2/\text{m}^5)$$

对于长管：

$$S=\frac{8\lambda l}{g\pi^2 d^5}$$

$$400=\frac{8\times 0.030\times 2\ 500}{9.807\times 3.14^2\times d^5}$$

解得：

$$d\approx 0.435\ \text{m}=435\ \text{mm}$$

但是 435 mm 不是标准管径，采用标准管径时，如果选择 $d=400$ mm 的管子，则不能满足要求，如果采用 $d=450$ mm 的管子将造成管材浪费。所以合理的办法是采用 $d_1=400$ mm 和 $d_2=450$ mm 的两段不同管径的管路进行串联。现在来计算每段管路的长度。

根据串联管路的管路特性有：

$$S=S_1+S_2$$

$$S=S_1+S_2=\frac{8\lambda l_1}{g\pi^2 d_1^5}+\frac{8\lambda l_2}{g\pi^2 d_2^5}=\frac{8\lambda}{g\pi^2}\left(\frac{l_1}{d_1^5}+\frac{l_2}{d_2^5}\right)$$

将已知各值代入上式中并整理得：

$$3\ 044=1.845l_1+1.024l_2$$

又由于：

$$l_1+l_2=2\ 500$$

所示联立求解以上两式得：

$$l_1=589.5\ \text{m},\quad l_2=1\ 910.5\ \text{m}$$

在实际中可以取：

$$l_1=580\ \text{m},\quad l_2=1\ 920\ \text{m}$$

### 5.3.2 并联管路的计算

为了提高供水的可靠性，在两节点之间并设两条或两条以上的管路称为并联管路，如图 5-6 中 $a$、$b$ 两点间的三条管段。

在并联管段 $ab$ 间，$a$ 点与 $b$ 点是各管段所共有的，如在 $a$ 点和 $b$ 点各接一测压管，每一点只可能出现一个测压管水头值，则两点间的测压管水头差即为两点间的阻力损失。从能量平衡的观点来看，1 支路、2 支路、3 支路的阻力损失均等于 $a$、$b$ 两节的点压头差，于是有：

$$h_{w1}=h_{w2}=h_{w3}=h_{wa-b} \tag{5-13}$$

即有：

$$S_1Q_1^2=S_2Q_2^2=S_3Q_3^2=SQ^2 \tag{5-14}$$

式中 $S$——并联管路总阻抗。

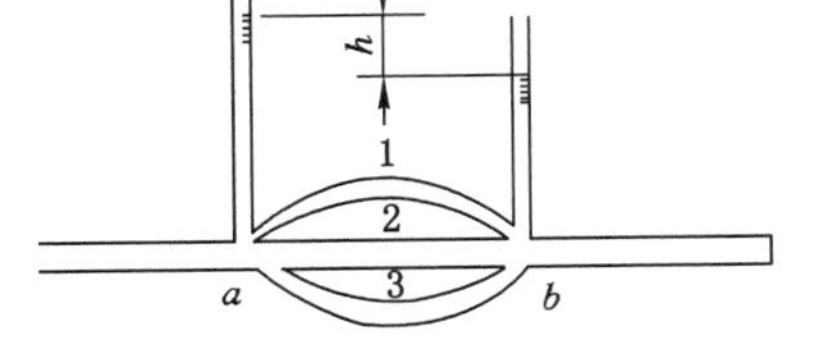

图 5-6 并联管路

同串联管路一样，并联管路也遵循质量平衡原理，当 $\rho=C$（常数）时，应满足 $\sum Q=0$，则 $a$ 点上的流量为：

$$Q=Q_1+Q_2+Q_3 \tag{5-15}$$

根据式(5-13)和式(5-14)可得：

$$Q=\frac{\sqrt{h_{wa-b}}}{\sqrt{S}},\quad Q_1=\frac{\sqrt{h_{w1}}}{\sqrt{S_1}},\quad Q_2=\frac{\sqrt{h_{w2}}}{\sqrt{S_2}},\quad Q_3=\frac{\sqrt{h_{w3}}}{\sqrt{S_3}}$$

代入式(5-15)中可得：

$$\frac{1}{\sqrt{S}}=\frac{1}{\sqrt{S_1}}+\frac{1}{\sqrt{S_2}}+\frac{1}{\sqrt{S_3}} \tag{5-16}$$

因此我们得出结论：并联节点上的总流量等于各支路流量之和；并联各支路上的阻力损失相等；并联管路阻抗平方根倒数等于各支路阻抗平方根倒数之和。这就是并联管路的计算原则。

进一步分析后，我们可以得到：

$$\frac{Q_1}{Q_2}=\frac{\sqrt{S_2}}{\sqrt{S_1}},\quad \frac{Q_2}{Q_3}=\frac{\sqrt{S_3}}{\sqrt{S_2}},\quad \frac{Q_3}{Q_1}=\frac{\sqrt{S_1}}{\sqrt{S_3}} \tag{5-17}$$

$$Q_1:Q_2:Q_3=\frac{1}{\sqrt{S_1}}:\frac{1}{\sqrt{S_2}}:\frac{1}{\sqrt{S_3}} \tag{5-18}$$

式(5-17)和式(5-18)所表达的是并联管路流量分配规律。由式(5-18)可以看出，并联管路总是依照节点间各分支管路的阻力损失相等的规律，按照阻抗来分配各支管路的流量，阻抗大的支管流量小，阻抗小的支管流量大。在实际工程的并联管路计算中，必须进行“阻力平衡”，实质其实就是应用并联管路的流量分配规律设计合适的管路尺寸及构件，使系统运行状态良好，满足用户要求。

**【例 5-5】** 如图 5-7 所示，有两层建筑的供热管路立管：管段 1 的直径 $d_1=20$ mm，总长 $l_1=20$ m，$\sum\zeta_1=15$；管段 2 的直径 $d_2=20$ mm，总长 $l_1=10$ m，$\sum\zeta_2=15$。管路的 $\lambda=0.025$，干管中的流量 $Q=0.001\ \mathrm{m^3/s}$，求 $Q_1$ 和 $Q_2$。

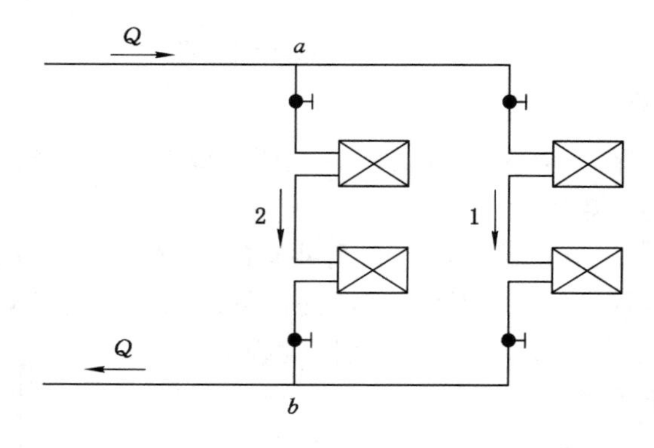


图 5-7 供热管路计算

**【解】** 并联管路中 $a$、$b$ 两点间各段的阻抗分别为：

$$S_1=\frac{8(\lambda_1\frac{l_1}{d_1}+\sum\zeta_1)}{\pi^2 d_1^4 g}$$

$$S_2=\frac{8(\lambda_2\frac{l_2}{d_2}+\sum\zeta_2)}{\pi^2 d_2^4 g}$$

因为$\frac{Q_1}{Q_2}=\frac{\sqrt{S_2}}{\sqrt{S_1}}$，又由于 $d_1=d_2$，所以有：

$$\frac{Q_1}{Q_2}=\frac{\sqrt{S_2}}{\sqrt{S_1}}=\frac{\sqrt{\lambda_1\frac{l_1}{d_1}+\sum\zeta_1}}{\sqrt{\lambda_2\frac{l_2}{d_2}+\sum\zeta_2}}=\sqrt{\frac{0.025\times10+15\times0.02}{0.025\times20+15\times0.02}}\approx0.829$$

即有：

$$Q_1=0.829Q_2$$

由连续性方程得：

$$Q=Q_1+Q_2=(0.829+1)Q_2$$
$$0.001=1.829Q_2$$

计算可得：

$$Q_2\approx0.55\ \text{L/s},\quad Q_1\approx0.45\ \text{L/s}$$

由此可以看出，阻抗 $S_1$ 比 $S_2$ 更大，所以流量分配是支管1中流量小于支管2中流量。如果要使两管段中流量相等，应改变管径 $d$ 及$\sum\zeta$，使在 $Q_1=Q_2$ 下实现 $S_1=S_2$。

## 5.4 管网计算基础

管网是由简单管路经并联、串联组合而成。管网按其布置形式可分为枝状管网和环状管网两种。

### 5.4.1 枝状管网

枝状管网的特点是管线于某点分开后不再汇合到一起，呈树枝形状，图5-8所示为排风枝状管网。它的优点是管线总长度短，初期投资省，但安全可靠性差，当某一管线发生故障时，就会影响到其后的管线。

在枝状管网进行计算时，管网中节点依然满足质量平衡原理，即$\sum Q=0$。

枝状管网的水力计算内容主要是确定各管段的直径、水塔的高度或水泵扬程（风机压头）。

管路布置已定，在已知各用户所需流量 $Q$ 及末端要求的服务压头 $h_c$ 的条件下，求管径 $d$ 和作用压头 $H$。也就是说，要设计管网的管径并确定水泵扬程（风机压头）或水塔高度。

在设计新管网时，水泵扬程或风机风压一般尚未确定，故首先根据供水（或供气）区域各处要求及地形、建筑物布置等重要条件布置管线，确定各管段长度、各节点供水（气）量，从而计算各管段需通过的流量。

（1）管径的确定

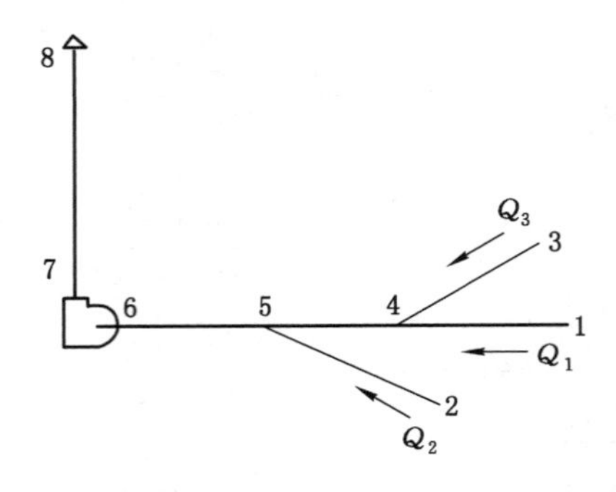


图 5-8　枝状管网

这类问题先按流量 $Q$ 和限定流速(或经济流速)$v$ 来确定管径 $d$。所谓限定流速,是专业中根据技术、经济要求所规定的全程速度限。如除尘管路中,防止灰尘沉积堵塞管路,限定了管中最小速度;热水采暖供水干管中,为了防止抽吸作用造成的支管流量过少,而限定了干管的最大速度。各种管路中有不同的限定流速,可以在设计手册中得到有关的资料。

管网内各管段的管径 $d$ 就是根据流量 $Q$ 及速度 $v$ 来计算确定的,即:

$$d=\sqrt{\frac{4Q}{\pi v}} \tag{5-19}$$

限定流速选定之后,便可根据式(5-19)算出经济流速相应的管径,并采用标准规格管径。

(2) 确定作用压头

在管径 $d$ 已确定后,对枝状管网进行阻力叠加求出 $\sum h_f$。我们只对阻力损失最大的支路按串联管路计算原则进行阻力叠加。然后按 $H=\sum h_f+h_c$ 来考虑水泵扬程(风机压头)或水塔高度的确定。

枝状管网如图 5-9 所示。在确定水塔 $A$ 的高度之前,管材、管段长度 $l$、管段通过流量 $Q$ 已知,各段管径 $d$ 亦已按照上述以经济流速概念得出。此时水塔高度应满足整个管网各用水点对水量与水压的要求。为此,水塔的水面高度要选择管网中的控制点来进行水力计算。

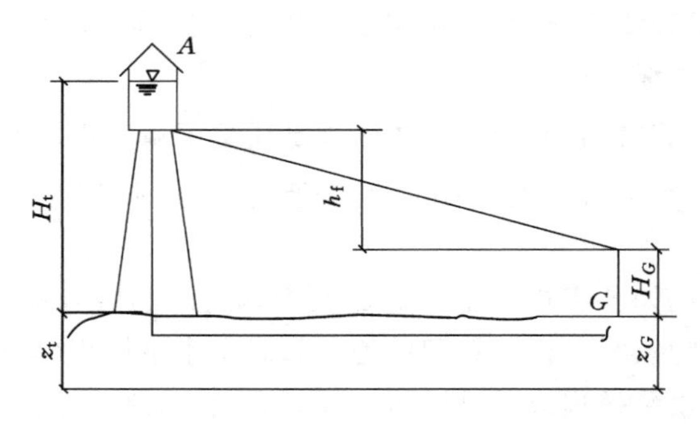


图 5-9　枝状管网计算

所谓管网的控制点,是指在管网中水塔至该点的水头损失、地形标高和要求自由水压

(即供水末端压强水头的余量)三项之和最大值的点,亦称为水头最不利点,一般在最高最远点。对图5-9所示的枝状管线进行水力计算,选择控制点后,根据能量方程和管路水力计算方法便可算出水塔的水面高度 $H_t$:

$$H_t = \sum h_f + H_G + z_G - z_t \tag{5-20}$$

式中 $\sum h_f$——从水塔到管网控制点的管路总水头损失,即 $\sum h_{fAG} = \sum_A^G S_i Q_i^2$;

$H_G$——控制点的自由水头,即控制点 $G$ 处所要求的相对压强水头($p/\gamma$);

$z_G$——控制点的地形标高;

$z_t$——水塔处的地形标高。

同样,得出水泵扬程计算公式:

$$H_p = \sum h_f + H_G + z_G - z_p \tag{5-21}$$

式中 $z_p$——水泵吸水井最低水位标高。

其他符号意义同前。

**【例5-6】** 在图5-8所示的管路系统中,已知流量 $Q_1 = 2\ 500\ m^3/h$,$Q_2 = 5\ 000\ m^3/h$,$Q_3 = 2\ 500\ m^3/h$;主管线各管段长度 $l_{14} = 6\ m$,$l_{45} = 8\ m$,$l_{56} = 4\ m$,$l_{78} = 10\ m$,沿程阻力系数 $\lambda = 0.02$;各管段局部阻力系数 $\sum \zeta_{14} = 1.5$,$\sum \zeta_{45} = 1.0$,$\sum \zeta_{56} = 1.15$,$\sum \zeta_{78} = 0.5$。试确定主管线各管段的管径及压强损失,计算通风机应具有的总压头。(管内限定流速 $[v] = 6 \sim 10\ m/s$,气体密度 $\rho = 1.29\ kg/m^3$)

**【解】** 从末端起,逐段向前进行计算。管段1—4:$Q_1 = 2\ 500\ m^3/h = 0.695\ m^3/s$,取 $[v]_{14} = 6\ m/s$,初选管径:

$$d'_{14} = \sqrt{\frac{4Q_1}{\pi[v]_{14}}} = 1.13\sqrt{\frac{Q_1}{[v]_{14}}} = 1.13\sqrt{\frac{0.695}{6}} = 0.385\ (m)$$

根据管材的规格,选用 $d_{14} = 380\ mm$,则管内实际风速为:

$$v_{14} = \frac{4 \times 0.695}{3.14 \times 0.38^2} = 6.13\ (m/s) > 6\ (m/s)$$

管径选取合适。应当注意,此管段在选取标准管径时,应使 $d_{14} < d'_{14}$,因流量一定,流速将提高,这样可保证不至于低于下限流速。

管路的阻抗为:

$$S_{14} = \frac{8\rho}{\pi^2}\left(\frac{\lambda \frac{l}{d} + \sum \zeta}{d^4}\right)_{14} = 1.05 \times \left[\frac{0.02 \times \frac{6}{0.38} + 1.5}{0.38^4}\right] \approx 91.44\ (kg/m^7)$$

管段的压强损失为:

$$p_{w(14)} = S_{14} Q_1^2 = 91.44 \times 0.695^2 \approx 44.17\ (N/m^2)$$

为便于计算,将上述数据列于表5-4。

管段4—5:$Q_{45} = Q_1 + Q_3 = 5\ 000\ m^3/h = 1.39\ m^3/s$,取 $[v]_{45} = 8\ m/s$,初选管径:

$$d'_{45} = 1.13\sqrt{\frac{Q_{45}}{[v]_{45}}} = 1.13\sqrt{\frac{1.39}{8}} \approx 0.47\ (m)$$

此计算结果恰与标准管径吻合,故采用 $d_{45} = 470\ mm$,其余计算结果见表5-4。

表 5-4　枝状管网水力计算表

| 管段编号 | 设计流量 $Q$ /($m^3$/s) | 限定风速$[v]$ /(m/s) | 初选管径 $d'$ /mm | 实际管径 $d$ /mm | 实际风速 $v$ /(m/s) | 阻抗 $S$ /(kg/$m^7$) | 压强损失 $p_{wi}$/(N/$m^2$) |
|---|---|---|---|---|---|---|---|
| 1—4 | 0.695 | 6 | 384 | 380 | 6.15 | 91.44 | 44.04 |
| 4—5 | 1.39 | 8 | 470 | 470 | 8 | 18.08 | 34.86 |
| 5—8 | 2.78 | 10 | 596 | 600 | 9.83 | 7.43 | 57.45 |

管段 5—6 和 7—8 属同一单管路，流量为：

$$Q_4 = Q_1 + Q_2 + Q_3 = 10\ 000\ \text{m}^3/\text{h} = 2.78\ \text{m}^3/\text{s}$$

若取$[v]_{56}=[v]_{78}=10$ m/s，则初选管径为：

$$d'_{56} = d'_{78} = 1.13\sqrt{\frac{Q_4}{[v]_{56}}} = 0.596\ \text{m}$$

因为实际风速 $v_{56}=v_{78}=1.277\dfrac{Q_1}{d_{14}^2}$，故在选用标准管径时，应使 $d_{56}>d'_{56}$，以保证不至于高于上限流速。所以采用 $d_{56}=d_{78}=600$ mm。

最后，将主管线各段的压强损失按串联管路规律叠加，即可得通风机所需的总压头：

$$p = \sum p_{wi} = p_{w(14)} + p_{w(45)} + p_{w(56)} + p_{w(78)} = 44.04 + 34.86 + 57.45 = 136.35\ (\text{N/m}^2)$$

### 5.4.2　环状管网计算

图 5-10 所示为环状管网，其特点是管线在一共同节点汇合形成一闭合管路。它的优点是供水安全可靠，但管线总长度较枝状管网长，且管径较大，管网中阀门配件也多，所以基建投资也相应增加。

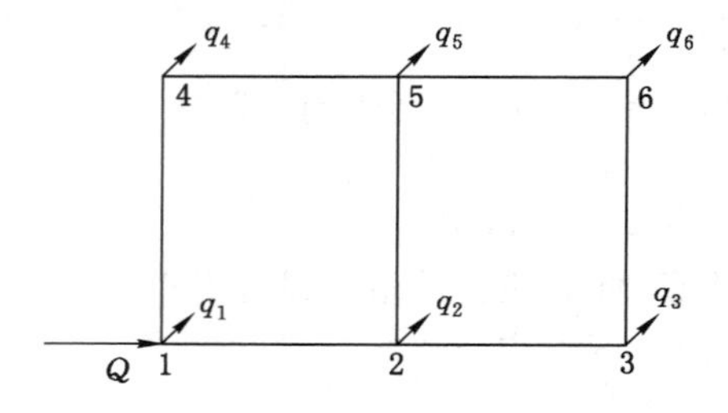


图 5-10　环状管网

环网中的管段在某一共同节点分支，然后在另一节点汇合。环状管网由很多管段串联和并联而成，因此遵循串联和并联管路的计算原则，并应存在下列两个特点：

(1) 每个节点都满足流量平衡条件，即流入和流出的流量相等，满足 $\sum Q=0$。

(2) 如规定顺时针方向流动的阻力损失为正，反之为负，则任意的闭合环路中所包含的所有管段阻力损失代数和均等于零，即 $\sum h_J=0$，$J$ 为各环的编号。上述的两个条件在理论上非常简单，但是在实际的设计计算中却相当烦琐，必须进行环状管网平差。

环状管网的计算方法较多，常用的有 Hardy-Cross(哈代-克罗斯)法。此部分内容不做具体介绍。

# 5.5 压力管路中的水击

## 5.5.1 水击现象

在压力管路中，由于某些外界原因，如阀门的突然启闭、水泵机组突然停车等，使管中流速突然发生变化，从而导致压强大幅度急剧升高和降低，这种交替变化的水力现象称为水击，又称为水锤。水击发生时所产生的升压值可达管路正常工作压强的几十倍，甚至上百倍。这种大幅度的压强波动具有很大的破坏性，往往会引起管路系统强烈振动，严重时会造成阀门破裂、管路接头脱落，甚至管路爆裂等重大事故。

管路内水流速度突然变化是产生水击的外界条件，而水流本身具有惯性及压缩性则是产生水击的内在原因。

由于水与管壁均为弹性体，因而当水击发生时，在强大的水击压强作用下，水与管壁都将发生变形，即水的压缩与管壁的膨胀。在水及管壁弹性变形力与管路进口处水池水位恒定水压力的相互作用以及水流惯性的作用下，将使管中水流发生周期性减速增压与增速减压的振荡现象。如果没有能量损失，则这种振荡现象将一直周期性地传播下去，如图 5-11 所示。

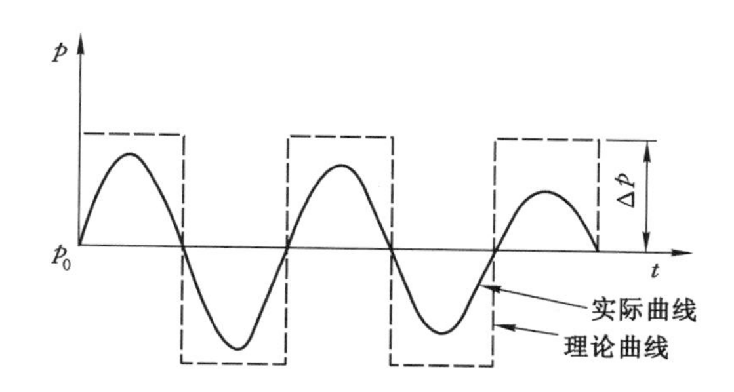


图 5-11 水击强度随时间变化

由于水击而产生的弹性波称为水击波。水击波的传播速度 $c$ 可按下式计算：

$$c=\frac{c_0}{\sqrt{1+\frac{E_0}{E}\cdot\frac{d}{\delta}}}=\frac{1\ 425}{\sqrt{1+\frac{E_0}{E}\cdot\frac{d}{\delta}}} \tag{5-22}$$

式中 $c_0$——声波在水中的传播速度，m/s；

$E_0$——水的弹性模量，$E_0=2.07\times10^5$ N/cm²；

$E$——管壁的弹性模量，见表 5-5；

$d$——管路直径，m；

$\delta$——管壁厚度，m。

对于普通钢管，$d/\delta=100$，$E/E_0=1/100$，代入式(5-22)得 $c=1\ 000$ m/s。如果 $v_0=1$ m/s，则由于阀门突然关闭而引起的直接水击产生的水击压强 $\Delta p=1$ MPa。由此可见，直接水击压强是很大的，足以对管道造成破坏。

**表 5-5　常用管壁材料的弹性模量 $E$**

| 管壁材料 | $E/(\text{N/cm}^2)$ | 管壁材料 | $E/(\text{N/cm}^2)$ |
|---|---|---|---|
| 钢管 | $206\times10^5$ | 混凝土管 | $20.6\times10^5$ |
| 铸铁管 | $88\times10^5$ | 木管 | $6.9\times10^5$ |

如图 5-12(a)所示，有压管路长度为 $l$ 上游水池水位恒定，管路末端设一控制阀门。阀门关闭前管路中流速为 $v_0$，当阀门突然关闭而发生水击时，压强变化及传播情况可分为四个阶段：

第一阶段：由于阀门突然关闭而引起的减速增压波，从阀门向上游传播，沿程各断面依次减速增压。在 $t=l/c$ 时，水击波传递至管路进口处，此时管路内处于液体全部被压缩、管壁全部膨胀的状态，管中压强均为 $p_0+\Delta p$，如图 5-12(b)所示。

第二阶段：由于管中压强 $p_0+\Delta p$ 大于水池中静水压强 $p_0$，在压差 $\Delta p$ 的作用下，管路进口处的液体以 $-v_0$ 的速度向水池方向倒流，同时压强恢复为 $p_0$。减压波从管路进口向阀门处传播，在 $t=2l/c$ 时，减压波传递至阀门处，此时管中压强全部恢复到正常压强 $p_0$，同时具有向水池方向的流速 $v_0$，如图 5-12(c)所示。

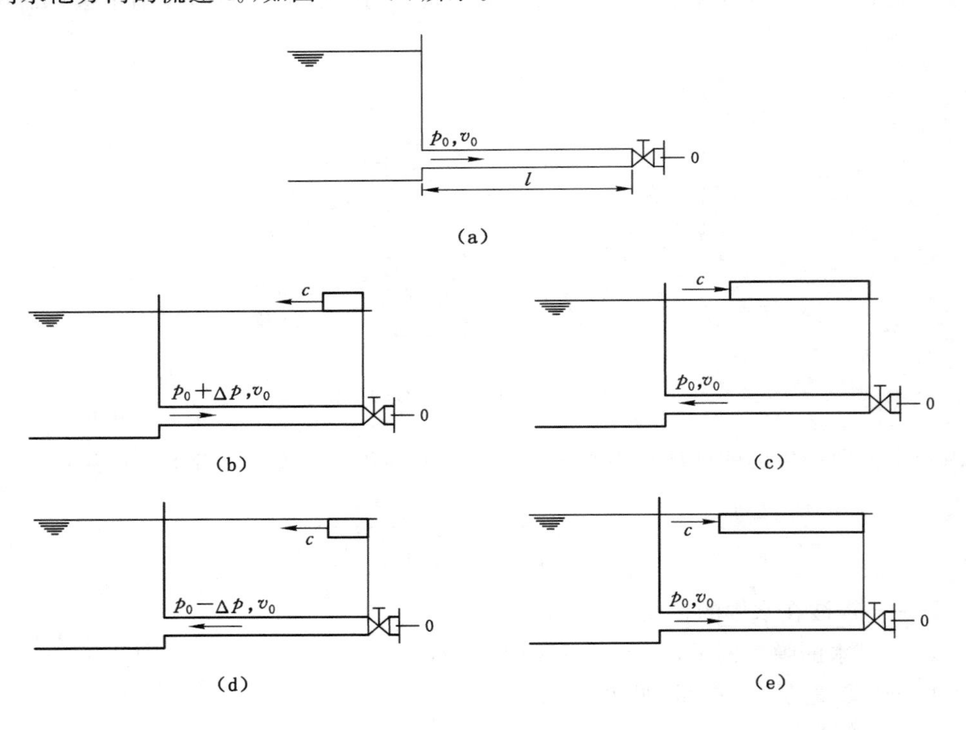


图 5-12　水击现象

第三阶段：在惯性的作用下，管中水流仍以 $-v_0$ 的速度向水池倒流，因阀门关闭无水补充，致使此处水流停止流动，速度由 $-v_0$ 变为零，同时引起压强降低，密度减小，管壁收缩，管中流速从进口开始各断面依次由 $-v_0$ 变为零。在 $t=3l/c$ 时，增速减压波传递至管路进口处，此时管中压强为 $p_0-\Delta p$，速度为零，如图 5-12(d)所示。

第四阶段：由于管路进口压强 $p_0-\Delta p$ 小于池中静水压强 $p_0$，在压差 $\Delta p$ 的作用下，水流又以速度 $v_0$ 向阀门方向流动，管路中水的密度及管壁恢复正常。在 $t=4l/c$ 时，增压波传递至阀门处，此时全管恢复至初始状态，管中压强为 $p_0$，如图 5-12(e)所示。

由于水流的惯性作用，同时阀门依然是关闭的，水击波将重复上述四个阶段，水击波传播速度极快，故上述四个阶段是在极短的时间内连续完成的。在水击的传播过程中，管路各断面的流速及压强均随时间周期性变化，所以水击过程是非恒定流。

由于阀门的关闭总要有一个过程，因此，水击现象有直接水击和间接水击两种类型。

(1) 直接水击

设阀门关闭时间为 $T_z$，当 $T_z<2l/c$ 时，则在最早发出的水击波返回阀门以前，阀门已全部关闭，此时产生的水击称为直接水击，其水击压强按儒可夫斯基公式计算：

$$\Delta p = \rho c(v_0 - v) \tag{5-23}$$

当阀门瞬间完全关闭时，$v=0$，则最大水击压强为：

$$\Delta p = \rho c v_0$$

式中 $c$——水击波传播速度，m/s；

$\rho$——水的密度，$kg/m^3$；

$v$——阀门处流速，m/s；

$v_0$——管道中流速，m/s。

(2) 间接水击

如果阀门关闭时间 $T_z>2l/c$，那么最早发出的水击波在阀门尚未完全关闭前已返回阀门断面，则增压和减压相互叠加而抵消，这种水击称为间接水击。间接水击的水击压强小于直接水击的水击压强。间接水击的最大压强可按下式计算：

$$\Delta p = \rho c v_0 \frac{T}{T_z} = \frac{2\rho v_0 l}{T_z} \tag{5-24}$$

式中 $v_0$——水击发生前管中断面平均流速，m/s；

$T$——水击波时长，$T=2l/c$，s；

$T_z$——阀门关闭时间，s；

$l$——管道长度，m。

### 5.5.2 防止水击危害的措施

随着工程实践经验的积累和科学技术的不断发展，人们对水击问题的认识不断深化，现在已经能够提出防止水击危害的原则和各种具体措施。一般来说，可以从延长关闭阀门的时间、缩短水击波传播长度、减少管内流速，以及在管路上设置减压、缓冲装置等方面着手。

防止水击危害的具体措施是多种多样的，归纳起来有以下几方面：

(1) 在管路的适当地点设置一缓冲空间，用以减缓水击压强升高；同时这也缩短了水击波的传播长度，使增压逆波遇到缓冲装置(如调压井)时尽快以降压顺波反射回到阀门处，以抵消阀门处因关阀而引起的增压水击波，亦即使其发生压强较小的间接水击。例如，可在阀门上游设置空气室、气囊、调压井等。

(2) 在泵的压水管中设置缓慢关闭的逆止阀，用以延长关阀时间，若能使关闭阀时间大于$\dfrac{2l}{c}$，则可避免直接水击的发生，这类措施有油阻尼逆止阀等。

(3) 使在水击发生时间的高压水流在给定的位置有控制地释放出去,避免水管爆裂;或者在压强突然降低时向管内负压区注水,以免水管断裂、连续性遭破坏,这一类具体措施有水击消除器、减压阀、金属膜覆盖的放水孔等。

目前我国给水工程上为防止停泵水击,多用下开式水击消除器。其基本工作原理是:当管路正常工作时,管内压力大于水击消除器阀瓣的自重及平衡的下压力,消除器的阀瓣与密封圈密合,消除器处于关闭状态。一旦发生停泵水击,管内压强首先突然下降,上托力随压强下降而突然减小,阀瓣由于自重及平衡下压之力而迅速落入分水锥,打开了放水孔,呈准备释放状态。当回冲水流来到时,即从消除器的排水孔中将高压水释放出管外,从而避免了水击压力升高。

# 5.6 无压均匀流的计算

无压流是在重力作用下流动的,具有自由表面,而自由表面上的各点都受大气压强的作用。天然河道或排水明沟都是无压流,生产和生活用的污(废)水排水管道一般不是满流,同样具有自由表面,所以也是无压流。无压流又称为重力流。

## 5.6.1 无压均匀流的水力特性

无压流根据流线之间的关系和各水力要素的具体情况可以分为无压均匀流和无压非均匀流。在排水工程中,无压流的水力计算一般是按均匀流的规律考虑的。因此,我们仅讨论无压均匀流,无压均匀流有以下水力特性:

(1) 过流断面的形状和大小及水深沿流程不变。

(2) 各过流断面上相应的流速大小、方向及流速分布沿程不变,因而断面平均流速 $v$ 和流速水头沿程也相等。

(3) 由于各过流断面的流速相等,所以液面坡度、总水头线的坡度 $J$ 和测压管水头线的坡度 $J_p$ 三者相等。又因各过流断面的液流深度相等,所以液面坡度同渠底(或管底)的坡度 $i$ 必须相等,如图 5-13 所示,即:

$$J = J_p = i$$

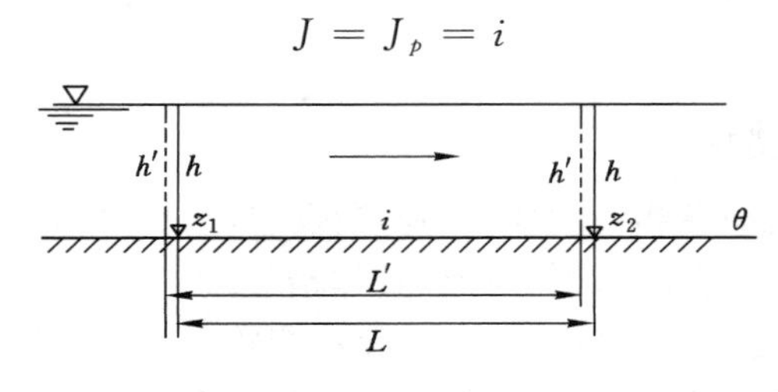


图 5-13 无压流

这里需要说明一下,无压流的底坡 $i$ 是指两断面之间渠底(或管底)标高差 $z_1 - z_2$ 与沿流程长度 $L$ 的比值,即:

$$i = \frac{z_1 - z_2}{L} = \sin\theta \tag{5-25}$$

由于无压流底坡 $i$ 很小,沿流程的长度 $L$ 实际上可以认为和它的水平投影长度 $L_x$ 相等,因此有:

$$i = \frac{z_1 - z_2}{L_x} = \tan\theta$$

在测量中，我们直接测得的往往是水平投影长度 $L_x$，所以在实际工程中，上式用得比较多。

此外，由于无压流底坡 $i$ 很小，液流的过流断面与液流中所取的垂直断面（垂直于水平面）基本相同，因此在实际工程中液流的过流断面可取垂直断面，而液流深度 $h$ 也可沿铅垂直线（垂直于水平线）上量取。

### 5.6.2　无压均匀流发生所必须的条件

（1）必须是恒定流。

（2）沿流程的渠底（或管底）的坡度 $i$ 不变，过流断面的形状大小不变，粗糙系数 $n$ 也不变。

（3）必须是正坡（顺坡），即 $i>0$。

根据上述条件，无压均匀流实际上很难达到，为了便于计算，我们可以在人工渠道中创造条件，使液流在一段范围内尽量接近均匀流的情况。然后，将整个无压流分段按均匀流进行水力计算。

### 5.6.3　无压均匀流的计算公式

流速公式（即谢才公式）为：

$$v = C\sqrt{RJ}$$

由于 $J=i$，所以上式可以写成：

$$v = C\sqrt{Ri} \tag{5-26}$$

流量公式为：

$$Q = vA = AC\sqrt{Ri}$$

设 $K=AC\sqrt{R}$，称流量模数，$m^3/s$。其值相当于底坡等于 1 时的流量，代入上式可得：

$$Q = K\sqrt{i} \tag{5-27}$$

计算阻力系数 $C$ 的经验公式较多，我们常用最简单的曼宁公式，即 $C=\frac{1}{n}R^{1/6}$，若将曼宁公式计算的 $C$ 值分别代入无压流的流速和流量公式，可得：

$$v = \frac{1}{n}R^{\frac{2}{3}} \cdot i^{\frac{1}{2}} \tag{5-28}$$

$$Q = \frac{1}{n}AR^{\frac{2}{3}} \cdot i^{\frac{1}{2}} \tag{5-29}$$

式中　$v$——无压流的流速，m/s；

$Q$——无压流的流量，$m^3/s$；

$A$——过流断面面积，$m^2$；

$i$——渠底（或管底）的坡度；

$R$——过流断面的水力半径，m；

$C$——阻力系数，$m^{0.5}/s$；

$K$——流量模数，$m^3/s$；

$n$——管渠粗糙系数，根据管渠粗糙度来定。

### 5.6.4 圆管无压均匀流

在排水系统中，经常采用圆形管道，下面我们来讨论圆管无压流的情况。

在排水系统中，水流为圆管非满流，具有一定的充满度。所谓充满度，是指无压管流中液体的深度与管径的比值，即$\frac{h}{d}$，$\theta$称为充满角，如图5-14所示。一般情况下，排水管道的充满度$\frac{h}{d}<1$，为非满流。而计算非满流的流速和流量比较复杂，为了便于计算，并能利用满流时的计算资料，可以根据不同的充满度将非满流与满流的流速比和流量比的数值绘制成输水性能曲线图，如图5-15所示。

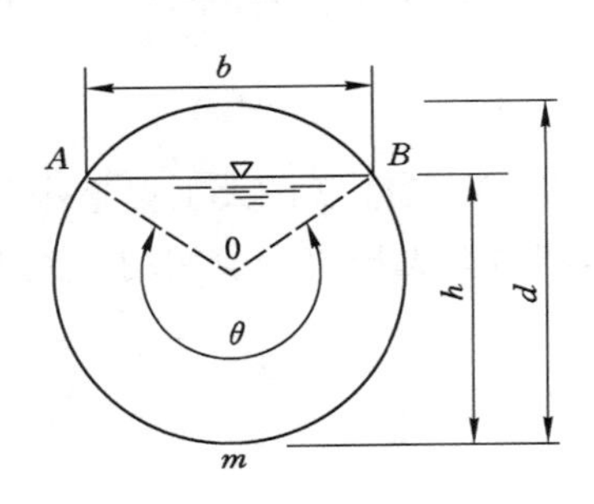


图5-14　充满度

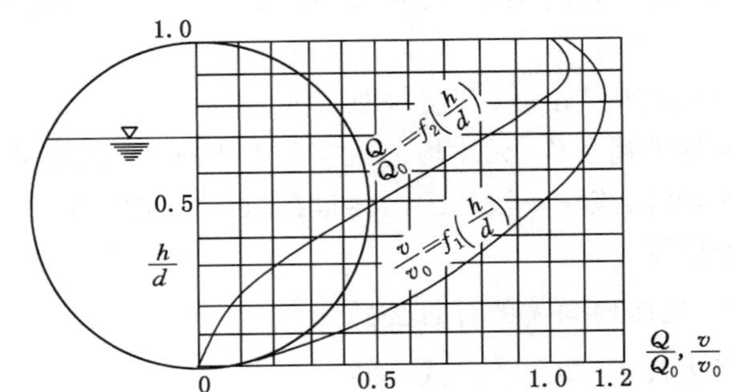


图5-15　圆管输水性能曲线图

在下面计算中，以$Q$、$v$分别表示非满流时的流量和流速，以$Q_0$、$v_0$分别表示满流时的流量和流速，则有：

流速比：

$$\frac{v}{v_0}=\frac{C\sqrt{Ri}}{C_0\sqrt{R_0 i}}=\frac{\frac{1}{n}R^{\frac{1}{6}}\sqrt{Ri}}{\frac{1}{n}R_0^{\frac{1}{6}}\sqrt{R_0 i}}=\left(\frac{R}{R_0}\right)^{\frac{1}{6}+\frac{1}{2}}=\left(\frac{R}{R_0}\right)^{\frac{2}{3}}=f_1\left(\frac{h}{d}\right) \tag{5-30}$$

流量比：

$$\frac{Q}{Q_0}=\frac{Av}{A_0 v_0}=\frac{A}{A_0}\left(\frac{R}{R_0}\right)^{\frac{2}{3}}=f_2\left(\frac{h}{d}\right) \tag{5-31}$$

由于非满流与满流的流速比和流量比都是充满度$\frac{h}{d}$的函数，所以在图5-15中，右边的曲线表示充满度与流速比的关系，左边的曲线表示充满度与流量比的关系。当管中为非满流时，各水力要素计算方法如下：

过水断面：

$$A=\frac{d^2}{8}(\theta-\sin\theta)=\frac{d^2}{8}\theta\left(1-\frac{\sin\theta}{\theta}\right)$$

湿周：

$$\chi=\frac{d}{2}\theta$$

水力半径：

$$R=\frac{d}{4}(1-\frac{\sin\theta}{\theta})$$

水深：

$$h=\frac{d}{2}(1-\cos\frac{\theta}{2})$$

充满角：

$$\theta=\arccos\frac{\frac{d}{2}-h}{\frac{d}{2}}$$

显然，用以上各公式来计算十分复杂与烦琐，在实际的水力计算中，通常是采用查图表的方法进行的。表5-6就是根据上述各公式编制的水力计算表。利用该表可以很方便地查得与某一充满度$\frac{h}{d}$对应的管道过水断面面积$A$、水力半径$R$与管径$d$的简单对应关系。

**表5-6 不同充满度时圆形管道的水力要素($d$以m计)**

| 充满度 $h/d$ | 过流面积 $A$ | 水力半径 $R$ | 充满度 $h/d$ | 过流面积 $A$ | 水力半径 $R$ | 充满度 $h/d$ | 过流面积 $A$ | 水力半径 $R$ |
|---|---|---|---|---|---|---|---|---|
| 0.05 | $0.0147d^2$ | $0.0326d$ | 0.40 | $0.2934d^2$ | $0.2142d$ | 0.75 | $0.6319d^2$ | $0.3017d$ |
| 0.10 | $0.0400d^2$ | $0.0635d$ | 0.45 | $0.3428d^2$ | $0.2331d$ | 0.80 | $0.6736d^2$ | $0.3042d$ |
| 0.15 | $0.0739d^2$ | $0.0920d$ | 0.50 | $0.3927d^2$ | $0.2500d$ | 0.85 | $0.7115d^2$ | $0.3033d$ |
| 0.20 | $0.1180d^2$ | $0.1206d$ | 0.55 | $0.4426d^2$ | $0.2649d$ | 0.90 | $0.7445d^2$ | $0.2980d$ |
| 0.25 | $0.1535d^2$ | $0.1466d$ | 0.60 | $0.4920d^2$ | $0.2776d$ | 0.95 | $0.7707d^2$ | $0.2865d$ |
| 0.30 | $0.1982d^2$ | $0.1709d$ | 0.65 | $0.5405d^2$ | $0.2881d$ | 1.00 | $0.7854d^2$ | $0.2500d$ |
| 0.35 | $0.2450d^2$ | $0.1935d$ | 0.70 | $0.5872d^2$ | $0.2962d$ | | | |

图5-15中的曲线是通过式(5-30)、式(5-31)计算后，由所得结果绘制而成的。

例如，当$\frac{h}{d}=0.7$时，查表可得：

$$A=0.5872d^2,\quad R=0.2962d$$

而当$\frac{h}{d}=1$时，查表可得：

$$A=\frac{\pi d^2}{4}=0.7854d^2,\quad R_0=\frac{A}{\chi}=\frac{\frac{\pi d^2}{4}}{\pi d}=0.25d$$

由此可以求出：

$$\frac{A}{A_0}=\frac{0.5872d^2}{0.7854d^2}\approx 0.748$$

$$\frac{R}{R_0}=\frac{0.2962d}{0.25d}\approx 1.185$$

所以流量比和速度比分别为：

$$\frac{Q}{Q_0}=\frac{A}{A_0}\left(\frac{R}{R_0}\right)^{\frac{2}{3}}=0.748\times(1.185)^{\frac{2}{3}}\approx 0.838$$

$$\frac{v}{v_0}=\left(\frac{R}{R_0}\right)^{\frac{2}{3}}=(1.185)^{\frac{2}{3}}\approx 1.120$$

在图5-15中，我们可以看出无压管流的一些特点：

(1) 当$\frac{h}{d}=0.81$时，$\frac{v}{v_0}$为最大值，即：

$$\left(\frac{v}{v_0}\right)_{\max}=1.16$$

这说明无压管流中，通过最大的流速并不在满流时，而在充满度$\frac{h}{d}=0.81$时。

(2) 当$\frac{h}{d}=0.95$时，$\frac{Q}{Q_0}$为最大值，即：

$$\left(\frac{Q}{Q_0}\right)_{\max}=1.087$$

这说明无压管流中，通过最大的流量也不在满流时，而在充满度$\frac{h}{d}=0.95$时。

产生上述结果的原因：水力半径在充满度$\frac{h}{d}=0.81$时达到最大，其后水力半径相对减小，但过水断面却在继续增加，当充满度$\frac{h}{d}=0.95$时，$A$值达到最大；随着充满度的继续增大，过水断面虽然还在增大，但湿周$\chi$增大得更多，以至于水力半径$R$相比之下反而降低了，所以过流量有所减少。

**【例5-7】** 某排水管道管径$d=150$ mm，坡度$i=0.008$，管道的粗糙系数$n=0.013$，充满度$\frac{h}{d}=0.7$，试求排水管道内污水的流速和流量。

**【解】** 根据公式计算满流流速和流量：

$$v_0=\frac{1}{n}R_0^{\frac{2}{3}}\cdot i^{\frac{1}{2}}=\frac{1}{n}\left(\frac{d}{4}\right)^{\frac{2}{3}}\cdot i^{\frac{1}{2}}=\frac{1}{0.013}\times\left(\frac{0.15}{4}\right)^{\frac{2}{3}}\times(0.008)^{\frac{1}{2}}\approx 0.77\ (\text{m/s})$$

$$Q_0=v_0A_0=v_0\frac{\pi}{4}d^2=0.77\times 0.785\times 0.15^2\approx 0.0136\ (\text{m}^3/\text{s})$$

从图5-15中可以查得，当充满度$\frac{h}{d}=0.7$时，流速比和流量比分别为：

$$\frac{v}{v_0}=1.13$$

$$\frac{Q}{Q_0}=0.86$$

所以：

$$v=1.13v_0=1.13\times 0.77\approx 0.87\ (\text{m/s})$$

$$Q=0.86Q_0=0.86\times 0.0136\approx 0.0117\ (\text{m}^3/\text{s})$$

在排水系统中，无压流的流速有一定的范围，即有最大允许流速$v_{\max}$和最小允许流速

$v_{min}$。因为流速太大，管渠将受到严重的冲刷，甚至造成损坏，所以最大允许流速也称不冲流速。若流速太小，排水中所含的泥沙及污物将会沉淀，使过流断面面积缩小，甚至发生阻塞现象，所以最小允许流速也称不淤流速。具体的流速范围将在有关的专业课中进行介绍。

## 思考与练习

5-1　什么是长管和短管？举例说明。

5-2　什么是管路阻抗？对于短管和长管有何区别？

5-3　在长管计算中的阻抗和比阻有什么区别？

5-4　串联管路和并联管路的水流特点是什么？

5-5　管网的类型有哪些？它们各有什么特点？

5-6　什么是控制点？如何选择控制点？离水源最远的点一定是该管网的控制点吗？

5-7　节点流量平衡的含义是什么？

5-8　直接水击和间接水击是如何区分的？哪一个危害更大？如何减弱水击的危害？

5-9　两水池用虹吸管连通，如图5-16所示。上下游水位差 $H=2$ m，$d=200$ mm，上游水面距离管顶 $h=1$ m，管长 $l_1=4$ m，$l_2=6$ m，$l_3=5$ m，$\lambda=0.02$，$\zeta_{进口}=8$，$\zeta_{出口}=1$，$\zeta_{弯头}=1.5$。求：(1) 虹吸管中的流量；(2) 虹吸管中压强最低点的位置及其最大真空压强值。

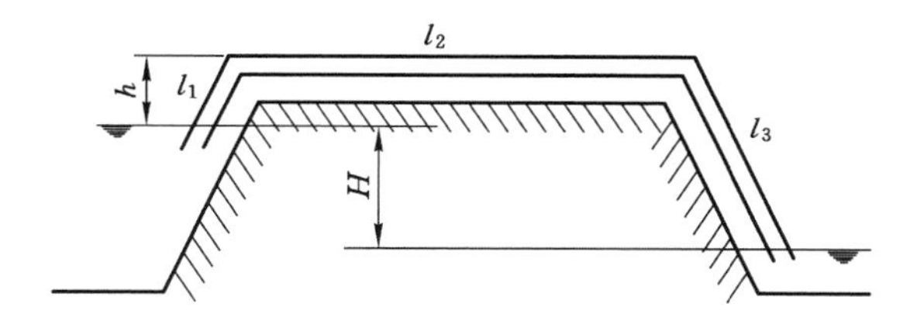


图5-16　题5-9图

5-10　水泵通过串联钢管向 $A$、$B$、$C$ 三点供水，如图5-17所示。已知 $C$ 点要求的出水压强是8 $mH_2O$，流量 $q_A=5$ L/s，$q_B=10$ L/s，$q_C=8$ L/s；管径 $d_1=150$ mm，$d_2=125$ mm，$d_3=100$ mm；管长 $l_1=400$ m，$l_2=250$ m，$l_3=300$ m。求水泵出口处的压强是多少？

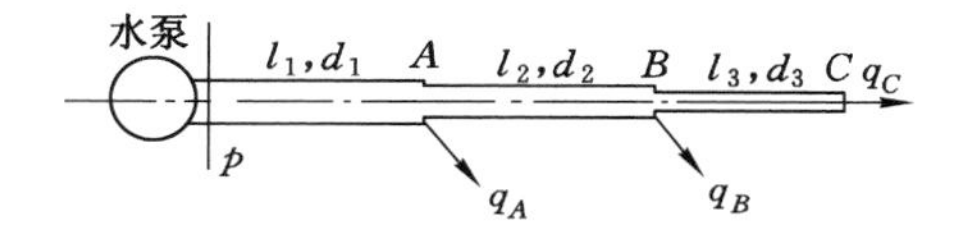


图5-17　题5-10图

5-11　如图5-18所示的水泵系统，吸水管：$l_{AC}=20$ m，$d_1=250$ mm；压水管：$l_{CE}=260$ m，$d_2=200$ mm。$\zeta_{底阀}=3.0$，$\zeta_{弯头}=0.2$，$\zeta_{出口}=1.0$，$Q=0.04$ $m^3/s$，$\lambda=0.03$。求：(1) 吸水管与压水管的阻抗值；(2) 水泵所需压头(即扬程)。

5-12　有一简单并联管路如图5-19所示，总流量 $Q=0.1$ $m^3/s$，$\lambda=0.02$，管径 $d_1=150$ mm，$d_2=150$ mm，管长 $l_1=500$ m，$l_2=600$ m。求各管段的流量及两节点间的水头损失。

5-13　热水采暖系统的一部分如图5-20所示，立管Ⅰ的直径 $d_1=20$ mm，管长 $l_1=20$

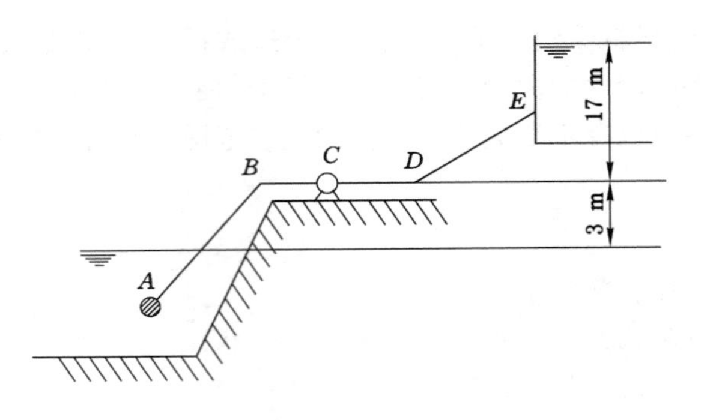


图 5-18　题 5-11 图

m，局部阻力系数 $\sum\zeta_1 = 15$；立管Ⅱ的直径 $d_2 = 15$ mm，管长 $l_2 = 10$ m，局部阻力系数 $\sum\zeta_2 = 14$，沿程阻力系数均为 $\lambda = 0.025$，总流量 $Q = 800$ L/h 。试计算各立管的流量为多少？

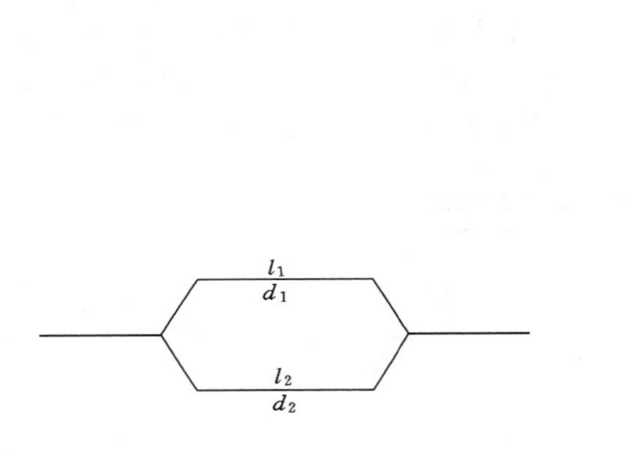


图 5-19　题 5-12 图

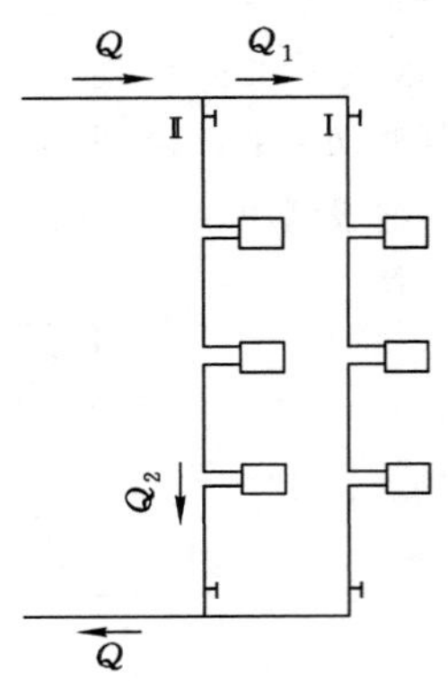


图 5-20　题 5-13 图

5-14　一供水系统如图 5-21 所示，在 A、B 两节点之间有三根并联管路，直径 $d_1 = d_3 = 300$ mm，$d_2 = 250$ mm；管道长度 $l_1 = 120$ m，$l_2 = 120$ m，$l_3 = 100$ m。管材采用钢管，总流量为 $Q = 250$ L/s。试求各并联管路的流量。

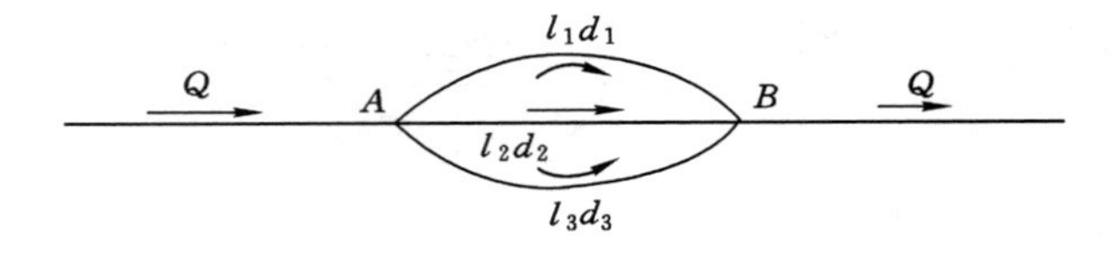


图 5-21　题 5-14 图

5-15　已知混凝土管道的粗糙系数 $n = 0.014$，管径 $d = 800$ mm，管底坡度 $i = 0.003$。试求：(1) 当流量为 400 L/s 时，管内水深 $h$ 是多少？(2) 流速 $v$ 是多少？

# 第 6 章　孔口、管嘴出流与气体射流

**知识目标**

1. 掌握：孔口出流流速、流量的计算方法；管嘴出流流速、流量的计算方法。
2. 理解：孔口、管嘴出流能力不同的原因。
3. 熟悉：几种气体射流的特性。

**能力目标**

1. 能应用所学知识解决实际的孔口、管嘴出流问题。
2. 能够应用公式进行实际射流计算。

**思政目标**

1. 结合暖通空调专业中孔板送风、风口射流等工程实例，进一步强化专业认同感和工程意识。

2. 结合射流中实验数据无因次化处理而获得重要结论的过程，启发学生透过现象看本质的哲学思维。

在实际工程中，除了涉及大量的管路计算问题外，研究流体经孔口、管嘴出流与气体射流，对供热通风与空调工程也具有很大的实用意义。在通风与空调工程中，通过风口或顶棚的多孔板向室内送风，自然通风中空气通过门窗的流量计算；供热工程中，管道内设置的调压板及孔板流量计算，都属于这类流动。本章应用流体力学的基本原理，结合流体运动的具体条件，研究孔口、管嘴出流及气体射流的运动规律及计算方法。

## 6.1　孔口出流

在容器侧壁或底部开孔，容器内的流体经孔口流出的流动现象，称为孔口出流。

如图 6-1 所示，孔口出流时，孔口具有很薄的边缘，流体与孔壁接触仅是一条周线，孔的壁厚对出流无影响，这样的孔口称为薄壁孔口；反之，称为厚壁孔口。

根据液面至侧壁孔口高 $d$ 与孔口中心的深度 $H$ 的比值($d/H$)，将孔口分为大孔口与小孔口两类：

若 $d \leqslant H/10$，这种孔口称为小孔口，这种情况可认为孔口断面上各点的水头都相等，各

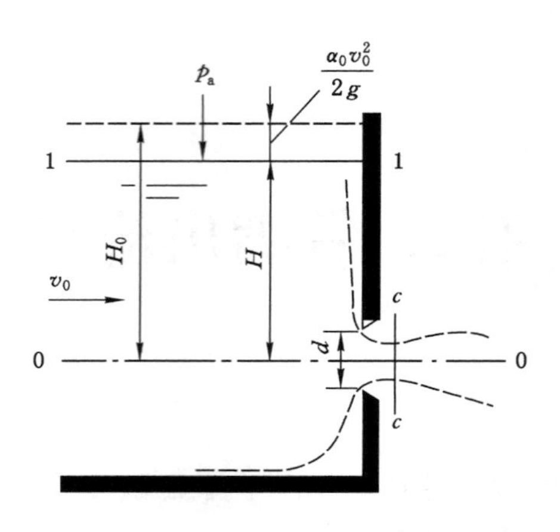


图 6-1　孔口自由出流

点的流速相同。

若 $d>H/10$,则称为大孔口,计算中应考虑孔口断面上不同高度的水头不相等,因此流速也是变化的。

经孔口出流的流体与周围的静止流体属于同一相时,这种孔口出流称为淹没出流。如果不是同一相时,则属于自由出流,如从水箱侧壁孔口流出的水流如进入空气中就是自由出流。

孔口出流时,$H$ 不随时间变化时,称为恒定出流;反之,称为非恒定出流。

下面讨论在恒定出流条件下,流体通过圆形薄壁小孔的出流规律。

### 6.1.1　孔口自由出流

如图 6-1 所示,水箱中水流从各个方向趋近孔口,由于水流运动的惯性,流线只能以光滑的曲线逐渐弯曲,因此在孔口断面上流线互不平行,而使水流在出口后继续形成收缩,直到距孔口约为 $d/2$ 处收缩完毕,流线在此趋于平行,这一断面称为收缩断面,如图 6-1 中的 $c$—$c$ 断面。

设收缩断面 $c$—$c$ 处的过流断面面积为 $A_c$,孔口的面积为 $A$,则两者的比值$\frac{A_c}{A}$反映了水流经过孔口后的收缩程度,称为收缩系数,以符号 $\varepsilon$ 表示,即 $\varepsilon=\frac{A_c}{A}$。

为了计算流体经小孔口出流的流速和流量,现以通过孔口中心的水平面为基准面,列出水箱水面 1—1 与收缩断面 $c$—$c$ 的能量方程式:

$$H+\frac{p_0}{\gamma}+\frac{\alpha_0 v_0^2}{2g}=\frac{p_c}{\gamma}+\frac{\alpha_c v_c^2}{2g}+h_j$$

式中,孔口的局部水头损失 $h_j=\zeta_c\frac{v_c^2}{2g}$,而且 $p_0=p_c=p_a$,令 $\alpha_0=\alpha_c=1.0$,则有:

$$H+\frac{v_0^2}{2g}=(1+\zeta_c)\frac{v_c^2}{2g}$$

令 $H_0=H+\frac{v_0^2}{2g}$,代入上式整理得:

收缩断面流速:

$$v_c = \frac{1}{\sqrt{1+\zeta_c}}\sqrt{2gH_0} = \varphi\sqrt{2gH_0} \tag{6-1}$$

孔口出流量：

$$Q = v_c A_c = \varphi \varepsilon A\sqrt{2gH_0} = \mu A\sqrt{2gH_0} \tag{6-2}$$

式中　$H_0$——孔口的作用水头，如 $v_0 \approx 0$，则 $H_0 \approx H$；

$\zeta_c$——孔口的局部阻力系数，根据实测，对圆形薄壁小孔口 $\zeta_c = 0.06$；

$\varphi$——孔口的流速系数，可得 $\varphi = \frac{1}{\sqrt{1+\zeta_c}}$，对圆形薄壁小孔口 $\zeta_c = 0.06$，所以 $\varphi = \frac{1}{\sqrt{1+\zeta_c}} = \frac{1}{\sqrt{1+0.06}} \approx 0.97$；

$\mu$——孔口的流量系数，根据实测，对于圆形薄壁小孔口 $\varepsilon = 0.62 \sim 0.64$，$\mu = \varepsilon\varphi = 0.60 \sim 0.62$；

$A$——孔口面积，$m^2$；

$Q$——孔口出流的流量，$m^3/s$。

式(6-1)、式(6-2)即为圆形薄壁小孔口恒定出流的基本公式。

### 6.1.2　孔口淹没出流

如前所述，当液体从孔口直接流入另一个充满相同液体的空间时称为淹没出流，如图6-2所示。

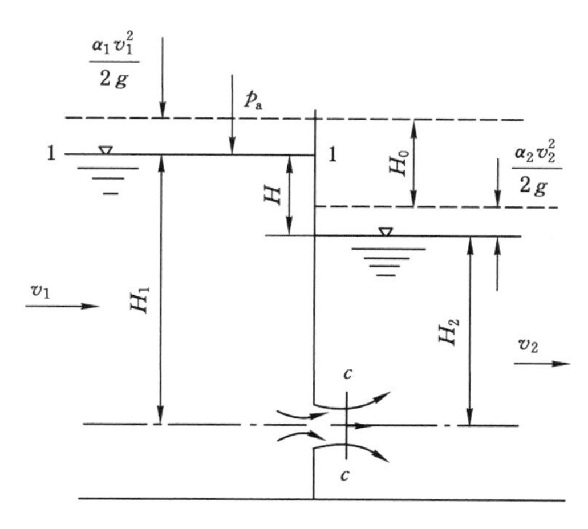


图6-2　孔口淹没出流

同孔口自由出流一样，由于惯性作用，水流经孔口后仍然形成收缩断面，然后扩大。孔口淹没出流与自由出流的不同之处在于孔口两侧都有一定的液体深度，因而作用水头有所不同。

现以通过孔口形心的水平面作为基准面，列出水箱两侧水面1—1与2—2的能量方程式：

$$H_1 + \frac{p_1}{\gamma} + \frac{\alpha_1 v_1^2}{2g} = H_2 + \frac{p_2}{\gamma} + \frac{\alpha_2 v_2^2}{2g} + h_w$$

由于 $p_1 = p_2 = p_a$，取 $\alpha_1 = \alpha_2 = 1.0$，忽略两断面之间的沿程水头损失，而局部损失包括

孔口的局部损失和收缩断面之后突然扩大的局部水头损失，设它们的局部阻力系数分别为 $\zeta_c$ 和 $\zeta_k$，则水头损失为：

$$h_w = h_j = (\zeta_c + \zeta_k)\frac{v_c^2}{2g}$$

将上述已知条件代入能量方程式得：

$$H_1 + \frac{v_1^2}{2g} = H_2 + \frac{v_2^2}{2g} + (\zeta_c + \zeta_k)\frac{v_c^2}{2g}$$

令

$$H_0 = (H_1 - H_2) + (\frac{v_1^2}{2g} - \frac{v_2^2}{2g})$$

为孔口淹没出流的作用水头，则上式可写为：

$$H_0 = (\zeta_c + \zeta_k)\frac{v_c^2}{2g}$$

$$v_c = \frac{1}{\sqrt{\zeta_c + \zeta_k}}\sqrt{2gH_0} \tag{6-3}$$

则孔口淹没出流的流量为：

$$Q = v_c A_c = v_c \varepsilon A = \frac{1}{\sqrt{\zeta_c + \zeta_k}}\varepsilon A\sqrt{2gH_0} \tag{6-4}$$

式中　$\zeta_c$——孔口处的局部阻力系数；

$\zeta_k$——流体在收缩断面之后突然扩大的局部阻力系数。

由于断面 2—2 远大于断面 $c$—$c$，所以突然扩大局部阻力系数 $\zeta_k = (1 - \frac{A_c}{A_2})^2 \approx 1$。于是令：

$$\varphi = \frac{1}{\sqrt{\zeta_c + \zeta_k}} = \frac{1}{\sqrt{1 + \zeta_c}}$$

$\varphi$ 为淹没出流的流速系数。对比自由出流 $\varphi$ 在孔口形状尺寸相同的情况下，其值相等，但含义有所不同。对照自由出流的计算公式，$\mu = \varepsilon\varphi$，$\mu$ 为淹没出流的流量系数。式(6-4)可写成：

$$Q = \mu A\sqrt{2gH_0} \tag{6-5}$$

上式为水箱上、下游液面压强为大气压强(即为敞口容器时)淹没出流的计算公式。式中作用水头在水箱断面较大时(如 $v_1 = v_2 \approx 0$)，等于水箱两侧液面总水头之差。但如果上、下游水箱液面压强不等于大气压(为封闭容器时)，式中的作用水头 $H_0 = (H_1 - H_2) + (\frac{p_1}{\gamma} - \frac{p_2}{\gamma})$。式中其他符号的意义同式(6-1)、式(6-2)。

气体出流一般为淹没出流，流量计算与式(6-5)相同，但式中要用压强差代替水头差。公式应变为：

$$Q = \mu A\sqrt{\frac{2\Delta p_0}{\rho}} \tag{6-6}$$

式中，$\Delta p_0$ 如同式(6-2)中的 $H_0$，是促使出流的全部能量，其值为：

$$\Delta p_0 = (p_1 - p_2) + \frac{\rho(\alpha_1 v_1^2 - \alpha_2 v_2^2)}{2}$$

由于 $v_1$、$v_2$ 一般比较接近，故：

$$\Delta p_0 = (p_1 - p_2)$$

$$Q = \mu A \sqrt{\frac{2\Delta p_0}{\rho}} = \mu A \sqrt{\frac{2}{\rho}(p_1 - p_2)} \tag{6-7}$$

式中　$A$——孔口面积，$m^2$；

　　$Q$——通过孔口的流量，$m^3/s$。

### 6.1.3　孔口出流的应用

(1) 孔板送风

孔板送风是将处理过的清洁空气用风机送到房间顶部的夹层空间，并使夹层内的压强比房内的压强大，夹层内的空气通过布置在房顶顶棚上的小圆孔流到房内，达到净化房内空气的目的。

**【例 6-1】**　如图 6-3 所示，若顶棚上布置有直径 $d=1$ cm的小孔 $N=500$ 个，所送空气的温度 $t=20$ ℃(此时 $\rho=1.2\ kg/m^3$)，夹层内压强比房内大 200 Pa。求孔口的出流速度和向房间的送风量。($\varphi=0.97$，$\mu=0.6$)

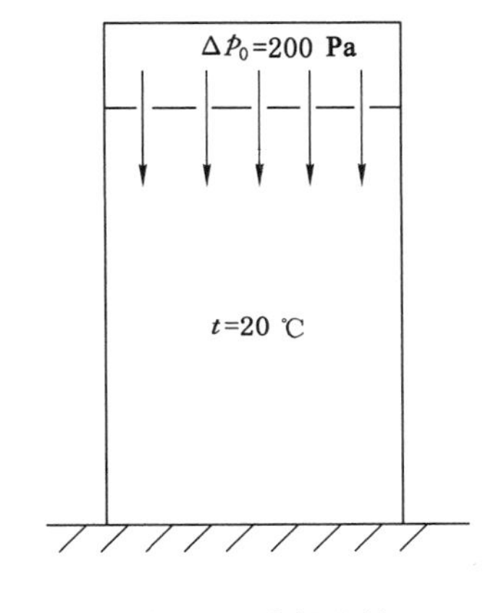

图 6-3　孔板送风

**【解】**　计算孔口流速 $v_c$ 用下列公式：

$$v_c = \varphi \sqrt{\frac{2\Delta p_0}{\rho}}$$

式中，$\varphi=0.97$，$\rho=1.2\ kg/m^3$(20 ℃时)，$\Delta p_0=200$ Pa。

代入上式得：

$$v_c = 0.97 \times \sqrt{\frac{2}{1.2} \times 200} \approx 17.71\ (m/s)$$

计算向房间的送风量，先计算每个小孔的送风量，用式(6-7)，有：

$$Q' = \mu A \sqrt{\frac{2}{\rho}\Delta p_0}$$

其中，$\mu=0.6$，代入上式得：

$$Q' = 0.6 \times \frac{\pi}{4} \times 0.01^2 \times \sqrt{\frac{2}{1.2} \times 200} \approx 8.6 \times 10^{-4}\ (m^3/s)$$

总送风量：

$$Q = N \cdot Q' = 500 \times 8.6 \times 10^{-4} = 0.43\ (m^3/s) = 1\ 548\ (m^3/h)$$

(2) 自然通风量的计算

在工业厂房通风工程中，常会遇到利用热压进行自然通风换气的实例。由于室内热源等因素的影响，厂房内空气的温度一般高于室外空气的温度，即室外空气的密度大于室内空气的密度，因而会产生引起空气流动的压强差。在此压差作用下，冷空气由底部侧窗流入，经过室内热源加热之后，热空气从上部天窗排出，从而形成室内空气的不断对流。这种由空气本身温度变化所引起的换气现象，称为建筑物的自然通风。当空气流经厂房的侧窗或天窗时，其出流规律可按气体的孔口淹没出流考虑。

由图 6-4 可以看出，当空气从侧窗流入厂房时，室外空气的压强必须大于室内空气压强；而空气从厂房上部天窗排出时，室内空气压强则必须大于室外空气压强。也就是说，室内空气压强相对室外空气压强是一个由小到大的连续变化过程。因此，在室内某一高度必然会有一个与室外空气压强相等的等压面0—0。设该等压面距进风窗中心的高度为 $h_1$，距排风窗中心的高度为 $h_2$，进、排风窗中心的高差为 $H$；室内空气的密度为 $\rho_n$，室外空气的密度为 $\rho_w$，则进风窗内、外空气的压强差为：

$$\Delta p_j = \rho_w g h_1 - \rho_n g h_1 = (\rho_w - \rho_n) g h_1$$

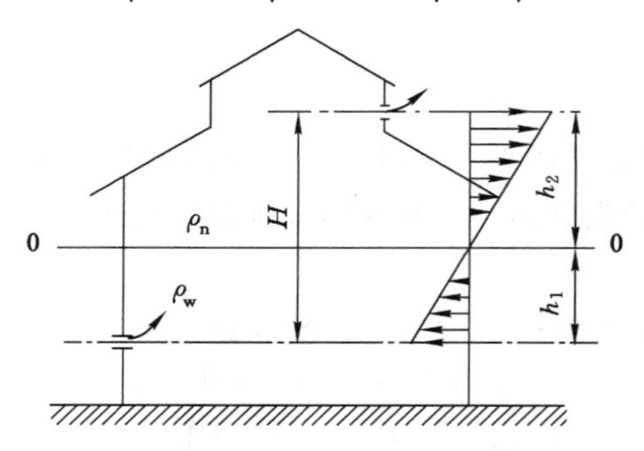


图 6-4　厂房自然通风

排风窗内、外空气的压强差为：

$$\Delta p_p = -(\rho_n g h_2 - \rho_w g h_2) = (\rho_w - \rho_n) g h_2$$

然后可利用气体孔口淹没出流计算公式求出自然通风的以重量流量来表示的通风风量（注意：进风窗和排风窗通过的气体温度不同，所以密度不同，体积流量不同，它们的重量流量是相同的，这正好符合流体运动的连续性方程）：

$$G = \rho g Q = \mu A g \sqrt{2\rho\Delta p} \tag{6-8}$$

式中　$G$——流经进风窗或排风窗空气的重量流量，N/s；

$Q$——流经进风窗或排风窗空气的体积流量，$m^3/s$；

$\mu$——流量系数；

$A$——进风窗或排风窗的窗口面积，$m^2$；

$\Delta p$——进风窗或排风窗内、外空气的压强差，Pa，计算进风量时采用 $\Delta p_j$ 计算，计算排风量时采用 $\Delta p_p$ 计算；

$\rho$——空气的密度，$kg/m^3$，计算进风量时采用 $\rho_w$，计算排风量时采用 $\rho_n$。

## 6.2　管嘴出流

在孔口上对接一段长度为(3～4)$d$ 的圆形短管，如图 6-5 所示，即形成管嘴，流体经过管嘴流出的现象称为管嘴出流。下面将对圆柱形外管嘴出流进行分析。

### 6.2.1　圆柱形外管嘴的恒定出流

如同孔口出流一样，当流体从各方向汇集并流入管嘴以后，由于惯性作用，流体也要发生收缩，从而形成收缩断面 $C$—$C$。在收缩断面流体与管壁脱离，并伴有旋涡产生，然后流体逐渐扩大充满整个断面满管流出。由于收缩断面是封闭在管嘴内部（这一点和孔口出流完全不同），会产生负压，出现管嘴出流时的真空现象。

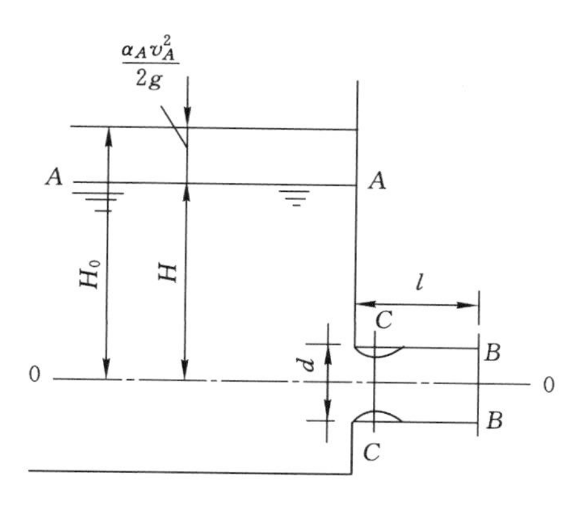


图 6-5　圆柱形管嘴出流

下面推导管嘴出流的流速、流量计算公式。

以通过管嘴中心的水平面为基准面，列出水箱水面 $A—A$ 和管嘴出口断面 $B—B$ 的能量方程式：

$$z_A + \frac{p_A}{\gamma} + \frac{\alpha_A v_A^2}{2g} = z_B + \frac{p_B}{\gamma} + \frac{\alpha_B v_B^2}{2g} + \zeta \frac{v_B^2}{2g}$$

由于 $z_A = H, z_B = 0$，取动能修正系数 $\alpha_A = \alpha_B = 1.0$，代入上式得：

$$H + \frac{p_A}{\gamma} + \frac{v_A^2}{2g} = \frac{p_B}{\gamma} + \frac{v_B^2}{2g} + \zeta \frac{v_B^2}{2g}$$

设作用水头 $H_0 = H + \frac{v_A^2}{2g}$，$p_A = p_B = p_a$，代入上式整理得：

$$H_0 = (1+\zeta)\frac{v_B^2}{2g}$$

所以：

$$v_B = \frac{1}{\sqrt{1+\zeta}}\sqrt{2gH_0} = \varphi\sqrt{2gH_0} \tag{6-9}$$

$$Q = v_B A = \varphi A\sqrt{2gH_0} = \mu A\sqrt{2gH_0} \tag{6-10}$$

式中　$H_0$——管嘴出流的作用水头，如果流速 $v_A$ 很小时，可近似认为 $H_0 = H$；

$\zeta$——管嘴局部阻力系数，由于管嘴的局部阻力主要是管嘴进口的阻力，它相当于边缘尖锐的管道入口的情况，从第4章常用局部损失系数图中查得锐缘进口 $\zeta = 0.5$；

$\varphi$——管嘴流速系数，$\varphi = \frac{1}{\sqrt{1+\zeta}} = \frac{1}{\sqrt{1+0.5}} \approx 0.82$；

$\mu$——管嘴流量系数，因管嘴出口断面无收缩，所以 $\mu = \varphi = 0.82$。

式(6-9)、式(6-10)就是管嘴自由出流流速与流量的计算公式。

如果把圆柱形外管嘴与薄壁圆形小孔口加以比较，设两者的作用水头相等，并且管嘴的过流断面积与孔口的过流断面积也相等，则流量比为：

$$\frac{Q_{嘴}}{Q_{孔}} = \frac{\mu_{嘴} A\sqrt{2gH_0}}{\mu_{孔} A\sqrt{2gH_0}} = \frac{0.82}{0.62} = 1.32$$

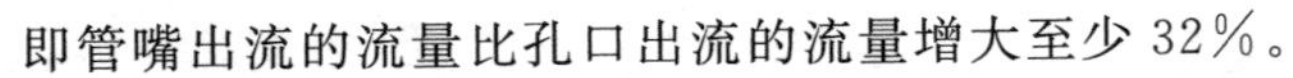

即管嘴出流的流量比孔口出流的流量增大至少 32%。

为什么会出现上述管嘴出流流量较大的情况呢？下面来进行进一步的分析。

仍以通过管嘴中心水平面为基准面，列出收缩断面 $C—C$ 与出口断面 $B—B$ 的能量方程式：

$$\frac{p_C}{\gamma}+\frac{\alpha_C v_C^2}{2g}=\frac{p_B}{\gamma}+\frac{\alpha_B v_B^2}{2g}+h_w$$

则有：

$$\frac{p_B}{\gamma}-\frac{p_C}{\gamma}=\frac{\alpha_C v_C^2}{2g}-\frac{\alpha_B v_B^2}{2g}-h_w$$

式中　$h_w$——突然扩大局部损失＋管嘴内沿程损失，取 $(\zeta_m+\lambda\frac{L}{d})\frac{v_B^2}{2g}$；

$\zeta_m$——对应于扩大后流速水头的局部阻力系数。

根据第 4 章第 4.7 节的结论，$\zeta_m=(\frac{A}{A_C}-1)^2$，$A_C$ 是收缩断面面积，$A$ 是管嘴的断面面积。而 $\frac{A}{A_C}=\frac{1}{\varepsilon}$，所以 $\zeta_m=(\frac{1}{\varepsilon}-1)^2$。在上述能量方程式中，$p_B=p_a$，$\alpha_C=\alpha_B=1.0$，所以：

$$v_C=\frac{A}{A_C}v_B=\frac{1}{\varepsilon}v_B$$

则能量方程可以写为：

$$\frac{p_a}{\gamma}-\frac{p_C}{\gamma}=\frac{1}{\varepsilon^2}\frac{v_B^2}{2g}-\frac{v_B^2}{2g}-(\frac{1}{\varepsilon}-1)^2\frac{v_B^2}{2g}-\lambda\frac{l}{d}\frac{v_B^2}{2g}$$

$$\frac{p_a-p_C}{\gamma}=[\frac{1}{\varepsilon^2}-1-(\frac{1}{\varepsilon}-1)^2-\lambda\frac{l}{d}]\frac{v_B^2}{2g}$$

可得 $\frac{v_B^2}{2g}=\varphi^2 H_0$，因此：

$$\frac{p_a-p_C}{\gamma}=[\frac{1}{\varepsilon^2}-1-(\frac{1}{\varepsilon}-1)^2-\lambda\frac{l}{d}]\varphi^2 H_0$$

当 $\varepsilon=0.64$，$\lambda=0.02$，$\frac{l}{d}=3$，$\varphi=0.82$ 时，代入上式得：

$$\frac{p_a-p_C}{\gamma}=0.75H_0 \tag{6-11}$$

式(6-11)即为圆柱形外管嘴在收缩断面产生真空度的数学表达式。该式表明圆柱形外管嘴在收缩断面出现的真空度可以达到管嘴作用水头的 0.75 倍，而且 $H_0$ 越大，收缩断面上的真空值亦越大，其效果相当于把管嘴的作用水头增大了 75%，所以尽管管嘴出流的阻力要大于孔口出流，但管嘴出流的流量要比孔口出流大得多，因此管嘴出流在工程上应用较广。

但是要注意，管嘴收缩断面上的真空值是有一定限制的，当真空值达到 7.0～8.0 $mH_2O$ 时，常温下的水就会发生汽化而不断产生气泡，破坏了连续流动，同时在较大的气压差作用下，空气从管嘴出口被吸入真空区，使收缩断面真空遭到破坏，此时管嘴已不能保持满管出流。因此，要保持管嘴的正常出流，收缩断面的真空值必须要控制在 7 $mH_2O$ 以下，所以圆柱形外管嘴的作用水头为：

$$H_0\leqslant\frac{7}{0.75}\approx 9.3\ mH_2O$$

这是管嘴正常工作的条件之一。

另外管嘴的长度也有一定要求，长度大时阻力也相应增大，这会使出流量减少。但太短，水流收缩后来不及扩大到满管出流，收缩断面就不能被封闭在管嘴中形成真空，因此一般取管嘴长度为(3～4)$d$，这是外管嘴能够正常工作的另一个条件。

### 6.2.2　其他形式的管嘴

除了圆柱形外管嘴之外，工程中还用到一些其他类型的管嘴，对于这些管嘴的出流，其流速、流量的计算公式与圆柱形外管嘴形式是相同的，但流速系数、流量系数各不相同。下面介绍几种工程上常用的管嘴：

(1) 流线型管嘴

如图6-6(a)所示，这种管嘴的外形符合流线形状，因此水头损失较小，其流速系数和流量系数 $\varphi=\mu=0.97\sim0.98$，适用于要求流量大而水头损失小、出口断面上速度分布均匀的场合。

(2) 收缩圆锥型管嘴

如图6-6(b)所示，其外形呈圆锥收缩状，这种管嘴可以得到高速而密集的射流。其流量系数和流速系数与圆锥收缩角口有关，当 $\theta=32°24'$时，$\varphi=0.96$，$\mu=0.94$，达到最大值，适用于要求加大喷射速度的场合，如消防水枪、水力喷砂管、射流泵等。

(3) 扩大圆锥型管嘴

如图6-6(c)所示，其外形呈圆锥扩张状，这种管嘴可以得到分散而流速小的射流。其流速系数与流量系数与圆锥扩张角 $\theta$ 有关，当 $\theta=5°\sim7°$时，$\varphi=\mu=0.42\sim0.50$，适用于把部分动能转化为压能来加大流量的场合，如引射器的扩压管、水轮机的尾水管、扩散形送风口等。

**【例6-2】** 水从封闭的容器中经管嘴流入敞口水池中，如图6-7所示，已知管嘴的直径为10 cm，容器与水池中水面高差 $h=2$ m，封闭容器液面相对压强为49.05 kPa，试求流经管嘴的流量是多少？

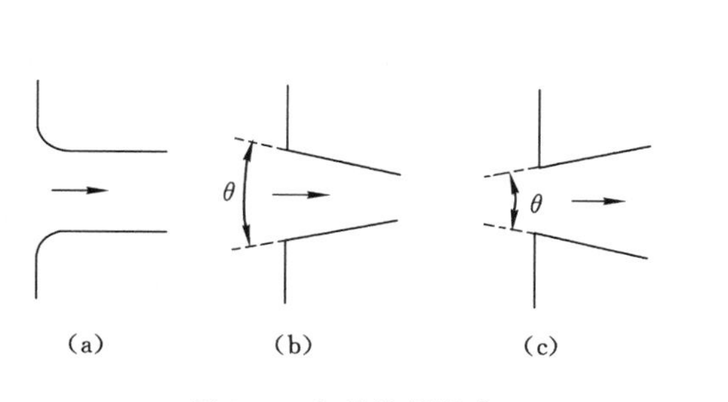


图6-6　各种常用管嘴

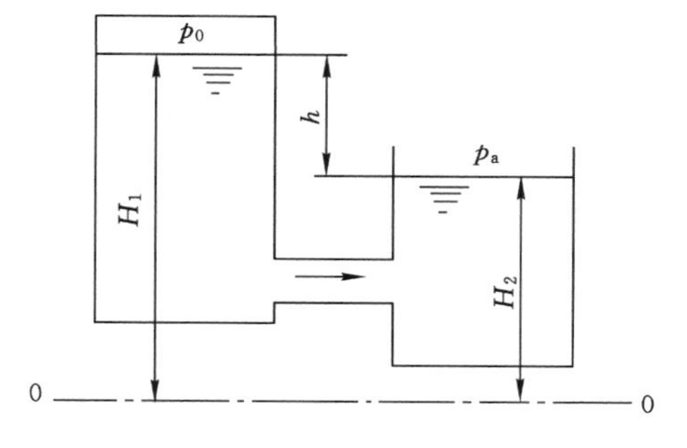


图6-7　管嘴计算

**【解】** 由于容器和水池的过流断面远大于管嘴过流断面，所以液面流速水头均接近于零，因此管嘴的作用水头仅为两水面测压管水头之差，即：

$$H_0=(H_1+\frac{p_1}{\gamma})-(H_2+\frac{p_2}{\gamma})=(H_1-H_2)+\frac{p_1}{\gamma}=h+\frac{p_1}{\gamma}$$

已知 $h=2$ m，$p_1=49.05$ kPa，$\gamma=9.807$ kN/m$^3$，所以：

$$H_0=2+\frac{49.05}{9.807}\approx7\ (\text{mH}_2\text{O})$$

根据 $Q=\mu A\sqrt{2gH_0}$，$\mu=0.82$，$A=\frac{1}{4}\pi d^2$，可得：

$$Q=0.82\times\frac{1}{4}\times3.14\times0.1^2\times\sqrt{2\times9.807\times7}\approx0.075\ (\mathrm{m^3/s})=75\ (\mathrm{L/s})$$

## 6.3 无限空间淹没紊流射流

流体经孔口或管嘴流出，流入另一部分流体介质中的流动现象，称为射流。

在供热通风与空调工程中所应用的射流多为气体射流，如空调送风、空气幕运行等。对所遇射流可进行如下简单分类：

(1) 按照射流的流体种类，有气体射流和液体射流。

(2) 按射流与射流流入空间的流体是否同相，有淹没射流和自由射流。

(3) 按照出流空间大小、对射流的流动是否有影响，有无限空间射流和有限空间射流。当流动空间很大，射流基本不受周围固体边壁的影响时，称为无限空间射流。

(4) 按照喷口形状，又可分为圆形射流、矩形射流和条缝射流。圆形射流是轴对称射流，如矩形喷口的长短边之比不超过 3∶1 时，矩形射流能够迅速发展为圆形射流，只需要根据当量直径，就可采用圆形射流公式进行计算。当矩形喷口长短边之比超过 10∶1 时，就属于条缝射流，条缝射流又称为平面射流。

(5) 按照射流的流态，有层流射流和紊流射流。气体淹没射流的流态一般都是紊流，层流射流几乎是不存在的。

下面讨论无限空间气体紊流淹没射流，简称气体紊流射流。这里需要指出的是，射流与周围气体温度相同。下面主要研究气体紊流射流的运动规律。

### 6.3.1 射流的形成与结构

现以无限空间中圆形断面紊流射流为例，分析射流的运动情况。

当气体从孔口或管嘴以一定的流速喷出后，由于射流为紊流流态，紊流的横向脉动造成射流与周围气体发生动量交换，从而把相邻的静止流体卷吸到射流中来，两者一起向前运动，于是射流的过流断面沿程不断扩大，流量不断增加。

射流的动量交换和卷吸作用是从外向内逐渐发展的，在距喷口断面距离较短的范围内，射流中心的气体还没来得及与周围气体相互作用，仍保持原喷口流速的区域，称为射流核心，如图 6-8 所示的 $AOD$ 部分。而射流核心以外的区域流速小于 $v_0$，称为边界层。由于卷吸的不断加强，参与动量交换的气体数量不断增加，射流边界层的范围从喷口沿射流方向不断扩大，射流核心区沿程不断减小，如图 6-8 所示到达距喷口 $S_n$ 处，也就是断面 $BOE$ 处，边界层扩展到射流轴心，射流核心消失，这个断面称为过渡断面或临界断面。

以过渡断面为界，从喷口到过渡断面称为射流的起始段。过渡断面以后的射流称为射流主体段。起始段射流轴心的速度都为 $v_0$，而主体段轴心速度沿 $x$ 方向不断下降。

### 6.3.2 射流的特征

根据实验，紊流射流的基本特征主要表现在以下三个方面：

(1) 几何特征

无限空间淹没紊流射流由于不受周围固体边壁的影响，由图 6-8 可以看出，射流的外边

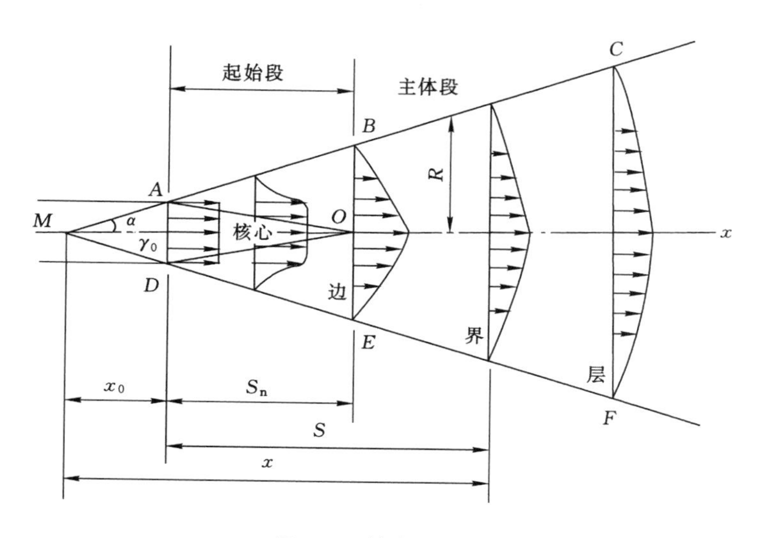


图 6-8　射流的结构

界呈直线状扩散，两条边界线 $ABC$ 与 $DEF$ 延长交于喷口内 $M$ 点，该点称为射流的极点。两边界线夹角的一半称为射流的极角或扩散角，以符号 $\alpha$ 表示。

从喷口轴心延长的 $x$ 轴方向为圆断面射流的对称轴，射流任一断面的轴心到边界线的距离为该截面的半径 $R$(对平面射流称为半高度 $b$)。射流的任一断面的半径(或半高度)与该断面到极点的距离成正比。

射流极角的大小与紊流强度和喷口断面的形状有关，可用下式计算：

$$\tan\alpha = a\varphi \tag{6-12}$$

式中　$\alpha$——射流的极角；

$a$——紊流系数，该值取决于喷口结构形式和气流经过喷口时受扰动的程度；

$\varphi$——喷口形状系数，对圆形喷口 $\varphi=3.4$(对矩形喷口只要喷口长短边比不超过3∶1时，也可以按圆形喷口计算)，对条缝形喷口 $\varphi=2.44$。

由上式可以看出，射流极角的大小取决于紊流系数，紊流强度越大，射流卷吸能力越强，被带入射流的周围气体数量越多，扩散角也相应越大。

表 6-1 中列出了常用喷口的紊流系数和相应的扩散角。

**表 6-1　常用喷口的紊流系数、扩散角**

| 喷口种类 | 紊流系数 $a$ | 扩散角 $\alpha$ | 喷口种类 | 紊流系数 $a$ | 扩散角 $\alpha$ |
|---|---|---|---|---|---|
| 带有收缩口的光滑卷边喷嘴 | 0.066 | 12°40′ | 带有导风板或栅栏的喷管 | 0.09 | 17°00′ |
| 圆柱形喷口 | 0.076 | 14°30′ | 平面狭缝喷口 | 0.12 | 16°20′ |
| 方形喷管 | 0.10 | 18°45′ | 带有金属网的轴流风机 | 0.24 | 39°20′ |
| 带有导风板的轴流风机 | 0.12 | 22°15′ | 带导流板的直角弯管 | 0.20 | 34°15′ |
| 收缩极好的平面喷口 | 0.108 | 14°40′ | 带有导叶且加工磨圆边口的风道上纵向条缝 | 0.155 | 20°40′ |

当扩散角确定后，射流边界相应也被确定，因此射流只能以这样的扩散角做扩散运动。即射流各断面的半径(对平面射流为半高度)是成比例的，这就是射流的几何特征。

根据这一特征，就可以计算圆断面射流各断面半径沿射程的变化规律，对照图 6-8 有：

$$\frac{R}{r_0}=\frac{x_0+S}{x_0}=1+\frac{S}{r_0/\tan\alpha}=1+3.4a\frac{S}{r_0}=3.4(\frac{aS}{r_0}+0.294) \tag{6-13}$$

以直径表示，有：

$$\frac{D}{d_0}=6.8(\frac{aS}{d_0}+0.147) \tag{6-14}$$

(2) 运动特征

紊流射流质点的横向脉动，使射流的质点与周围气体发生动量交换，从而把周围气体带入射流，随同射流一起向前运动。这种卷吸作用会造成射流各断面的半径和流量随射程的逐渐增大而增大，而流速逐渐减小。在射流主体段各断面流速分布也不相同，沿射流流程轴心流速逐渐减小，流速分布图扁平化，这是射流和管道流动的不同之处。

为了能够方便地计算出射流主体段任意一个断面中任意一点的流速，许多学者做了大量实验。结果表明，尽管由于卷吸作用使主体段各断面流速分布完全不同，但各断面的运动具有相似性。就整个射流而言，沿射程各断面上的流速不断衰减，但卷吸进来的流体与射流气体之间的动量交换强度是从外向内逐渐减弱，因此，各断面轴心处的流速为最大，从轴心向外，流速由最大值逐渐减小到零。因此，各断面流速分布虽然不同，但对大量实验所得数据的无因次化整理后，可以找出射流主体段各断面的无因次速度与无因次距离之间具有同一性。在这里，无因次速度是指射流横断面上任意一点流速 $u$ 与同一断面上轴心流速 $u_m$ 的比值，即：

$$\frac{u}{u_m}=\frac{\text{任意一断面上任意一点的流速}}{\text{同一断面上轴心流速}}$$

无因次距离是指上述射流横断面上任意一点到轴心的距离 $y$ 与同一断面上射流半径 $R$ 的比值，即：

$$\frac{y}{R}=\frac{\text{横断面上流速为 } u \text{ 的点到轴心的距离}}{\text{同一断面上的射流半径}}$$

射流主体段任一断面的无因次速度和无因次距离之间具有这样的相似性：

$$\frac{u}{u_m}=[1-(\frac{y}{R})^{1.5}]^2 \tag{6-15}$$

上式表明各断面速度分布虽不相同，但各断面的无因次速度分布规律是相同的。主体段任一断面上从轴心到外边界各点的流速与断面轴心流速之比的变化规律是从 1 到 0，而相应各点到轴心的距离与该断面半径之比的变化规律是从 0 到 1。根据这样的规律，只要知道所求断面到喷口的距离，利用几何相似的原理求出该断面的半径，然后只需求出该断面轴心的流速，就可利用上式求出该断面任意一点的气流速度。

(3) 动力特征

实验表明，在整个射流范围内，任意一点的压强等于周围静止气体的压强。如果任取两横断面间的射流为控制体，分析作用在其上的所有外力，因各断面上所受静压强均相等，则控制体上所有的外力之和等于零。因此，根据动量方程式可以导出，单位时间内射流各横断面上的动量相等。其表达式为式(6-16)，这就是气体紊流射流的动力特征，它是理论上推

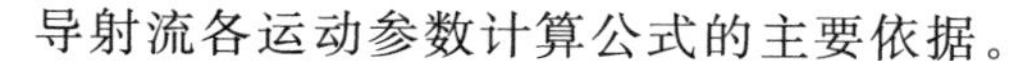

导射流各运动参数计算公式的主要依据。

$$\rho Q_0 v_0 = \pi \rho r_0^2 v_0^2 = \int_0^R \rho u^2 2\pi y \mathrm{d}y \tag{6-16}$$

式中 $Q_0$——射流出口断面上的流量，$\mathrm{m^3/h}$；

$\rho$——射流气体的密度，$\mathrm{kg/m^3}$。

# 6.4 圆断面射流和平面射流

## 6.4.1 圆断面射流运动参数的计算

在前面介绍了圆断面射流的结构及特征，根据射流的几何特征可以得出射流沿流程的作用范围，即射流半径沿程的变化规律。

在实际工程中，不但要了解射流运动的扩散范围，还要掌握射流中的运动参数沿射程的变化规律。

根据射流的结构，射流沿射程可以分为起始段和主体段两部分。由于紊流射流的卷吸作用，流速沿程衰减，射流轴心保持喷口速度的起始段一般很短，在工程中具有实用价值的主要为主体段，因此掌握射流在主体段上运动参数的变化规律更有意义。

由于篇幅所限，这里不进行公式的推导，而直接给出其计算公式，见表6-2。

**表6-2 射流主体段参数计算公式**

| 参数名称 | 符号 | 圆断面射流 | 平面射流 |
|---|---|---|---|
| 扩散角 | $\alpha$ | $\tan\alpha = 3.4a$ | $\tan\alpha = 2.44a$ |
| 射流直径或半高度 | $D$<br>$b$ | $\frac{D}{d_0} = 6.8\left(\frac{aS}{d_0} + 0.147\right)$ | $\frac{b}{b_0} = 2.44\left(\frac{aS}{b_0} + 0.41\right)$ |
| 轴心速度 | $u_m$ | $\frac{u_m}{v_0} = \frac{0.48}{\frac{aS}{d_0} + 0.147}$ | $\frac{u_m}{v_0} = \frac{1.2}{\sqrt{\frac{aS}{b_0} + 0.41}}$ |
| 流量 | $Q$ | $\frac{Q}{Q_0} = 4.4\left(\frac{aS}{d_0} + 0.147\right)$ | $\frac{Q}{Q_0} = 1.2\sqrt{\left(\frac{aS}{b_0} + 0.41\right)}$ |
| 断面平均流速 | $v_1$ | $\frac{v_1}{v_0} = \frac{0.095}{\frac{aS}{d_0} + 0.147}$ | $\frac{v_1}{v_0} = \frac{0.492}{\sqrt{\frac{aS}{b_0} + 0.41}}$ |
| 质量平均流速 | $v_2$ | $\frac{v_2}{v_0} = \frac{0.23}{\frac{aS}{d_0} + 0.147}$ | $\frac{v_2}{v_0} = \frac{0.833}{\sqrt{\frac{aS}{b_0} + 0.41}}$ |

圆截面射流中的运动参数有如下几个：

$u_m$——射流主体段任意一断面轴心流速，$\mathrm{m/s}$；

$v_0$——射流喷口气流流速，$\mathrm{m/s}$；

$a$——紊流系数；

$S$——所求断面到喷口的距离，m；

$d_0$——喷口的直径，m；

$Q$——射流主体段任意一断面的流量，$m^3/s$；

$Q_0$——射流喷口的出流量，$m^3/s$；

$v_1$——射流主体段断面上各点流速的算术平均值，m/s；

$v_2$——质量平均流速，m/s。

$v_1 \approx 0.2u_m$，说明断面平均流速仅为同断面轴心流速的 20%，而在实际工程中使用的往往是靠近轴心的射流区。由于断面平均流速与轴心流速相差较大，工程中若按断面平均流速进行设计和计算，就会导致有关设备（如风机）过大，造成不应有的浪费。所以用 $v_1$ 不能恰当地反映被使用区的速度。为此引入质量平均流速 $v_2$，其定义为：用 $v_2$ 乘以质量流量 $\rho Q$，即得单位时间内射流任意一断面的动量。这时 $v_2 \approx 0.47u_m$，因此用 $v_2$ 代表使用区的流速要比使用 $v_1$ 更合适。但要注意，$v_1$、$v_2$ 不仅在数值上不同，更重要的是定义上有根本区别，所以不可混淆。

为了方便计算，将圆断面射流参数的计算公式列于表 6-2 中，以便查阅。

这些计算公式也同样适用于矩形喷口，但是在计算中要将矩形喷口换算成流速当量直径，才能代入上述公式进行计算。

**【例 6-3】** 锻工车间装有空气淋浴（即岗位送风）设备，已知送风口距地面的高度为 4.5 m，选择的风口为带有栅栏的圆形风口。要求离地面 1.5 m 处造成一个空气淋浴作用区，该区直径为 2 m，中心处流速为 2 m/s。试求风口直径、出口流速及送风量。

**【解】** 查表 6-1，带栅栏的圆形风口紊流系数 $a=0.09$，风口至工作区的垂直距离 $S=4.5-1.5=3$ (m)。

根据公式$\frac{D}{d_0}=6.8(\frac{aS}{d_0}+0.147)$，则送风口直径为：

$$d_0 = \frac{D-6.8aS}{6.8\times 0.147} = \frac{2-6.8\times 0.09\times 3}{6.8\times 0.147} \approx 0.16\ (\text{m}) = 160\ (\text{mm})$$

又因为：

$$\frac{u_m}{v_0} = \frac{0.48}{\frac{aS}{d_0}+0.147} = \frac{0.48}{\frac{0.09\times 3}{0.16}+0.147} \approx 0.26$$

所以当 $u_m=2$ m/s 时，送风口的流速为：

$$v_0 = \frac{u_m}{0.26} = \frac{2}{0.26} \approx 7.69\ (\text{m/s})$$

则送风口的送风量为：

$$Q = \frac{1}{4}\pi d_0^2 v_0 = \frac{1}{4}\times 3.14\times 0.16^2\times 7.69 \approx 0.15\ (\text{m}^3/\text{s}) = 540\ (\text{m}^3/\text{h})$$

### 6.4.2 平面射流

从圆形喷口或矩形喷口喷出的射流，是以喷口轴心延长线为对称轴的圆断面轴对称射流。但当矩形喷口长短边之比超过 10∶1 时，从喷口喷出的射流只能在垂直长度的平面上做扩散运动。如果条缝相当长，这种流动可视为平面运动，故称为平面射流。

平面射流的喷口高度以 $2b_0$（$b_0$ 为喷口半高度）表示，紊流系数 $a$ 值见表 6-1 或查阅通风空调设计手册相关内容获得。条缝形喷口的形状系数 $\varphi=2.44$。

平面射流的特征（如几何特征、运动特征和动力特征）与圆断面射流相同，在前面已进行了较为详细的论述。

为了方便计算，同样将平面射流参数的计算公式列于表 6-2 中，以便对比和查阅。

在平面射流的计算公式中，$b_0$ 是条缝喷口的半高度，其余各参数的意义都与圆断面射流相同。

## 6.5　温差或浓差射流及射流弯曲

在前面研究的射流与周围气体的温度和密度是相同的，所以射流轴线与喷口流速 $v_0$ 的方向相同，形成一条直线，这种射流称为等温射流。但在供热通风与空调工程中，涉及的射流往往与周围流体存在着温度差或所含固体颗粒及其他物质的浓度差，这类射流称为温差射流或浓差射流。夏天向房间输送冷空气降温，冬天向房间输送热空气取暖，这是温差射流的实例。向含尘浓度高或散发大量有害气体的生产车间输送清洁空气，用以降低粉尘或有害气体的浓度，改善工作区的环境，则属浓差射流。

分析射流的温度或浓度分布规律，以及由于射流与周围空气之间存在温度差或浓度差造成的射流轴线弯曲，是下面所要讨论的问题。

### 6.5.1　温差或浓差射流

与周围气体存在温度差或浓度差的射流，当从喷口高速喷出后，由于紊流质点运动的横向掺混，射流除了与周围气体发生动量交换之外，还存在着热量交换和浓度交换。对于温差射流，热量交换的结果使原来温度较低的气体温度有所升高，而原来温度较高的气体温度有所下降。所以射流各断面上的温度分布是不同的，同理，射流各断面上的浓度分布也不同，这将使射流内出现温度或浓度的不均匀连续分布。

在供热通风与空调工程中出现的温度差或浓度差一般都不大，引起的密度变化很小，在分析中仍可按不可压缩流体处理，也不考虑异质的存在对流动的影响。

经研究发现，射流的卷吸作用使射流与周围气体之间存在的质量、热量、浓度的交换中，热量和浓度的扩散要比动量扩散快一些，所以射流的温度和浓度边界层比速度边界层发展要快一些，然而在工程应用中为了简便起见，可以认为温度或浓度边界层的外边界与速度边界层的外边界重合。这样处理的好处是，在前面得出的等温射流参数 $R$、$Q$、$u_m$、$v_1$、$v_2$ 仍可采用已介绍的公式计算，而仅对温差射流中出现的轴心温差（或浓差）、平均温差（或浓差）等沿射程的变化规律进行讨论。

根据以上分析提出在温差或浓差射流中所要研究的参数如下。

对温差射流：

$T$——射流任意断面上任意一点的温度，K；

$T_0$——喷口处射流的温度，K；

$T_m$——射流任意一断面轴心处的温度，K；

$T_e$——周围空气的温度,K。

对浓差射流:

$X$——射流任意断面上任意一点某种物质的浓度,mg/L 或 g/m$^3$;

$X_0$——喷口处射流某种物质的浓度;

$X_m$——射流任意一断面轴心处某种物质的浓度;

$X_e$——周围空气中某种物质的浓度。

根据以上参数我们要掌握其温度差或浓度差的变化规律。相应的温度差和浓度差为:

对温差射流:

出口断面温度差:

$$\Delta T_0 = T_0 - T_e$$

轴心温差:

$$\Delta T_m = T_m - T_e$$

射流任意一断面上任意一点的温差:

$$\Delta T = T - T_e$$

对浓差射流:

出口断面浓差:

$$\Delta X_0 = X_0 - X_e$$

轴心浓差:

$$\Delta X_m = X_m - X_e$$

射流任意一断面上任意一点的浓度差:

$$\Delta X = X - X_e$$

尽管温差射流中各断面的温度分布有所不同,但是根据热力学可知,在射流压强相等的条件下,如果以周围气体的焓值为基准,则射流各横截面上的相对焓值不变。温差射流的这一特点,称为射流的热力特征。

实验证明,在射流主体段内,各横截面上的温差分布、浓差分布与流速分布之间存在如下关系:

$$\frac{\Delta T}{\Delta T_m} = \frac{\Delta X}{\Delta X_m} = \sqrt{\frac{u}{u_m}} = 1 - \left(\frac{y}{R}\right)^{1.5} \tag{6-17}$$

由上式可以看出,温差射流与浓差射流虽是两种完全不同的射流,但它们在各横截面上的温差分布与浓差分布与在 6.3 节讨论的无因次流速和无因次距离的函数关系却是相同的,这表明这两种射流的运动规律相似。这是由于温差射流和浓差射流在本质上没有区别,即这两种射流都与周围气体的密度不同。因此,它们的运动参数的计算公式也具有相同的表达形式。

温差射流与浓差射流的温度差与浓度差沿射程的变化规律,可以利用射流各横截面上的相对焓值不变的热力特征为基础,根据热力平衡方程式推导得出。由于篇幅所限,推导过程从略,现将计算公式列于表 6-3 中。

表6-3　温差、浓差射流主体段的计算公式

| 参数名称 | 符号 | 圆断面射流 | 平面射流 |
| --- | --- | --- | --- |
| 轴心温差 | $\Delta T_m$ | $\frac{\Delta T_m}{\Delta T_0}=\frac{0.35}{\frac{aS}{d_0}+0.147}$ | $\frac{\Delta T_m}{\Delta T_0}=\frac{1.032}{\sqrt{\frac{aS}{b_0}+0.41}}$ |
| 质量平均温差 | $\Delta T_2$ | $\frac{\Delta T_2}{\Delta T_0}=\frac{0.23}{\frac{aS}{d_0}+0.147}$ | $\frac{\Delta T_2}{\Delta T_0}=\frac{0.833}{\sqrt{\frac{aS}{b_0}+0.41}}$ |
| 轴心浓差 | $\Delta X_m$ | $\frac{\Delta X_m}{\Delta X_0}=\frac{0.35}{\frac{aS}{d_0}+0.147}$ | $\frac{\Delta X_m}{\Delta X_0}=\frac{1.032}{\sqrt{\frac{aS}{b_0}+0.41}}$ |
| 质量平均浓差 | $\Delta X_2$ | $\frac{\Delta X_2}{\Delta X_0}=\frac{0.23}{\frac{aS}{d_0}+0.147}$ | $\frac{\Delta X_2}{\Delta X_0}=\frac{0.833}{\sqrt{\frac{aS}{b_0}+0.41}}$ |
| 温差射流<br>轴线偏差 | $y'$ | $y'=\frac{Ar}{d_0}(0.51\frac{a}{d_0}S^3+0.35S^2)$ | $y'=\frac{0.113Ar}{b_0a^2}(\frac{T_0}{T_e})^{\frac{1}{2}}(aS+0.205)^{5/2}$ |
| 浓差射流<br>轴线偏差 | $y'$ | $y'=\frac{Ar}{d_0}(0.51\frac{a}{d_0}S^3+0.35S^2)$ | $y'=\frac{0.113Ar}{b_0a^2}(\frac{X_0}{X_e})^{\frac{1}{2}}(aS+0.205)^{5/2}$ |
| 轴线轨迹<br>方程 | $y$ | $\frac{y}{d_0}=\frac{x}{d_0}\tan\alpha+Ar(\frac{x}{d_0\cos\alpha})^2\times$<br>$(0.51\frac{ax}{d_0\cos\alpha}+0.35)$ | $\frac{y}{2b_0}=\frac{0.226Ar(a\frac{x}{2b_0}+0.205)^{5/2}}{a^2\sqrt{T_1/T_2}}$<br>$\frac{y}{2b_0}\frac{\sqrt{T_1/T_2}}{Ar}=\frac{0.226}{a^2}(a\frac{x}{2b_0}+0.205)^{5/2}$ |

### 6.5.2　射流弯曲

由于温差射流和浓差射流的密度与周围气体密度不同，射流在运动过程中所受重力与浮力不平衡，导致射流在流动过程中会发生向上或向下的弯曲。也就是说，温差或浓差射流的轴心线不再是一条与喷口轴线方向相同的直线，而是一条曲线，但整个射流仍可看作对称于轴心线。为了能利用前面介绍的公式计算射流沿射程的运动参数及温差或浓差的变化规律，就必须了解射流轴心线的偏移量或它的轨迹。

根据理论推导和实验证明，圆断面温差与浓差射流的轴线偏移量，可按下式计算：

$$y'=\frac{Ar}{d_0}(0.51\frac{a}{d_0}S^3+0.35S^2) \tag{6-18}$$

式中　$y'$——射流轴线上任意一点偏离喷口轴线的垂直距离，m，如图6-9所示；

$d_0$——射流喷口的直径，m；

$a$——紊流系数；

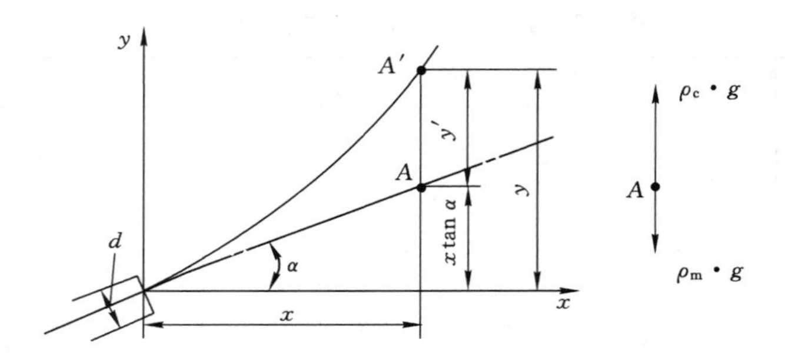


图 6-9 射流轴线的弯曲

$S$——射流计算断面到喷口的距离,m;

$Ar$——阿基米德数,是一个无因次量。

对圆断面温差射流:

$$Ar = \frac{d_0 g \Delta T_0}{v_0^2 T_e} \tag{6-19}$$

对圆断面浓差射流:

$$Ar = \frac{d_0 g \Delta X_0}{v_0^2 X_e} \tag{6-20}$$

式(6-19)和式(6-20)中的符号意义同前。

在平面射流的公式中,$b_0$ 为射流喷口的半高度,但在计算阿基米德数 $Ar$ 时,应以 $2b_0$ 代替 $d_0$ 代入相应公式中进行计算。

将射流弯曲的结果也汇于表 6-2 中以便查询和计算。

**【例 6-4】** 工作区质量平均风速要求 2 m/s,工作面直径 3 m,采用带导叶的通风机水平送风,已知送风温度为 12 ℃,车间空气温度为 32 ℃,若要求工作区的质量平均温度降到 25 ℃,试计算:(1) 送风口的直径及气流速度;(2) 送风口到工作面的距离;(3) 射流轴线在工作面的偏移量。

**【解】** 喷口温差为:

$$\Delta T_0 = T_0 - T_e = (273 + 12) - (273 + 32) = -20\ (\mathrm{K})$$

质量平均温差为:

$$\Delta T_2 = T_2 - T_e = (273 + 25) - (273 + 32) = -7\ (\mathrm{K})$$

$$\frac{\Delta T_2}{\Delta T_0} = \frac{0.23}{\dfrac{aS}{d_0} + 0.147} = \frac{-7}{-20}$$

可求出:

$$\frac{aS}{d_0} + 0.147 = 0.23 \times \frac{20}{7} \approx 0.66$$

将上式结果代入下式得:

$$\frac{D}{d_0} = 6.8\left(\frac{aS}{d_0} + 0.147\right) = 6.8 \times 0.66 \approx 4.49$$

所以送风口直径为:

$$d_0=\frac{D}{4.49}=\frac{3}{4.49}\approx 0.67$$

根据工作区质量平均流速与喷口流速之间的关系有：

$$\frac{v_2}{v_0}=\frac{0.23}{\frac{aS}{d_0}+0.147}=\frac{-7}{-20}=\frac{7}{20}$$

已知工作区要求的质量平均流速为 2 m/s，因此可解得送风口的流速为：

$$v_0=\frac{20}{7}v_2=\frac{20}{7}\times 2\approx 5.71\ (\text{m/s})$$

由于$\frac{aS}{d_0}+0.147\approx 0.66$，因此代入紊流系数 $a=0.12$，送风口直径 0.67 m，可得到送风口至工作面的距离为：

$$S=(0.66-0.147)\frac{d_0}{a}=(0.66-0.147)\times\frac{0.67}{0.12}\approx 2.86\ (\text{m})$$

根据射流偏移量计算公式有：

$$y'=\frac{Ar}{d_0}(0.51\frac{a}{d_0}S^3+0.35S^2)$$

由以上计算可知，$d_0=0.67$ m，$a=0.12$，$S=2.86$ m。将 $Ar=\frac{d_0 g\Delta T_0}{v_0^2 T_e}$代入上式得：

$$\begin{aligned}y'&=\frac{g\Delta T_0}{v_0^2 T_e}\times(0.51\frac{a}{d_0}S^3+0.35S^2)\\&=\frac{9.807\times(-20)}{5.71^2\times(273+32)}\times(0.51\times\frac{0.12}{0.67}\times 2.86^3+0.35\times 2.86^2)\approx -0.1\ (\text{m})\end{aligned}$$

即射流轴心线在工作面相对于送风口中心的水平轴线下降了 0.1 m。

## 思考与练习

6-1 什么是孔口出流？什么叫收缩断面和收缩系数？

6-2 什么是孔口的自由出流？什么是孔口的淹没出流？

6-3 孔口自由出流和孔口淹没出流的计算中作用水头有何区别？

6-4 什么叫管嘴出流？在孔口、管嘴断面面积和作用水头相等的条件下，为什么管嘴比孔口的过水能力大？

6-5 保证圆柱管嘴能正常出流的条件是什么？

6-6 什么是有限空间射流？什么是无限空间射流？

6-7 无限空间气体紊流射流为什么沿射程流量会增大？

6-8 无限空间气体紊流射流的运动特征主要表现在哪方面？

6-9 某房间通过天花板用大量小孔口分布送风，孔口直径 $d=20$ mm，风道中的静压 $p=200\ \text{N/m}^2$，空气温度 $t=20$ ℃，要求总送风量 $Q=1\ \text{m}^3/\text{s}$，问应布置多少个孔口？

6-10 有一水箱水面保持恒定，箱壁上开一孔口，孔口中心距水面的高度为 5 m，孔口直径 $d=10$ mm。求：(1) 如箱壁厚度 $\delta=3$ mm，通过孔口的流速和流量；(2) 如果箱壁厚度 $\delta=40$ mm，通过孔口的流速和流量。

6-11　如图 6-10 所示，水从 A 水箱通过直径为 10 cm 的孔口流入 B 水箱，流量系数为 0.62。有水箱的水面高程 $H_1=3$ m 保持不变。求：(1) B 水箱中无水时，通过孔口的流量；(2) B 水箱水面高程 $H_2=2$ m 时，通过孔口的流量；(3) A 箱水面压力为 2 000 Pa，$H_1=3$ m，而 B 水箱水面压力为零、$H_2=2$ m 时，通过孔口的流量。

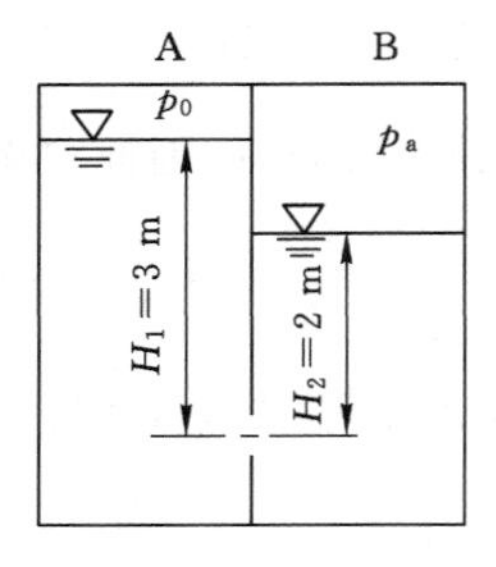


图 6-10　题 6-11 图

6-12　一个水力喷射器如图 6-11 所示，喷嘴的圆锥角为 13.4°，出口直径 $d=50$ mm。如果喷嘴上的压力表读数为 294.3 kPa，则喷射器的流量为多少？

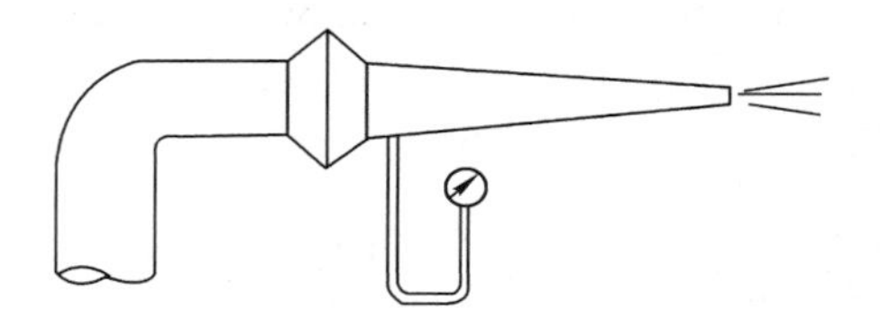

图 6-11　题 6-12 图

6-13　工业厂房如图 6-12 所示，已知室内空气温度为 30 ℃，室外空气温度为 20 ℃，在厂房上、下部各开有 8 $m^2$ 的窗口，两窗口的中心高程差为 7 m，窗口流量系数 $\mu=0.64$，气流在自然压头作用下流动，求车间自然通风换气量。

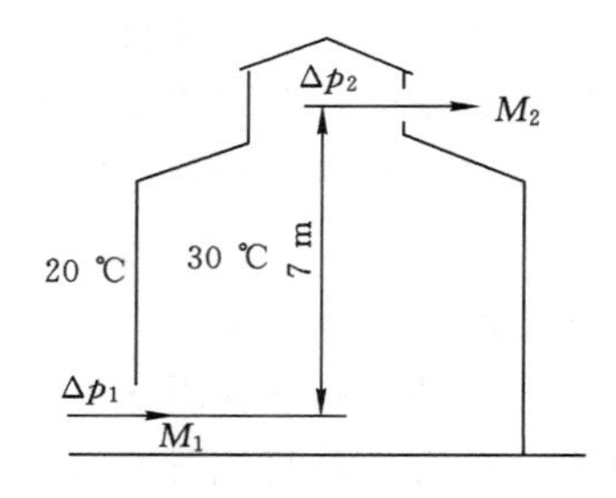


图 6-12　题 6-13 图

6-14　某体育馆的圆柱形送风口，$d_0=0.6$ m，风口至比赛区为 60 m，要求比赛区风速（质量平均风速）不得超过 0.3 m/s，求送风口的送风量应不超过多少？

6-15　岗位送风所设风口向下，距地面 4 m，要求在工作区（距地 1.5 m 高范围）造成直径为 1.5 m 射流，限定轴心速度为 2 m/s，求喷嘴直径及出口流量。（设 $a=0.08$）

6-16　空气以8 m/s的速度从圆管喷出，$d_0=0.2$ m，求距出口1.5 m的$u_m$、$v_2$、$D$。(设$a=0.08$)

6-17　要求空气淋浴地带的宽度$b=1$ m。周围空气中有害气体浓度$X_e=0.06$ mg/L。室外空气中浓度$X_0=0$。工作地带允许的浓度$X_m=0.02$ mg/L。现用一平面喷嘴$a=0.2$，试求喷嘴$b_0$及工作地带距喷嘴的距离$S$。

6-18　已知圆喷口的紊流系数$a=0.12$，送风温度15 ℃，车间空气温度30 ℃，要求工作地点的质量平均风速为3 m/s，轴线温度为23.8 ℃，工作面射流直径为2.5 m。求：(1) 风口直径和送风速度；(2) 风口到工作面的距离。

6-19　由$R_0=75$ mm的喷口中喷射$T_0=300$ K的气体，周围气体$T_e=275$ K，试求距喷口$S=5$ m处，与射流轴线相距$y=0.4$ m点的气体温度。(设$a=0.075$)

6-20　喷射清洁空气的平面射流，周围气体的含尘体积浓度为0.15 mg/L，要求在距喷口3 m处造成宽度为2 m的射流工作区，求喷口的宽度和工作区轴心体积浓度。

# 第7章　离心式泵与风机的构造与理论基础

知识目标

1. 了解：泵与风机的分类及其应用；泵与风机的基本方程式。
2. 理解：比转数的意义。
3. 掌握：离心式泵与风机的工作原理、性能参数；离心式泵与风机性能曲线变化规律。
4. 熟悉：离心式泵与风机的构造和工作原理；不同叶型叶轮对泵与风机工作的影响。

能力目标

利用相似律在泵与风机运行、调节和选型中解决问题。

思政目标

1. 结合相似律，树立唯物主义辩证法思维。
2. 结合欧拉方程，了解欧拉生平故事，学习不畏艰难的科学精神。

## 7.1　泵与风机的分类及应用

泵与风机是用途广泛的流体机械，其作用是将原动机的机械能转变为流体运动的机械能，克服流动阻力，达到输送流体的目的。输送液体并提高液体能量的流体机械称为泵；输送气体并提高气体能量的流体机械称为风机。

根据泵与风机的工作原理，通常可分类为：

(1) 叶片式：叶片式泵与风机由装在主轴上的叶轮产生旋转作用对流体做功，从而使流体获得能量。根据流体的流动情况又可分为离心式、轴流式和混流式等。

(2) 容积式：容积式泵与风机是靠机械运转时内部的工作容积不断变化对流体做功，从而使流体获得能量。一般使工作容积改变的方式有往复运动和旋转运动两种，前者如活塞式往复泵，后者如齿轮泵、转子泵、罗茨鼓风机等。

(3) 其他类型的泵与风机：除了叶片式和容积式以外的泵与风机均可归入这一类，如引射器、空气扬水机(气升泵)、贯流式风机、真空泵、水锤泵等。

泵与风机的应用范围很广泛，是一般的通用机械。它们广泛地应用于国民经济及国防工业等各部门；供热、工业通风、空调制冷、锅炉给水、冲灰除渣、消烟除尘、煤气工程及给水排水工程等，都离不开泵与风机。如果把城市市政管网比作人身上的血管系统，那么泵与风机就是输送血液的心脏。

各种类型的泵与风机的使用范围是不相同的。泵与风机的使用范围较广，在供热通风与空调工程中，应用最多的就是离心式泵与风机，故本书主要以叶片式中的离心式泵与风机为研究对象。

由于本专业常用泵是以不可压缩流体为工作对象，而风机的增压量也不高(通常在9 807 Pa或1 000 $mmH_2O$以下)，所以泵与风机中通过的流体仍按不可压缩流体进行讨论。

## 7.2　离心式泵与风机的基本构造、工作原理

### 7.2.1　离心泵的基本构造及工作原理

离心泵主要由叶轮、泵壳、泵轴、泵座、密封环和轴封装置等构成，如图7-1所示。

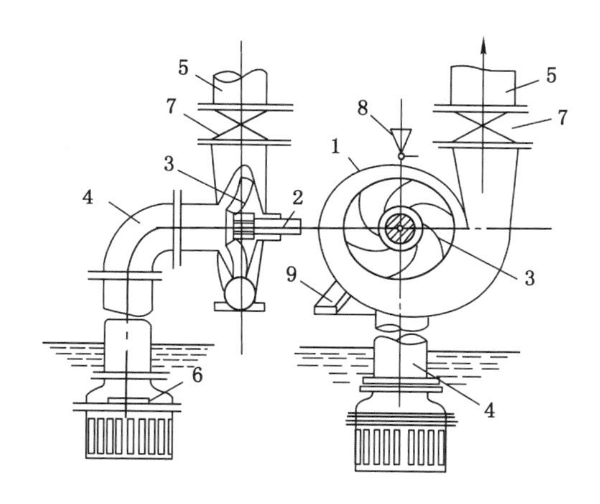


1—泵壳；2—泵轴；3—叶轮；4—吸水管；5—压水管；6—底阀；7—闸阀；8—灌水漏斗；9—泵座。

图7-1　单级单吸式离心泵的构造

(1) 叶轮

叶轮是离心泵最主要的部件。它一般由两个圆形盖板以及盖板之间若干片弯曲的叶片和轮毂所组成，如图7-2所示。叶片固定在轮毂上，轮毂中间有穿轴孔与泵轴相连接。

离心泵的叶轮可分为单吸叶轮和双吸叶轮两种。目前多采用铸铁、铸钢和青铜制成。叶轮按其盖板情况可分为封闭式叶轮、敞开式叶轮和半开式叶轮三种形式，如图7-3所示。凡具有两个盖板的叶轮，称为封闭式叶轮，这种叶轮应用最广，前述的单吸式、双吸式叶轮均属于这种形式。只有叶片没有完整盖板的叶轮称为敞开式叶轮。只有后盖板，没有前盖板的叶轮，称为半开式叶轮。一般在抽吸含有悬浮物的污水泵中，为了避免堵塞，有时采用开式或半开式叶轮，这两种叶轮的特点是叶片少，一般仅2～5片；而封闭式叶轮一般有6～8片，多的可至12片。

(2) 泵壳

离心泵的泵壳常铸成蜗壳形，其过水部分要求有良好的水力条件，如图7-4所示。泵壳的作用是收集来自叶轮的液体，并使部分液体的动能转换为压力能，最后将液体均匀地导向排出口。泵壳顶上设有充水和放气的螺孔，以便在水泵启动前用来充水和排走泵壳内的空

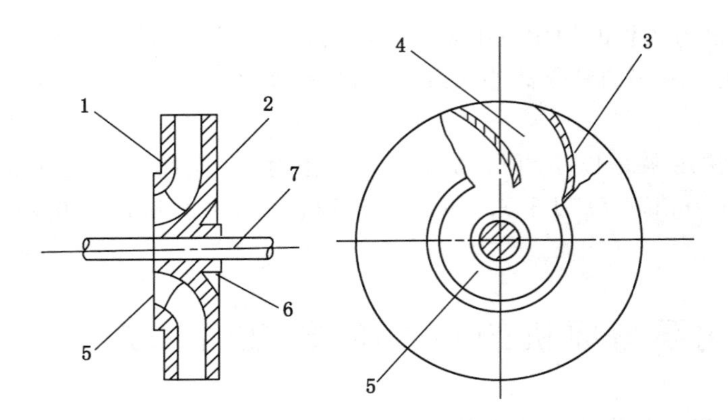


1—前盖板；2—后盖板；3—叶片；4—流道；5—吸水口；6—轮毂；7—泵轴。

图 7-2　单吸式叶轮结构简图

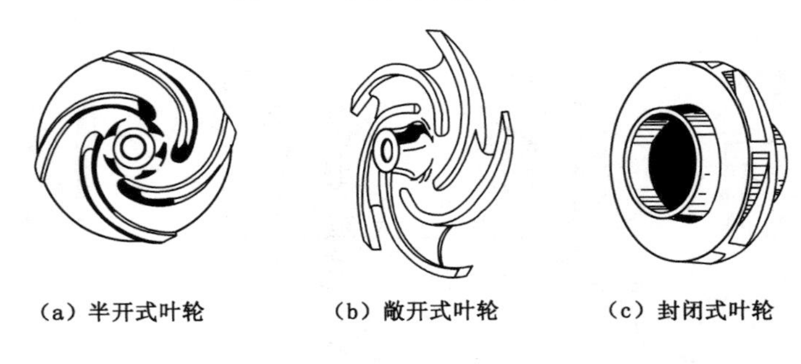

（a）半开式叶轮　（b）敞开式叶轮　（c）封闭式叶轮

图 7-3　叶轮形式

气。底部设有放水的方头螺栓，以便停用和检修时排水。

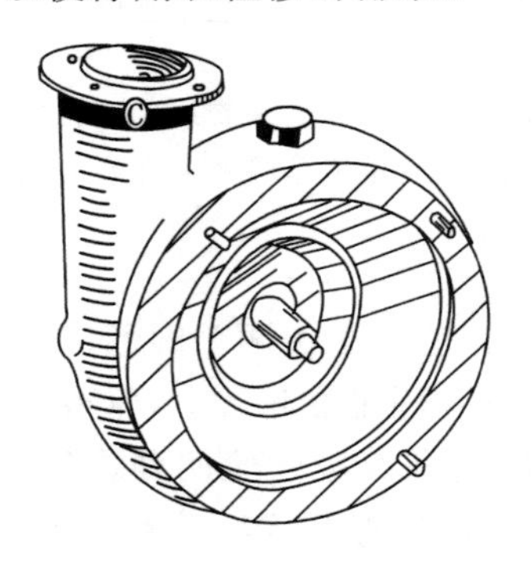

图 7-4　蜗壳形泵壳

（3）泵轴

泵轴是用来旋转叶轮并传递扭矩的，常用的材料是碳素钢和不锈钢。泵轴应有足够的抗扭强度和足够的刚度，它与叶轮用键进行连接。

（4）泵座

泵座上有与底板和基础固定的法兰孔，有收集轴封滴水的水槽，轴向的水槽底设有泄水螺孔，以便随时排出由填料盖内渗出的水。

（5）减漏环

减漏环也叫承磨环或密封环。它是用来减小高速转动的叶轮和固定的泵壳之间的缝隙,从而减少泵壳内高压区泄漏到低压区的液体,如图 7-5 所示。

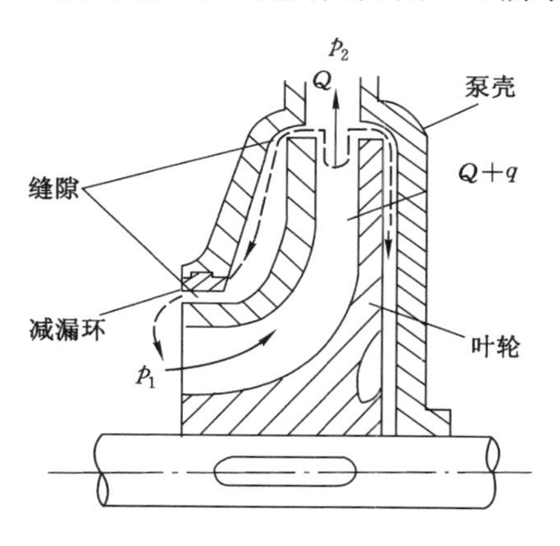


图 7-5　减漏环

减漏环是一种金属口环,通常镶嵌在缝隙处的泵壳上,或在泵壳与叶轮上各镶一个。此环的接缝面可以做成阶梯形,以增加液体的回流阻力,提高减漏效果。

(6) 轴封装置

离心泵的泵轴穿出泵壳时,在轴与壳之间存在着间隙,如不采取措施,间隙处就会泄漏。当间隙处的液体压力大于大气压力时(如单吸式离心泵),泵壳内的高压水就会通过此间隙向外大量泄漏;当间隙处的液体压力为真空时(如双吸式离心泵),则大气就会从间隙处漏入泵内,从而降低泵的吸水性能。为此,需在轴与泵之间的间隙处设置密封装置,称为轴封。常用的轴封有填料轴封、骨架橡胶轴封、机械轴封和浮动环轴封,其中填料轴封应用最为广泛。

(7) 轴向力平衡装置

单吸式离心泵,由于叶轮盖板不具对称性,因此当离心泵工作时,作用于前、后盖板上的压力不相等,结果作用于叶轮上有一个推向吸入端的轴向推力 $\Delta p$,如图 7-6 所示,从而造成叶轮的轴向位移与泵壳发生磨损,水泵消耗的功率也相应增大。

对于单级单吸式离心泵而言,一般采取在叶轮后盖板上钻开平衡孔,并在后盖板上加装减漏环的办法来实现,如图 7-7 所示。孔口位置接近轮毂且要尽可能对称,开孔面积及个数应由实验决定,开孔后应做叶轮的静、动平衡实验。为配合开平衡孔加装的减漏环,其作用是增加回流通道阻力,降低开孔区水压。用这种办法平衡轴向推力会使水泵效率有所降低,但其简单易行,因此仍被广泛采用。

对多级单吸式离心泵,为平衡轴向推力,一般在最后一级装设推力平衡盘,其结构如图 7-8 所示。

平衡盘用键与轴连接,盘、轴、叶轮可视为一固联体,随轴一起转动。当水泵运行时,平衡推力过程中泵轴做有限的(允许的)左右窜动。

(8) 离心泵工作原理

离心泵是依靠装于泵轴上叶轮的高速旋转,使液体在叶轮中流动时受到离心力的作用而获得能量的。离心泵启动之前必须使泵内和进水管中充满水,然后启动电机,带动叶轮在

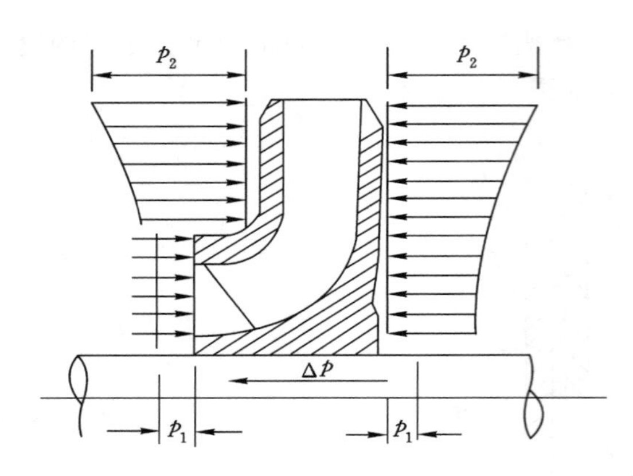


图 7-6　叶轮轴向受力图

1—排出压力；2—加装的减漏环；
3—平衡孔；4—泵壳上的减漏环。

图 7-7　轴向力平衡措施

泵壳内高速旋转，水在离心力的作用下甩向叶轮边缘，经蜗壳形泵壳中的流道被甩入水泵的压水管中，沿压水管输送出去。水被甩出后，水泵叶轮中心就会形成真空，水池中的水在大气压的作用下，沿吸水管流入水泵吸入口，受叶轮高速旋转的作用，水又被甩出叶轮进入压水管道，如此作用下就形成了离心泵连续不断地吸水和压水过程。

离心泵输送液体的过程实际上完成了能量的传递和转化，电机高速旋转的机械能转化为被抽升液体的动能和势能。在这个能量的传递与转化过程中，伴随着能量损失，损失越大，该泵的性能越差，效率越低。

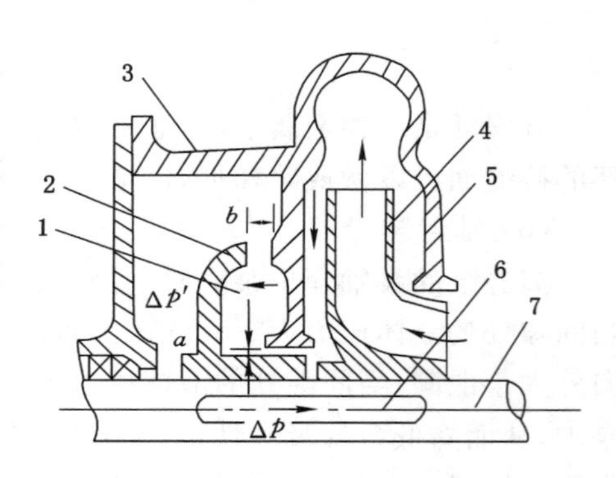


1—平衡室；2—平衡盘；3—通大气孔；
4—叶轮；5—泵壳；6—键；7—泵轴。

图 7-8　推力平衡盘示意图

### 7.2.2　离心式风机的基本构造及工作原理

离心式风机根据其增压量大小，可分类为低压风机（增压值小于 1 000 Pa）、中压风机（增压值为 1 000～3 000 Pa）、高压风机（增压值大于 3 000 Pa）。低压和中压风机多用于通风换气、排尘系统和空气调节系统，高压风机一般用于强制通风。风机的种类繁多，根据用途不同，风机各部件的具体构造有许多差别。一般离心式风机的主要工作部件是叶轮、机壳、机轴等，如图 7-9 所示。对于大型离心式风机，一般还有进气箱、前导器和扩压器等，现分述如下。

(1) 叶轮

叶轮是离心式风机的“心脏”，它的尺寸和几何形状对风机的特性有着重大的影响。离心式风机的叶轮一般由前后盘、叶片和轮毂所组成，如图 7-10 所示。其结构有焊接和铆接两种形式。

图 7-11 所示为离心式风机叶轮的主要结构参数示意图。图中 $D_0$ 为叶轮进口直径，$D_1$ 为叶片进口直径，$D_2$ 为叶片出口直径（即叶轮外径），$b_1$ 为叶片进口宽度，$b_2$ 为叶片出口宽度，$\beta_1$ 为叶片进口安装角，$\beta_2$ 为叶片出口安装角。

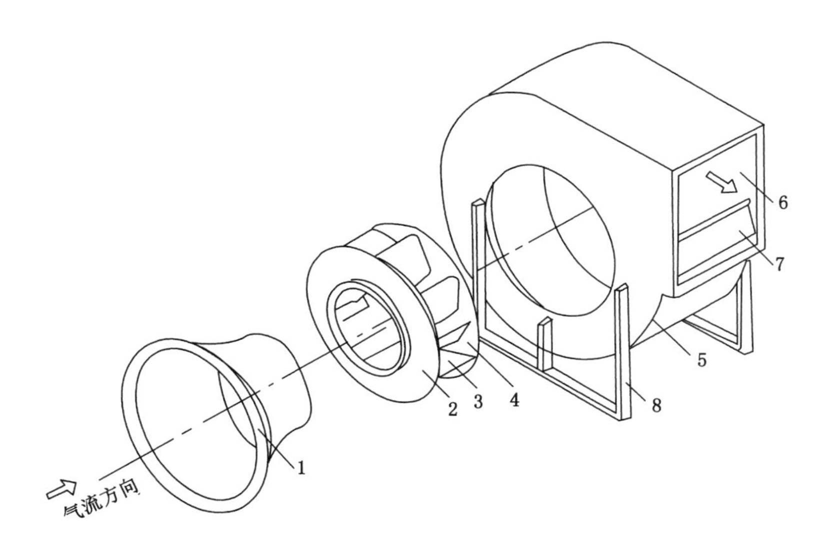


1—吸入口；2—叶轮前盘；3—叶片；4—叶轮后盘；5—机壳；6—出口；7—截流板(即风舌)；8—支架。

图7-9　离心式风机主要结构分解示意图

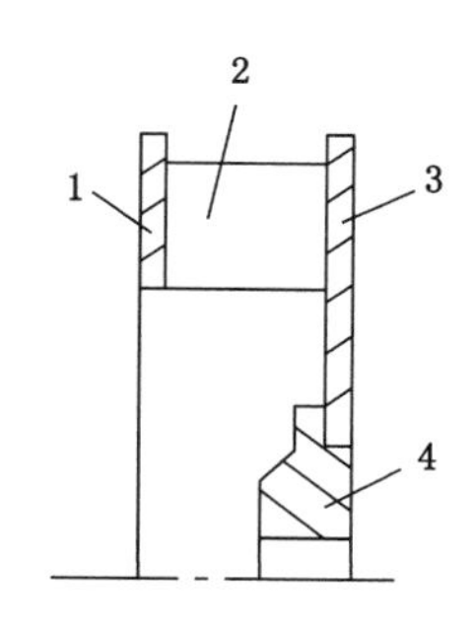


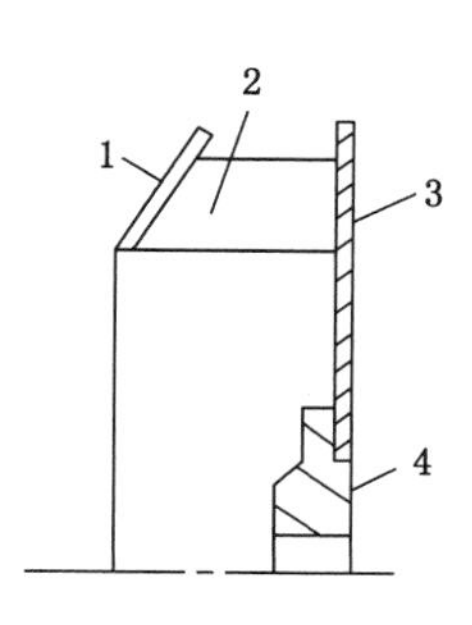


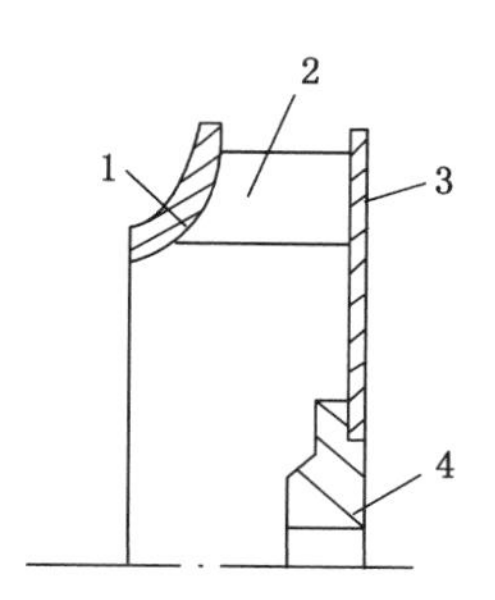


1—前盘；2—叶片；3—后盘；4—轮毂。

图7-10　叶轮的结构形式

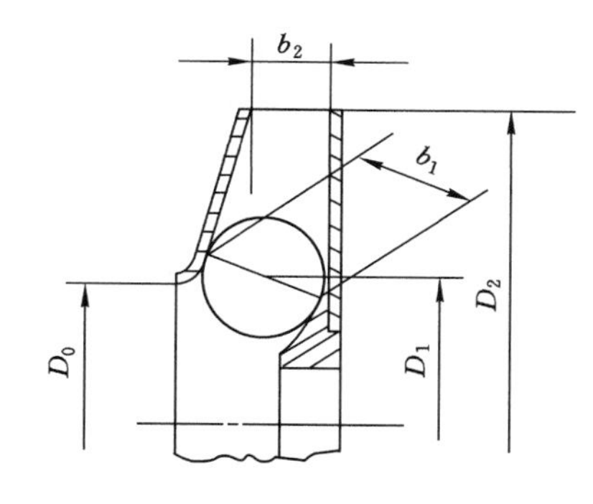


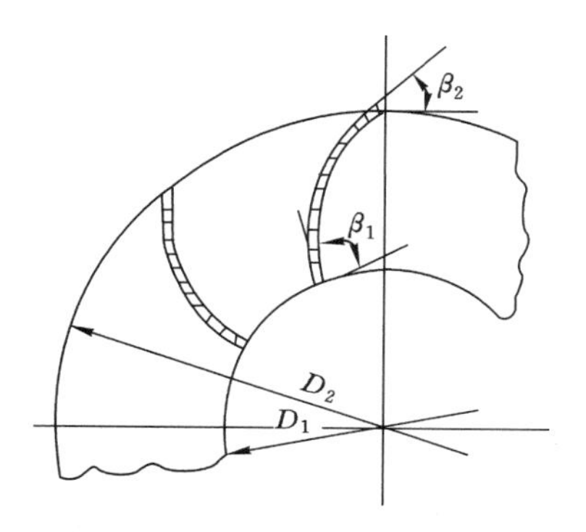


图7-11　叶轮的主要结构参数

叶轮上的主要零件是叶片，其基本形状有弧形、直线形和机翼形三种，如图 7-12 所示。叶片的形状、数目及出口安装角对通风机的工作有很大影响。根据叶片出口安装角度的不同，可将叶轮的形式分为以下三种：

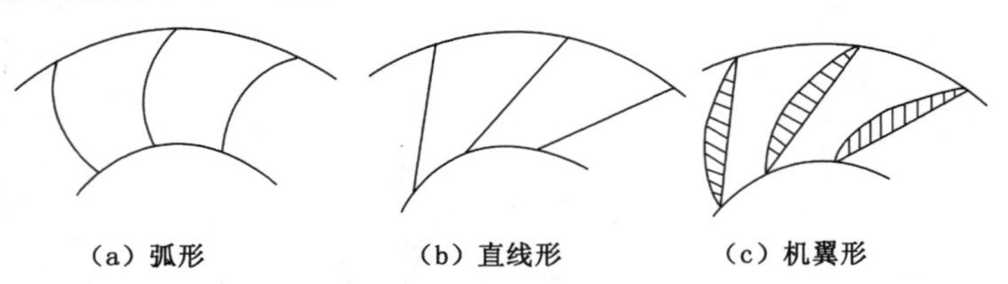


图 7-12　叶片的基本形状

① 前向叶片的叶轮($\beta_2>90°$)：如图 7-13(a)、(b)所示，其中图 7-13(a)所示为薄板前向叶轮，图 7-13(b)所示为多叶前向叶轮。叶片出口方向和叶轮旋转方向相同，这种类型叶轮流道短，而出口宽度较宽，水头损失大，水力效率低。

② 径向叶片的叶轮($\beta_2=90°$)：如图 7-13(c)、(d)所示，其中图 7-13(c)所示为曲线径向叶轮，图 7-13(d)所示为直线径向叶轮。叶片出口按径向装设，前者制作复杂但损失小，后者则相反。

③ 后向叶片的叶轮($\beta_2<90°$)：如图 7-13(e)、(f)所示，其中图 7-13(e)所示为薄板后向叶轮，图 7-13(f)所示为机翼形后向叶轮。叶片出口方向和叶轮旋转方向相反，这类叶型的叶轮能量损失少，整机效率高，运转时噪声小，但产生的风压较低。

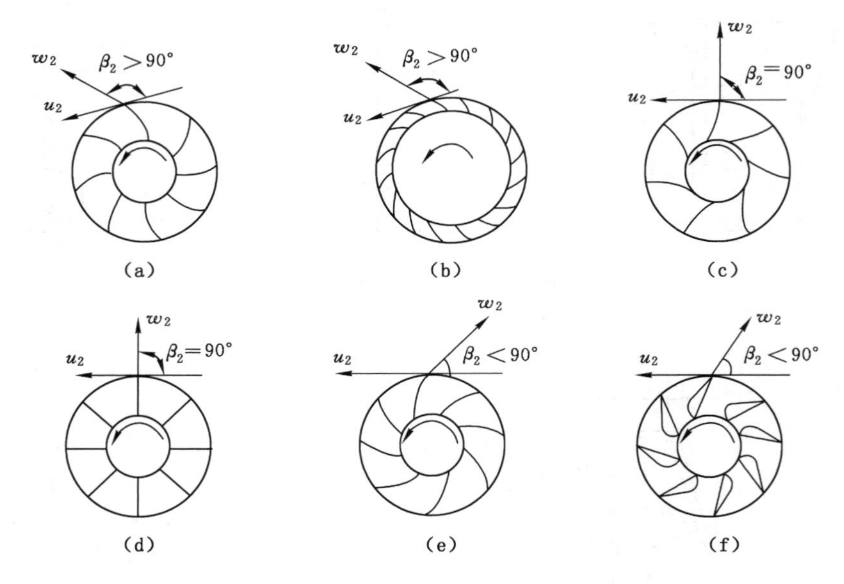


图 7-13　离心式风机叶轮形式

(2) 机壳

离心式风机的机壳由蜗壳、进风口等零部件组成。

① 蜗壳

蜗壳是由蜗板和左右两块侧板焊接或咬口而成。蜗壳的蜗板是一条对数螺旋线。蜗壳

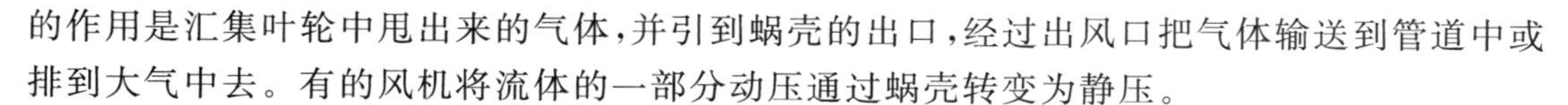

的作用是汇集叶轮中甩出来的气体，并引到蜗壳的出口，经过出风口把气体输送到管道中或排到大气中去。有的风机将流体的一部分动压通过蜗壳转变为静压。

② 进风口

进风口又称集风器，它保证气流能均匀地充满叶轮进口，使气流的流动损失最小。目前常用的进风口有圆筒形、圆锥形、圆弧形和双曲线形四种，如图 7-14 所示。进风口形状应尽可能符合叶轮进口附近气流的流动状况，以避免漏流引起的损失。

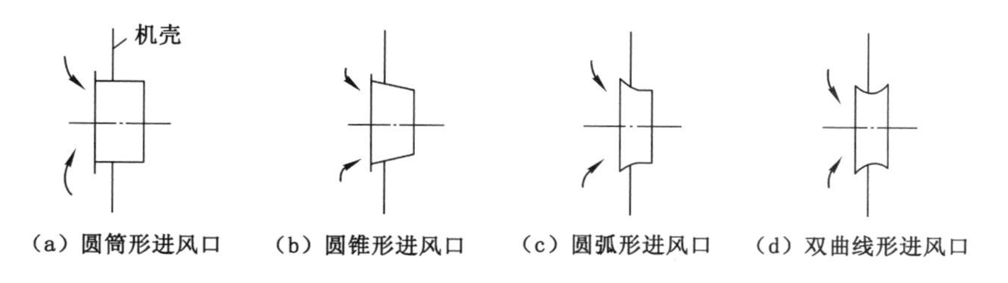


图 7-14　进风口形式示意图

(3) 支承与传动方式

风机的支承包括机轴、轴承和机座。我国离心式风机的支承与传动方式已经定型，共分为 A、B、C、D、E、F 六种形式，如图 7-15 所示。A 型风机的叶轮直接固装在风机的轴上；B、C 与 E 型均为皮带传动，这种传动方式便于改变风机的转速，有利于调节；D、F 型为联轴器传动；E 型和 F 型的轴承分设于叶轮的两侧，运转比较平稳，多用于大型风机。离心式风机的传动方式见表 7-1。

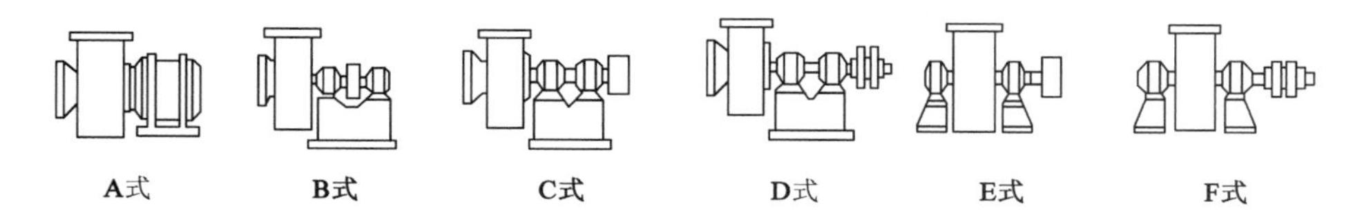


图 7-15　电机与风机的传动方式

**表 7-1　离心式风机的六种传动方式**

| 代号 | A | B | C | D | E | F |
|---|---|---|---|---|---|---|
| 传动方式 | 无轴承，电机直接传动 | 悬臂支承，皮带轮在轴承中间 | 悬臂支承，皮带轮在轴承外侧 | 悬臂支承，联轴器传动 | 双支承，皮带轮在外侧 | 双支承，联轴器传动 |

(4) 进风箱

进风箱一般只使用在大型的或双吸的离心式风机上。其主要作用可使轴承装于风机的机壳外边，便于安装与检修，对改善锅炉引风机的轴承工作条件更为有利。对进风口直接装有弯管的风机，在进风口前装上进气箱，能减少因气体不均匀进入叶轮产生的流动损失。进口逐渐有些收敛的进气箱的效果较好。

(5) 前导器

一般在大型离心式风机或要求性能可调节的风机的进风口或出风口的流道内装设前导器。改变前导器叶片的角度,能扩大风机性能、使用范围和提高调节的经济性。前导器有轴向式和径向式两种。

(6) 扩散器

扩散器装于风机机壳出口处,其作用是降低出口流体速度,使部分动压转变为静压。根据出口管路的需要,扩散器有圆形截面和方形截面两种。

离心式风机可以做成右旋转或左旋转两种形式。从电机一端正视,叶轮旋转为顺时针方向的称为右旋转,用"右"表示;叶轮旋转为逆时针方向的称为左旋转,用"左"表示。但是必须注意,叶轮只能顺着蜗壳螺旋线的展开方向旋转。

(7) 离心式风机的工作原理

离心式风机的工作原理与上述离心泵的工作原理基本相同,当叶轮随轴旋转时,叶片间的气体随叶轮旋转而获得离心力,气体被甩出叶轮。被甩出的气体进入机壳,机壳内的气体压强增高而被导向出口排出。气体被甩出后,叶轮中心处压强降低,外界气体从风机的吸入口(即叶轮前盘中央的孔口)吸入,叶轮不停地旋转,气体就不断地被吸入和甩出,这样就能源源不断地输送气体。

离心式泵与风机的主要部件是叶轮和机壳。机壳内的叶轮固装于由原动机驱动的转轴上,当原动机通过转轴带动叶轮做旋转运动时,处在叶轮叶片间的流体也随叶轮高速旋转,此时流体受到离心力的作用,经叶片间出口被甩出叶轮。这些被甩出的流体挤入机壳后,机壳内流体压强增高,最后被导向出口排出。与此同时,叶轮中心由于流体被甩出而形成真空,外界的流体在大气压的作用下沿吸入管的进口吸入叶轮,如此源源不断地输送流体。

综上所述,离心式泵与风机的工作过程实际上是一个能量的传递和转化过程,它把电机高速旋转的机械能转化为被输送流体的动能和势能。在这个能量的传递和转化过程中,必然伴随着诸多的能量损失,这种损失越大,该泵或风机的性能就越差,工作效率越低。

## 7.3 离心式泵与风机的基本性能参数

离心式泵与风机的基本性能,通常用以下参数来表示:

(1) 流量

单位时间内泵或风机所输送的流体量称为流量。常用体积流量并以字母 $Q$ 表示,单位是 $m^3/s$ 或 $m^3/h$;若采用质量流量,其单位是 kg/h。

(2) 泵的扬程或风机的全压

泵的扬程或风机的全压分别表示每单位重量或每单位体积的流体流经泵或风机时所获得的能量。流经泵的出口断面与进口断面单位重量流体所具有的总能量之差称为泵的扬程,用字母 $H$ 表示,其单位为 m 或 Pa。

流经风机出口断面与进口断面单位体积流体具有的总能量之差称为风机的全压,用字母 $p$ 表示,单位为 Pa 或 $mmH_2O$。

(3) 功率

① 有效功率:表示在单位时间内流体从离心式泵或风机中所获得的总能量,用字母 $N_e$ 表示,它等于重量流量与扬程的乘积,单位为 kW。

$$N_e = \gamma QH = Qp \tag{7-1}$$

式中　$\gamma$——被输送液体的容重，$kN/m^3$。

② 轴功率：表示原动机传递到泵与风机轴上的输入功率，用字母 $N$ 表示，单位为 kW。

(4) 效率

泵与风机的有效功率与轴功率之比为总效率，常用字母 $\eta$ 表示，以百分比计。

$$\eta = N_e/N \tag{7-2}$$

效率反映损失的大小和输入的轴功率被利用的程度，效率高，即损失小。从不同角度出发，我们还可以定义不同的效率，如容积效率、传动效率等。

(5) 转速

转速指泵或风机的叶轮每分钟的转数，即 r/min，常用字母 $n$ 表示。转速是影响泵与风机性能参数的一个重要因素，泵与风机是按一定的转速设计的，当泵与风机的实际转速不同于设计转速时，泵与风机的其他性能参数将按一定的规律变化。

此外，泵与风机的性能参数还有比转数 $n_s$ 以及泵的其他一些重要的性能参数，如允许吸上真空度 $H_s$ 及汽蚀余量 $\Delta h$ 等，待后续章节进一步论述。

为了方便用户使用，水泵制造厂家一般提供两种性能资料：一是水泵样本，在样本中除了水泵的结构、尺寸外，主要提供一套各性能参数相互之间关系的性能曲线，以便用户全面了解该水泵的性质；二是在每台泵或风机的机壳上都钉有一块铭牌，铭牌上简明地列出了该泵或风机在设计转速下运转时，效率为最高时的流量、扬程(或全压)、转速、电机功率及允许吸上真空度值。现举例如下：

IS65-50-125 型单级单吸悬臂式离心泵铭牌：

| 离心式清水泵 | |
|---|---|
| 型号：IS65-50-125 | 转速：2 900 r/min |
| 流量：25 $m^3/h$ | 效率：69% |
| 扬程：20 m | 电机功率：3 kW |
| 允许吸上真空度：7 m | 重量： |
| 出厂编号： | 出厂：　　年　　月　　日 |

铭牌上泵的型号为 IS65-50-125，其中 IS 表示国际标准离心泵；65 表示进口直径为 65 mm；50 表示出口直径为 50 mm；125 表示叶轮名义直径为 125 mm。

4-72№5 型离心式通风机铭牌：

| 离心式通风机 | |
|---|---|
| 型号：4-72№5 | |
| 流量：11 830 $m^3/h$ | 电机功率：13 kW |
| 全压：290 $mmH_2O$ | 转速：2 900 r/min |
| 出厂编号： | 出厂：　　年　　月　　日 |

铭牌上风机的型号为 4-72№5，其中 4 表示风机在最高效率点时全压系数乘 10 后的化整数，本例风机的全压系数为 0.4；72 表示比转数；№5 代表风机的机号，以风机叶轮外径的分米数表示，№5 表示叶轮外径为 500 mm。

## 7.4 离心式泵与风机的基本方程

离心式泵与风机是靠叶轮的旋转来抽送流体的。那么,流体在旋转的叶轮中所获得的能量增量与流体在叶轮中的运动及外加轴功率之间存在着什么样的关系?下面从分析流体在叶轮中运动入手,来推导这种能量关系。

### 7.4.1 流体在叶轮中的流动过程

图 7-16 所示为流体在叶轮流道中的流动示意图。当叶轮旋转时,流体沿轴向以绝对速度 $v_0$ 自叶轮进口处流入,流体质点流入叶轮后,就进行着复杂的复合运动,因此,研究流体质点在叶轮中的流动时,首先应明确两个坐标系,旋转叶轮是动坐标系,固定的机壳(或机座)是静坐标系,流动的流体在叶槽中以速度 $w$ 沿叶片流动,这是流体质点对动坐标系的运动,称为相对运动;与此同时,流体质点又具有一个随叶轮进行旋转运动的圆周速度,这是流体质点随旋转叶轮对静坐标系的运动,称为牵连运动,且有:

$$\vec{v} = \vec{w} + \vec{u}$$

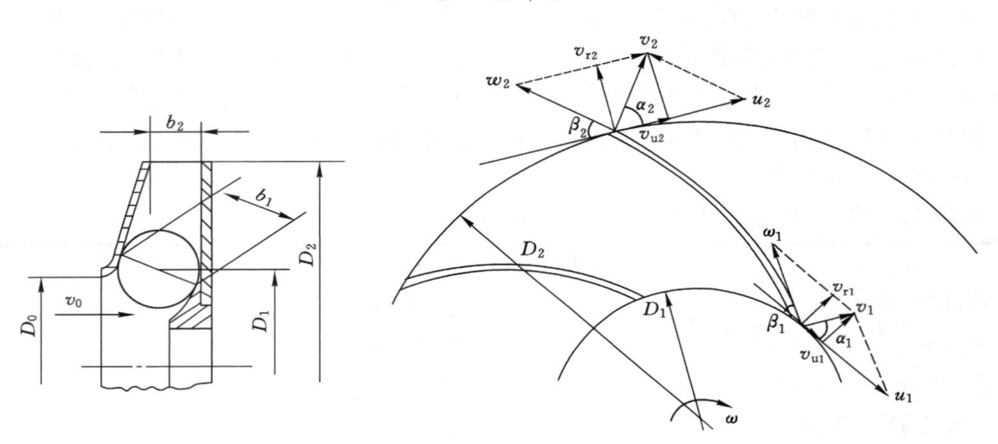


图 7-16 流体在叶轮流道中的流动

该矢量关系式可以形象地用速度三角形来表示,如图 7-17 所示,图中相对速度 $w$ 与牵连速度 $u$ 反方向之间的夹角 $\beta$ 表明了叶片的弯曲方向,称为叶片安装角,它是影响泵或风机性能的重要几何参数,绝对速度 $v$ 与牵连速度 $u$ 之间的夹角 $\alpha$ 称为叶片的工作角,$\alpha_1$ 是叶片进口工作角,$\alpha_2$ 是叶片出口工作角。

为了便于分析,有时将绝对速度 $v$ 分解为与流量有关的径向分速 $v_r$ 和与压力有关的切向分速 $v_u$。前者的方向与半径方向相同,后者与叶轮的圆周运动方向相同。显然,由图 7-17 可知:

$$v_{u2} = v_2 \cos \alpha_2 = u_2 - v_{r2} \cot \beta_2$$

$$v_{r2} = v_2 \sin \alpha_2$$

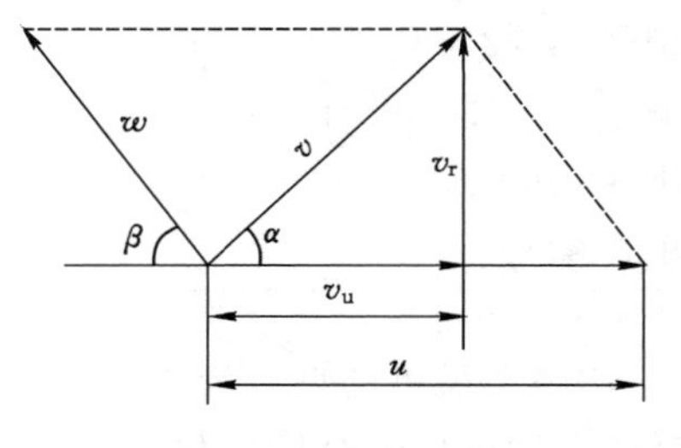


图 7-17 叶轮出口速度三角形

速度三角形除清楚地表达了流体在叶轮流道中的流动情况外,它又是研究泵与风机的一个重要手段。

应当说明，当叶轮流道几何形状（安装角 $\beta$ 已定）及尺寸确定后，如已知叶轮转速 $n$ 和流量 $Q$，即可求得叶轮内任何半径 $r$ 上某点的速度三角形。这里，流体的圆周速度 $u$ 为：

$$u=\omega r=\frac{n\pi d}{60}$$

由于叶轮流量 $Q_T$ 等于径向分速度 $v_r$，乘以垂直于 $v_r$ 的过流断面积 $F$，即 $Q_T=v_rF$，由此可求出径向分速度 $v_r$，其中 $F$ 是一个环周面积，可以近似认为它是以半径 $r$ 处的叶轮宽度作母线绕轴心线旋转一周所成的曲面，故有：

$$F=2\pi rb\varepsilon$$

式中　$\varepsilon$——叶片排挤系数，它反映了叶片厚度对流道过流面积的遮挡程度。

既然 $u$ 和 $v_r$ 已求得，又已知 $\beta$ 角，则此速度三角形就不难绘出了。

### 7.4.2　基本方程——欧拉方程

流体在叶轮中的流动过程是十分复杂的，为便于用一元流动理论来分析其流动规律，首先对叶轮的构造、流动性质做以下三个理想化假设：

(1) 流体在叶轮中的流动是恒定流，即流动不随时间变化。

(2) 叶轮的叶片数目为无限多，叶片厚度为无限薄，因此可以认为流体在流道间做相对运动时，其流线与叶片形状一致，叶轮同半径圆周上各质点流速相等。

(3) 流经叶轮的流体是理想不可压缩流体，流体在流动过程中不计能量损失。

实际情况与上述条件有相当大的出入，但根据这些条件研究得出的结果仍有十分重要的意义。对于那些与实际情况不符的地方，以后再逐步加以修正。

用动量矩定理可以方便地导出离心式泵与风机的基本方程——欧拉方程。力学中的动量矩定理告诉我们：质点系中某一转轴的动量矩对时间的变化率，等于作用于该质点系的所有外力对该轴的合力矩 $M$。

若用角标“T”表示理想流动过程，“$\infty$”表示叶片为无限多，“1”表示叶轮进口参数，“2”表示叶轮出口参数，$Q_{T\infty}$ 表示流体在一个理想流动过程中流经叶片为无限多的叶轮时的体积流量，在每单位时间内流经叶轮进、出口流体动量矩的变化则为：

$$\rho Q_{T\infty}(r_2v_{u2T\infty}-r_1v_{u1T\infty})$$

它应该等于作用于流体的合外力矩 $M$。同时，它又恰好等于外力施加于叶轮上的力矩。故有：

$$M=\rho Q_{T\infty}(r_2v_{u2T\infty}-r_1v_{u1T\infty})$$

由于外力矩 $M$ 乘以叶轮角速度 $\omega$ 就正是加在转轴上的外加功率 $N=M\omega$；而在单位时间内叶轮内流体所做的功 $N$，在理想条件下又全部转化为流体的能量，即 $N=\gamma QH_{T\infty}$，$H_{T\infty}$ 为流体所获得的理论扬程。再将 $u=r\omega$ 关系代入上式，便得：

$$N=M\omega=\rho Q_{T\infty}(u_{2T\infty}v_{u2T\infty}-u_{1T\infty}v_{u1T\infty})=\gamma Q_{T\infty}H_{T\infty}$$

经移项，就可以得到理想条件下流体的能量增量与流体在叶轮中的运动关系，即：

$$H_{T\infty}=\frac{1}{g}(u_2v_{u2}-u_1v_{u1})_{T\infty} \tag{7-3}$$

式中　$H_{T\infty}$——离心式泵与风机的理论扬程（压头）；

$u_1$、$u_2$——叶轮进、出口处的圆周速度；

$v_{u1}$、$v_{u2}$——叶轮进出、口处绝对速度的切向分速；

$T_\infty$——理想流体与无穷多叶片。

上式表示为单位重量流体所获得的能量，也就是离心式泵与风机的基本方程，它是1745年首先由欧拉推出的，故又称为欧拉方程。

如果将图7-17中的叶片进、出口速度三角形按余弦定理展开，则有：

$$\begin{cases} w_2^2 = u_2^2 + v_2^2 - 2u_2 v_2 \cos\alpha_2 = u_2^2 + v_2^2 - 2u_2 w_{u2} \\ w_1^2 = u_1^2 + v_1^2 - 2u_1 v_1 \cos\alpha_1 = u_1^2 + v_1^2 - 2u_1 w_{u1} \end{cases}$$

两式移项得：

$$\begin{cases} u_2 v_{u2} = \dfrac{1}{2}(u_2^2 + v_2^2 - w_2^2) \\ u_1 v_{u1} = \dfrac{1}{2}(u_1^2 + v_1^2 - w_1^2) \end{cases}$$

代入式(7-3)得：

$$H_{T\infty} = \frac{u_2^2 - u_1^2}{2g} + \frac{w_1^2 - w_2^2}{2g} + \frac{v_2^2 - v_1^2}{2g} \tag{7-4}$$

式(7-4)是欧拉方程的另一表达式，式中第一项是单位重量流体流经叶轮时，由于离心力作用所增加的静压，该静压值的提高与圆周速度的平方差成正比；第二项是由于叶片间流道展宽，以至于相对速度有所降低而获得的静压水头增量，它代表着流体经过叶轮时动能转化为压能的份额，由于此相对速度变化不大，故其增量较小；第三项是单位重量流体的动能增量，通常在总扬程相同的条件下，该项动能增量不宜过大，虽然人们利用导流器及蜗壳的扩压作用可使一部分动压水头转化为静压水头，但其流动的水力损失也会增大。

由欧拉方程可以看出：

(1) 基本方程表明了理想扬程 $H_{T\infty}$ 与 $u_2$ 有关，而 $u_2 = \dfrac{n\pi D_2}{60}$，因此增加转速 $n$ 和加大叶轮直径 $D_2$，便可以提高泵与风机的 $H_{T\infty}$。

(2) 流体所获得的理想扬程 $H_{T\infty}$ 与被输送流体的种类无关。对于不同容重的流体，只要叶片进、出口处的速度三角形相同，都可以得到相同的 $H_{T\infty}$。

### 7.4.3 欧拉方程的修正

在推导欧拉方程时我们曾做了三点假设，其中的第一点只要原动机转速不变是基本上可以保证的，而后两点是需要做出修正的。

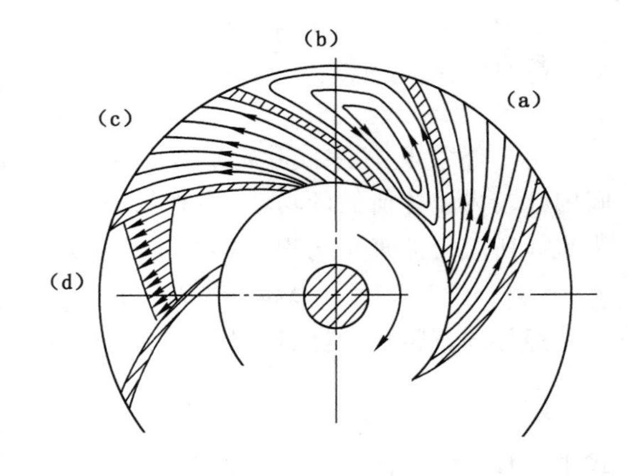


图7-18 反旋现象对流速分布的影响

在叶轮叶片为无限多的假设下，叶道内同一截面上的相对速度是相等的，且其方向与叶道一致，如图7-18(a)所示。实际上，离心式泵与风机的叶片数目是有限的，显然由于叶片间流道的加宽而减小了叶片对流速的约束。在叶轮转动时，由于流体的惯性作用不可能完全受叶片的约束而保持与叶片一致的方向运动，却趋向于保持原来的流动惯性，相对流道产生一种反旋轴向涡流现象，如图 7-18(b)所示，因此流道中的流体不可能保持均匀一致，流速如图 7-18(c)所示。结果相对流速在同一半径的圆周上的分布变得不均匀起来，如图 7-18(d)所示。它一方面使叶片两面形成压力差，成为作用于轮轴上的阻力矩，需原动机克服此力矩而耗能；另一方面，在叶轮出口处，相对速度将朝旋转反方向偏离切线，这就影响了叶轮产生的扬程值，在实际应用中需要进行修正，修正后有限多叶片数的理论扬程为 $H_T$，它与无限多叶片数的理论扬程之间的关系为：

$$k = \frac{H_T}{H_\infty} < 1$$

式中，$k$ 称涡流修正系数。它仅说明叶轮对流体做功时，有限多叶片比无限多叶片要小，这并非黏性的缘故，而是由于存在轴向涡流的影响。关于 $k$ 值的大小，目前泵与风机中都采用经验或半经验公式来计算，对离心式泵与风机来说，取值一般在 0.78～0.85 之间。

为简明起见，将流体运动储量中用来表示理想条件的下角标“T∞”去掉，可得：

$$H_T = \frac{1}{g}(u_2 v_{u2} - u_1 v_{u1}) \tag{7-5}$$

对第三点假设的修正，将留在下节专门讨论。

当进口切向分速 $v_{u1} = v_1 \cos \alpha_1 = 0$ 时，根据式(7-5)计算的理论扬程 $H_T$ 将达到最大值。因此，在设计泵或风机时，总是使进口绝对速度 $v_1$ 与圆周速度 $u_1$ 间的工作角 $\alpha_1 = 90°$。这时流体按径向进入叶片的流道，理论扬程方程式就简化为：

$$H_T = \frac{1}{g} u_2 v_{u2} \tag{7-6}$$

由叶片出口速度三角形可知：

$$v_{u2} = u_2 - v_{r2} \cot \beta_2 \tag{7-7}$$

代入式(7-6)得：

$$H_T = \frac{1}{g}(u_2^2 - u_2 v_{r2} \cot \beta_2) \tag{7-8}$$

上式表示出理论扬程 $H_T$ 与出口安装角 $\beta_2$ 之间的关系。

在叶轮直径固定不变且转速相同的条件下，对于 $\beta_2 > 90°$ 的前向叶型的叶轮，$\cot \beta_2 < 0$，则 $H_T > \frac{u_2^2}{g}$；对于 $\beta_2 = 90°$ 的径向叶型的叶轮，$\cot \beta_2 = 0$，则 $H_T = \frac{u_2^2}{g}$；对于 $\beta_2 < 90°$ 的后向型的叶轮，$\cot \beta_2 > 0$，则 $H_T < \frac{u_2^2}{g}$，如图 7-19 所示。

显然具有前向叶型的叶轮所获得的理论扬程最大，其次为径向叶型，而后向叶型的叶轮所获得的理论扬程最小。

前向叶型的泵和风机虽能提供较大的理论扬程，但由于流体在前向叶型的叶轮中流动时流速较大，在扩压器中流体进行动、静压转换时的损失也比较大，因而总效率比较低。因此，离心泵全都采用后向式叶轮，在大型风机中，为了增加效率和降低噪声水平，也几乎都采用后向叶型，但就中小型风机而言，效率不是考虑的主要因素，也有采用前向叶型的，这是因为叶轮是前向叶型的风机，在相同的压头下，轮径和外形可以做得较小，故在微型风机中，大都采用前向叶型的多叶叶轮，至于径向叶轮的泵或风机的性能，显然介于两者之间。

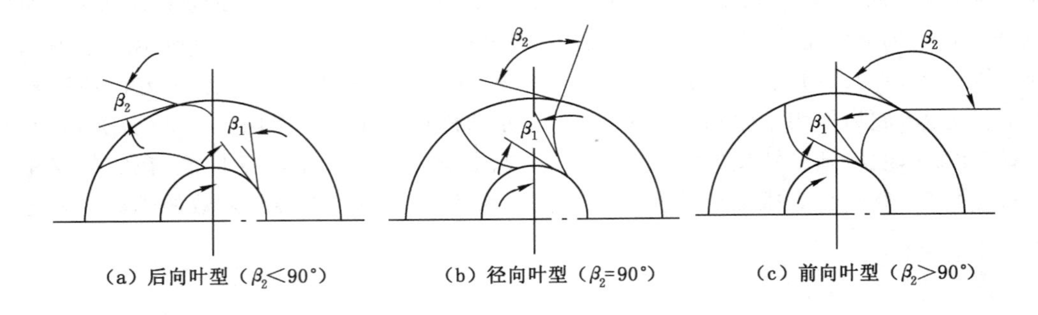


(a) 后向叶型（$\beta_2$<90°） (b) 径向叶型（$\beta_2$=90°） (c) 前向叶型（$\beta_2$>90°）

图 7-19　叶轮叶型与出口安装角

# 7.5　泵与风机的性能曲线

## 7.5.1　泵与风机的理论性能曲线

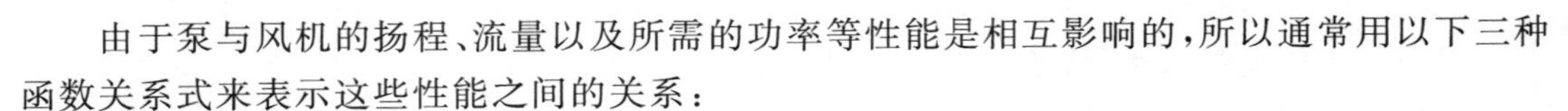

由于泵与风机的扬程、流量以及所需的功率等性能是相互影响的，所以通常用以下三种函数关系式来表示这些性能之间的关系：

(1) 泵与风机所提供的流量和扬程之间的关系，用 $H=f_1(Q)$来表示。

(2) 泵与风机所提供的流量与所需外加轴功率之间的关系，用 $N=f_2(Q)$来表示。

(3) 泵与风机所提供的流量与设备本身效率之间的关系，用 $\eta=f_3(Q)$来表示。

上述三种关系常以曲线形式绘在以流量 $Q$ 为横坐标的图上，这些曲线叫泵与风机的性能曲线。

从欧拉方程出发，我们总可以在理想条件下得到 $H_T=f_1(Q_T)$及 $N_T=f_2(Q_T)$的关系。

设叶轮的出口面积为 $F_2$，这是以叶片出口宽度 $b_2$ 作母线，绕轴心旋转一周所成的曲面面积，叶轮工作时所排出的理论流量应为：

$$Q_T = v_{r2} F_2$$

代入式(7-8)得：

$$H_T = \frac{1}{g}\left(u_2^2 - \frac{u_2}{F_2} Q_T \cot\beta_2\right)$$

对于大小一定的泵或风机来说，转速不变时，上式中 $u_2$、$g$、$\beta_2$、$F_2$ 均为常数。

令

$$A = \frac{u_2^2}{g},\quad B = \frac{u_2}{F_2 g}$$

可得：

$$H_T = A - B\cot\beta_2 Q_T \tag{7-9}$$

显然这是一个斜率为 $B\cot\beta_2$、截距为 $A$ 的直线方程，图 7-20 绘出了三种不同叶型的泵与风机理论上的 $Q_T$-$H_T$ 曲线。可以看出，$B\cot\beta_2$ 所代表的曲线斜率是不同的，因而三种叶型具有各自的曲线倾向；同时还可以看出，当 $Q_T=0$ 时，$H_T=A=\dfrac{u_2^2}{g}$。

下面研究理论上的流量与外加轴功率的关系。

理想条件下，理论上的有效功率就是轴功率，即：

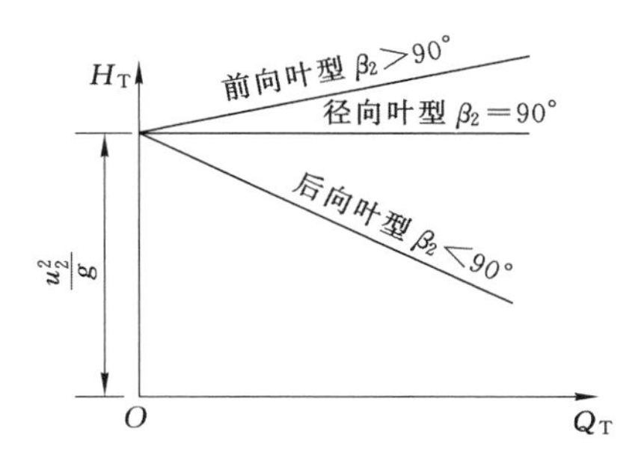


图 7-20 三种叶型的 $Q_T$-$H_T$ 曲线

$$N_e = N_T = \gamma Q_T H_T$$

将式(7-9)代入上式可得：

$$N_T = \gamma Q_T(A - B\cot\beta_2 Q_T) = CQ_T - D\cot\beta_2 Q_T^2 \tag{7-10}$$

由式(7-10)可以看出，当泵与风机的转速一定时，其理论流量 $Q_T$ 与功率 $N_T$ 的关系是线性关系，且对于不同的 $\beta_2$ 值具有不同的曲线形状，这里 $C=A\gamma$，$D=B\gamma$，但 $Q_T=0$ 时，$N_T=0$，三条曲线同交于原点。径向叶型，$\beta_2=90°$，$\cot\beta_2=0$，功率曲线为一条直线；前向叶型 $\beta_2>90°$，$\cot\beta_2<0$，功率曲线为一条上凹的二次曲线；后向叶型，$\beta_2<90°$，$\cot\beta_2>0$，功率曲线则为一条下凹曲线，如图 7-21 所示。

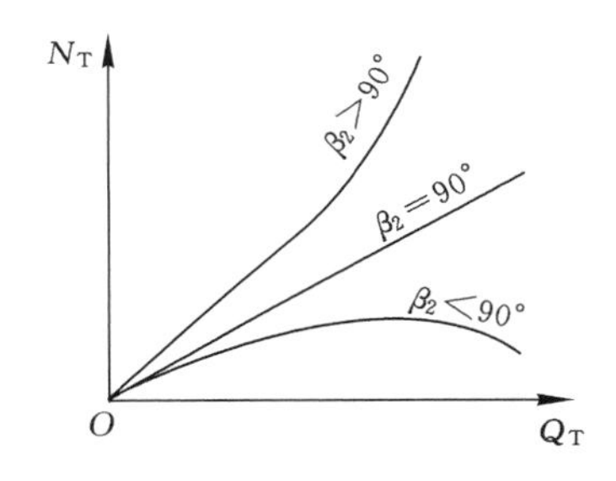


图 7-21 三种叶型的 $Q_T$-$N_T$ 曲线

由图 7-21 可以看出，前向叶型的泵或风机所需要的轴功率随流量的增加而增长得很快。因此，这种风机在运行中增加流量时，原动机超载的可能性比径向叶型的泵或风机大得多，而后向叶型的叶轮一般不会发生原动机超载的现象。

### 7.5.2 泵与风机的实际性能曲线

前面研究的是不计各种损失时泵与风机的理论性能曲线。只有考虑机内的损失问题，才能得出实际的性能曲线。然而机内流动情况十分复杂，现在还不能用分析方法精确地计算这些损失，当运行偏离设计工况时，尤其如此。所以各制造厂都只能用实验的方法直接测出性能曲线，但从理论上对这些损失进行研究并将其分类整理，做出定性分析，可以找出减少损失的途径。

(1) 泵或风机中的能量损失

泵或风机中的能量损失按其产生的原因常分为三类：水力损失、容积损失、机械损失。

① 水力损失

水力损失又分为摩阻损失和冲击损失两类，其大小与过流部件的几何形状、壁面粗糙度以及流体的黏滞性有关。

摩阻损失包括局部损失和沿程损失两项，主要发生于以下几个部分：流体经泵或风机入口进入叶片进口之前，发生摩擦及90°转弯所引起的水力损失；当机器实际运行流量与设计额定流量不同时，相对速度的方向就不再同叶片进口安装角的切线相一致，从而发生冲击损失；叶轮中的沿程摩擦损失和流道中流体速度大小、方向变化及离开叶片出口等局部损失；流体离开叶轮进入机壳后，由动压转换为静压的转换损失以及机壳的出口损失。上述这些水力损失都遵循流体力学中流动阻力的规律。

水力损失常用水力效率来估计：

$$\eta_h = \frac{H_T - \sum \Delta H}{H_T} = \frac{H}{H_T} \tag{7-11}$$

式中，$H = H_T - \sum \Delta H$，为泵或风机的实际扬程。

② 容积损失

当叶轮工作时，机内存在着高压区和低压区。同时，由于结构上有运动部件和固定部件之分，这两种部件之间必然存在着缝隙，这就使流体从高压区通过缝隙漏到低压区，显然这部分流体也获得能量，但未能有效利用。此外，对离心泵来说，为平衡轴向推力常设置平衡孔，同样引起泄漏回流量，如图7-22所示。

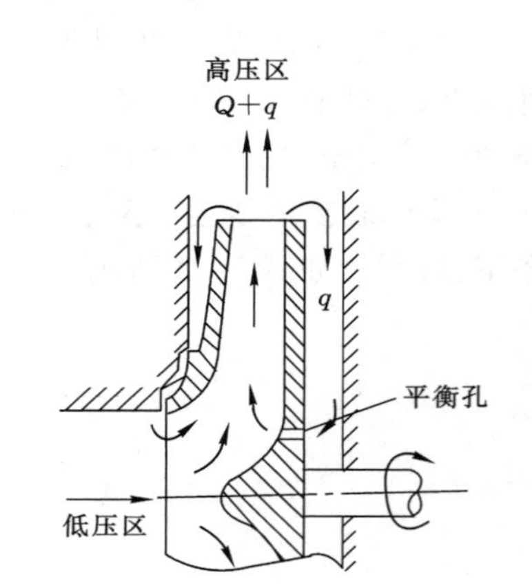


图7-22 机内流体泄漏回流示意图

通常用容积效率 $\eta_V$ 来表示容积损失的大小。如以 $q$ 表示泄漏的总回流量，则有：

$$\eta_V = \frac{Q_T - q}{Q_T} = \frac{Q}{Q_T} \tag{7-12}$$

式中，$Q = Q_T - q$，为泵或风机的实际流量。

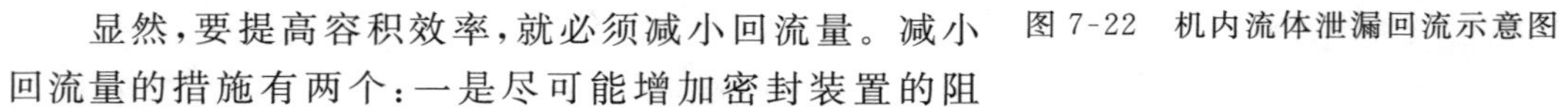

显然，要提高容积效率，就必须减小回流量。减小回流量的措施有两个：一是尽可能增加密封装置的阻力，如减小密封环的间隙或将密封环做成曲折形状；二是尽量减小密封环的直径，从而降低其周长，使流通面积减小。

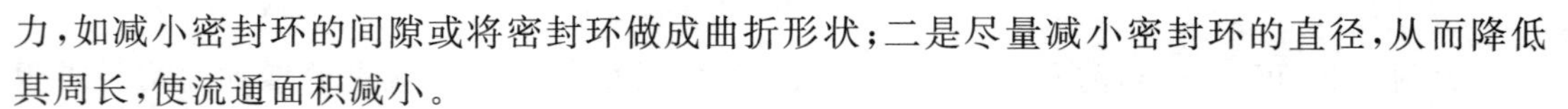

③ 机械损失

泵或风机的机械损失包括轴承和轴封的摩擦损失以及叶轮盖板旋转时与机壳内流体之间发生的所谓圆盘摩擦损失。

摩擦损失的大小通常以损耗的功率表示。设轴承与轴封摩擦损失的功率为 $\Delta N_1$，圆盘摩擦损失的功率为 $\Delta N_2$，则机械损失的总功率 $\Delta N_m$ 为：

$$\Delta N_m = \Delta N_1 + \Delta N_2$$

泵或风机的机械损失可以用机械效率表示为：

$$\eta_m = \frac{N - \Delta N_m}{N} \tag{7-13}$$

(2) 泵与风机的全效率

当只考虑机械效率时，供给泵或风机的轴功率应为：

$$N=\frac{\gamma Q_{T}H_{T}}{\eta_{m}}$$

而泵或风机实际所得的有效功率为：

$$N_{e}=\gamma QH$$

根据效率的定义，结合式(7-11)、式(7-12)，泵或风机的全效率可表示为：

$$\eta=\frac{N_{e}}{N}=\frac{\gamma QH}{\gamma Q_{T}H_{T}}\eta_{m}=\eta_{V}\eta_{h}\eta_{m} \tag{7-14}$$

(3) 泵与风机的实际性能曲线

利用泵与风机内部的各种能量损失，对理论性能曲线逐步进行修正，可以得出泵与风机的实际性能曲线。

在 $Q$-$H$ 坐标图上同时标注出功率 $N$ 和效率 $\eta$，如图7-23所示。以后向叶型的叶轮为例，根据有限多叶片理论流量和扬程的关系式(7-9)绘出一条 $Q_{T}$-$H_{T}$ 曲线，如图7-23中直线Ⅱ所示。显然，无限多叶片理想扬程和流量的关系曲线 $Q_{T\infty}$-$H_{T\infty}$ 如图7-23中直线Ⅰ所示。以直线Ⅱ为基础，扣除在相应理论流量下机内产生的水力损失，包括直影线表示的冲击涡流损失和斜影线表示的各种摩阻损失，得到曲线Ⅲ。再以曲线Ⅲ为基础，扣除容积损失。由于容积损失是以泄漏流量的大小来估算的，而泄漏流量的大小又与扬程有关，曲线Ⅲ的横坐标值中减去相应 $H$ 值时的 $q$ 值，最后便可得出泵或风机的 $Q$-$H$ 实际性能曲线，如图中曲线Ⅳ所示。

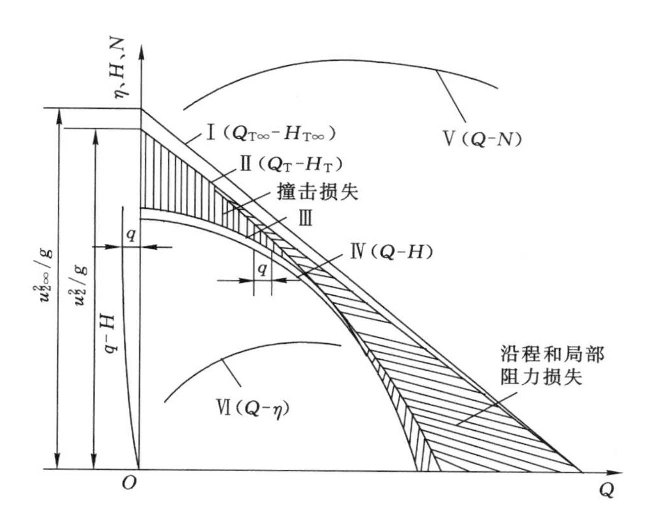


图7-23　离心式泵或风机的性能曲线

因为轴功率 $N$ 是理论功率 $N_{T}$($N_{T}=\gamma Q_{T}H_{T}$)与机械损失功率 $\Delta N_{m}$ 之和，即：

$$N=N_{T}+\Delta N_{m}=\gamma Q_{T}H_{T}+\Delta N_{m}$$

根据这一关系式，可以在图7-23上绘制一条表明泵或风机的流量与轴功率之间关系的 $Q$-$N$ 曲线，如图7-23中的曲线Ⅴ。

有了 $Q$-$N$ 和 $Q$-$H$ 两曲线，按式(7-2)计算在不同流量下的 $\eta$ 值，从而得出 $Q$-$\eta$ 曲线，如图7-23中的曲线Ⅵ。$Q$-$\eta$ 曲线的最高点表明为最大效率，它的位置与设计流量是相对应的。

如前所述，泵和风机的性能曲线实际上都是由制造厂根据实验得出的，这些性能曲线是选用泵或风机和分析其运行工况的根据。

图 7-24 所示为 IS65-40-200 型单级单吸离心泵的实测性能曲线。图 7-24(a)是在 $n=$ 2 900 r/min 的条件下，图 7-24(b)是在 $n=$1 450 r/min 的条件下，通过性能实验数据绘制的性能曲线。该泵的叶轮名义直径为 200 mm，水泵吸入口直径为 65 mm，水泵出口直径为 40 mm。

图 7-25 所示为 4-72№5 型离心式风机的实测性能曲线。

由图 7-24 和图 7-25 可以看出，性能曲线包括三条线：$Q$-$H$（或 $Q$-$p$）关系曲线、$Q$-$N$ 关系曲线和 $Q$-$\eta$ 关系曲线。$Q$-$H$（或 $Q$-$p$）关系曲线一般是下降的；$Q$-$N$ 关系曲线是上扬的；$Q$-$\eta$关系曲线为驼峰形的，其最高点表明为最大效率，它的位置与设计流量是相对应的，最高效率点±10%的区间内属于高效区段，也是经济使用范围。

离心式泵或风机实际性能曲线的测绘是指在介质温度、外界压力及转速一定条件下，根据测得的泵或风机的扬程 $H$（或压头 $p$）、轴功率 $N$ 和效率 $\eta$ 随流量 $Q$ 的变化关系而绘制的性能曲线。下面以离心泵为例，介绍其性能曲线的绘制方法。

① 测绘实验装置

图 7-26 所示为离心泵性能实验装置简图。

图中除装置离心泵、流量调节阀、真空表、压力表、压差式流量计、水泵底阀外，还在电机输入电路上装有瓦特计，以测定电机输入功率。

② 测绘实验要求

实验条件：外界大气压为 1 个大气压，输送液体是 20 ℃的清水。测点一般不应少于 16 个流量值，包括零流量和最大流量两个点。两相邻流量值之差应大于流量额定值的 8%。

③ 测绘实验基本原理

在恒定转速 $n$ 的条件下，测定出 $Q$-$H$、$Q$-$N$ 及 $Q$-$\eta$ 之间的函数关系：$H=f_1(Q)$、$N=f_2(Q)$、$\eta=f_3(Q)$，并将这些关系绘制成曲线，即水泵性能曲线。

a. $Q$-$H$ 关系曲线

水泵所产生的扬程为：

$$H=\Delta z+\frac{p_4-p_3}{\gamma}+\frac{v_2^2-v_1^2}{2g}$$

式中 $\Delta z$ ——压力表与真空表安装高差，m；

$p_4$——压水管上压力表读数，$N/m^2$；

$p_3$——吸水管上真空表读数，$N/m^2$；

$\gamma$——流体的容重，$N/m^3$；

$v_1$、$v_2$——吸水管和压水管中液体的流速。

流量可由压水管流量调节阀调节，记录并计算不同流量下的扬程值，以扬程 $H$ 为纵坐标、流量 $Q$ 为横坐标，点绘即可得到 $Q$-$H$ 关系曲线。

b. $Q$-$N$ 关系曲线

电机的输入功率 $N'_m$可由瓦特计直接读出。设电机效率为$\eta'_m$，传动效率为 $\eta'_1$，则水泵的轴功率为：

$$N=N'_m\eta'_m\eta'_1$$

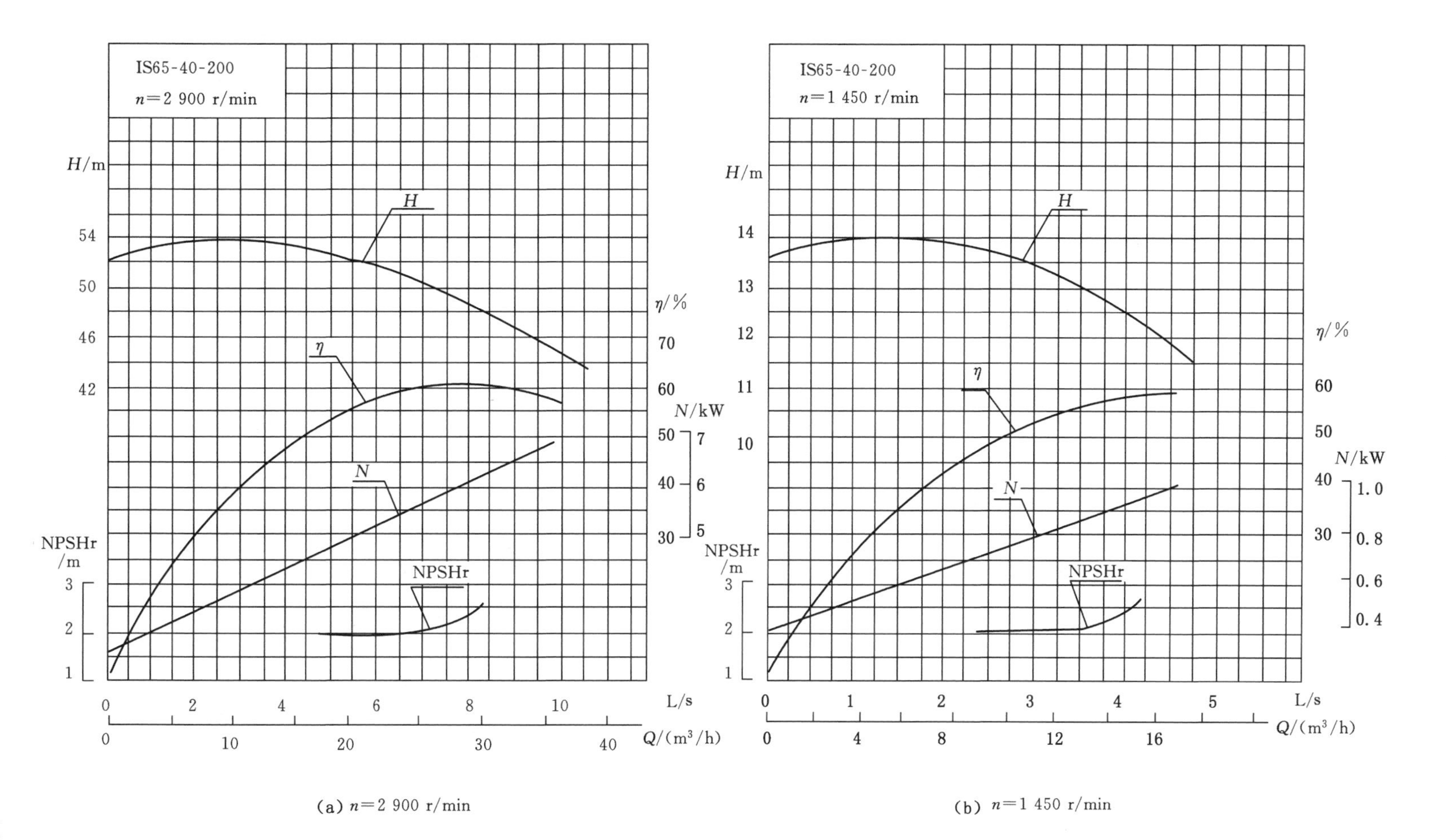


**图7-24　IS65-40-200型单级单吸离心泵的实测性能曲线**

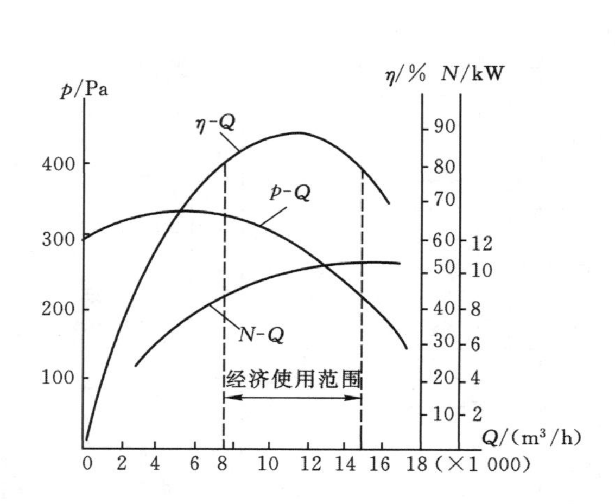


图 7-25　4-72№5 型离心式风机的性能曲线

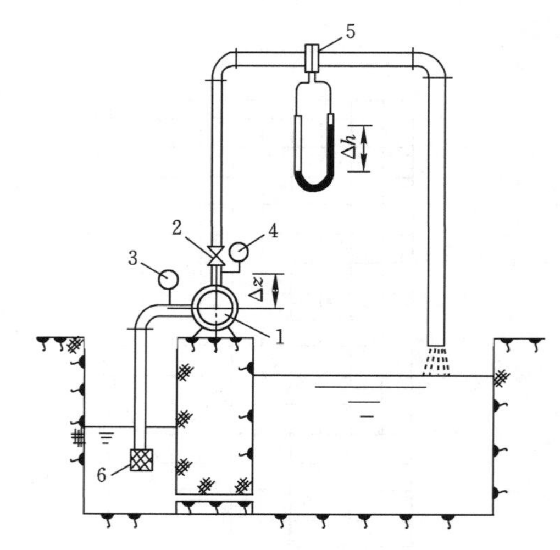


1—离心泵；2—流量调节阀；3—真空表；
4—压力表；5—压差式流量计；6—水泵底阀。

图 7-26　离心泵性能实验示意图

记录并计算各流量时的轴功率，以轴功率 $N$ 为纵坐标、$Q$ 为横坐标，点绘即可得到 $Q$-$N$ 关系曲线。

c. $Q$-$\eta$ 关系曲线

设水泵的有效功率为 $N_e$，则：

$$\eta = \frac{N_e}{N} = \frac{\gamma QH}{N'_m \eta'_m \eta'_1} \times 100\%$$

以 $\eta$ 为纵坐标、以 $Q$ 为横坐标，点绘即可得到 $Q$-$\eta$ 曲线。

## 7.6　相似律与比转数

目前，在流体力学范畴内，进行实验研究的方法之一是根据问题的具体情况组织模型实验并将实验结果应用到原型中。

模型流动和原型流动要实现相似的流动，一般按照力学相似性原理进行，力学相似性原理包括几何相似、运动相似和动力相似。

泵或风机的相似律表明了同一系列相似机器的相似工况之间的相似关系。泵或风机的设计、制造通常是按“系列”进行的。同一系列中，大小不等的泵或风机都是相似的，也就是说它们之间的流体力学性质遵循力学相似原理。相似律是根据相似原理导出的，除用于设计泵或风机外，对于从事本专业的人员来说，更重要的还在于用来作为运行、调节和选用型号等的理论根据和实用工具。

### 7.6.1　泵与风机的相似条件

泵与风机的相似条件：根据相似理论，要保证流体流动过程力学相似必须同时满足几何相似、运动相似和动力相似。这其中几何相似是前提，动力相似是保证，运动相似是目的。

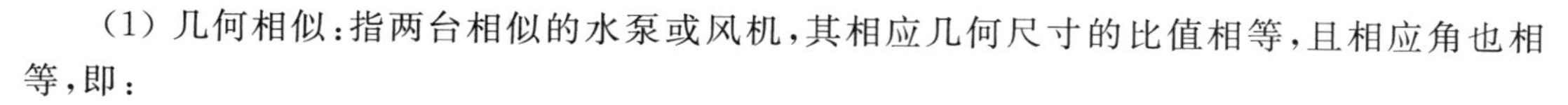

(1) 几何相似：指两台相似的水泵或风机，其相应几何尺寸的比值相等，且相应角也相等，即：

$$\frac{D_{2n}}{D_{2m}}=\frac{D_{1n}}{D_{1m}}=\frac{b_{2n}}{b_{2m}}=\frac{b_{1n}}{b_{1m}}=\cdots=\lambda_L \tag{7-15}$$

$$\beta_{1n}=\beta_{1m},\quad \beta_{2n}=\beta_{2m}$$

严格地说，几何相似还应包括泵与风机的叶片厚度、叶轮和进风口间的间隙和表面粗糙度等。但这些尺寸相似与否对泵与风机性能的影响较小，故可忽略不计。

(2) 运动相似：指两台相似的泵或风机，各相应点上速度三角形相似。即相应点的同名速度方向相同，大小比值等于常数，即：

$$\frac{v_{2n}}{v_{2m}}=\frac{v_{2rn}}{v_{2rm}}=\frac{u_{2n}}{u_{2m}}=\cdots=\lambda_v \tag{7-16}$$

$$\frac{u_{2n}}{u_{2m}}=\frac{D_n n_n}{D_m n_m}=\lambda_L\lambda_n,\quad \alpha_{1n}=\alpha_{1m},\quad \alpha_{2n}=\alpha_{2m}$$

凡是满足几何相似和运动相似条件的两台泵或风机，称工况相似的泵或风机。

(3) 动力相似：动力相似要求作用于流体的同名力之间的比值相等。作用在泵或风机内流体的诸力中主要是压力，对于黏性力，由于雷诺数较大，所以影响不大，一般可以略而不计。

### 7.6.2　相似律及其应用

在相似工况下，原型与模型之间流量、扬程和功率的关系叫相似律。

工况相似的泵或风机的流量、扬程(或压头)、功率与泵或风机的尺寸、转速及效率之间有如下三个关系式：

(1) 流量相似定律

$$\lambda_Q=\frac{Q_n}{Q_m}=\frac{v_{r2n}\pi D_{2n}b_{2n}\eta_{vn}}{v_{r2m}\pi D_{2m}b_{2m}\eta_{vm}}=\frac{u_{2n}}{u_{2m}}\left(\frac{D_{2n}}{D_{2m}}\right)^2\frac{\eta_{vn}}{\eta_{vm}} \tag{7-17}$$

由于 $u=\frac{\pi Dn}{60}$，所以：

$$\frac{u_{2n}}{u_{2m}}=\frac{D_{2n}n_n}{D_{2m}n_m}$$

代入式(7-17)，得：

$$\lambda_Q=\frac{Q_n}{Q_m}=\frac{n_n}{n_m}\left(\frac{D_{2n}}{D_{2m}}\right)^3\frac{\eta_{vn}}{\eta_{vm}}=\lambda_n\lambda_L^3\lambda_{v\eta}$$

(2) 扬程(压头)相似定律

对水泵有：

$$\lambda_H=\frac{H_n}{H_m}=\frac{g_m\cdot u_{2n}\cdot v_{2n}\cos\alpha_{2n}\cdot\eta_{hn}}{g_n\cdot u_{2m}\cdot v_{2m}\cos\alpha_{2m}\cdot\eta_{hm}}=\left(\frac{n_n}{n_m}\right)^2\left(\frac{D_{2n}}{D_{2m}}\right)^2\frac{\eta_{hn}}{\eta_{hm}}=\lambda_n^2\lambda_L^2\lambda_{h\eta} \tag{7-18}$$

对风机而言，$p=\gamma H=\rho gH$，代入上式可得压头关系式：

$$\lambda_p=\frac{p_n}{p_m}=\lambda_\rho\lambda_n^2\lambda_L^2\lambda_{h\eta} \tag{7-19}$$

(3) 功率相似定律

$$\lambda_N=\frac{N_n}{N_m}=\frac{\gamma_n\cdot Q_n\cdot H_n\cdot\eta_{mn}}{\gamma_m\cdot Q_m\cdot H_m\cdot\eta_{mm}}=\lambda_\rho\lambda_n^3\lambda_L^5\lambda_{m\eta} \tag{7-20}$$

以上各公式中的$\lambda_{e\eta}$、$\lambda_{h\eta}$、$\lambda_{m\eta}$分别表示相似机的容积效率、水力效率、机械效率比例常数，$\lambda_\rho$为密度比例常数。本处忽略公式推导过程。

实际应用中，如果两个工况相似的泵或风机的尺寸比值不是很大，转速的比值也不很大，可近似认为两台相似泵或风机的各种效率均相等，于是可以得到：

$$\lambda_Q = \lambda_n \lambda_L^3 \tag{7-21}$$

$$\lambda_H = \lambda_n^2 \lambda_L^2 \tag{7-22}$$

$$\lambda_p = \lambda_\rho \lambda_n^2 \lambda_L^2 \tag{7-23}$$

$$\lambda_N = \lambda_\rho \lambda_n^3 \lambda_L^5 \tag{7-24}$$

把相似定律应用于不同转速运行的同一台泵或风机时，式(7-21)、式(7-22)、式(7-23)和式(7-24)中$\lambda_\rho=1$、$\lambda_L=1$，则有：

$$\frac{Q_1}{Q_2} = \frac{n_1}{n_2} \tag{7-25}$$

$$\frac{H_1}{H_2} = \frac{n_1^2}{n_2^2} \tag{7-26}$$

$$\frac{p_1}{p_2} = \frac{n_1^2}{n_2^2} \tag{7-27}$$

$$\frac{N_1}{N_2} = \frac{n_1^3}{n_2^3} \tag{7-28}$$

式中　$Q_1$、$H_1$、$p_1$、$N_1$——泵或风机在转速 $n_1$ 下某个工况点的参数；

$Q_2$、$H_2$、$p_2$、$N_2$——泵或风机在转速 $n_2$ 下某个工况点的参数。

上述公式是同一台水泵在不同转速下运行时，性能参数的换算公式，是相似定律的一个特殊形式，称为比例律。比例律对水泵的使用者是很有用处的。在运用上述公式时要注意两点：一是公式只能用于工况相似点；二是相似点的效率在一定的转速变化范围内是相等的。实践证明，超过一定的转速变化范围时，低转速相似点的效率将下降。

(4) 相似律应用

① 流体密度改变时性能参数的换算

同一台泵或风机，当输送流体密度发生变化时按相似律进行换算，能得到实际条件下泵或风机的工作参数。

若以角标“0”表示样本条件，即厂家在标准大气压 $p_a=101.325$ kPa 和空气温度 $t_0=20$ ℃条件下经实验得出的性能数据，无角标表示实际条件，因$\lambda_L=1$，$\lambda_n=1$，于是可得以下关系式：

$$\lambda_Q = 1, Q = Q_0 \quad \text{流量不变}$$

$$\lambda_H = 1, H = H_0 \quad \text{扬程不变}$$

$$\lambda_p = \lambda_\rho = \frac{\rho}{\rho_0} = \frac{\gamma}{\gamma_0} = \frac{p}{101.325} \cdot \frac{273 + t_0}{273 + t} \tag{7-29}$$

$$\lambda_N = \lambda_\rho = \frac{\rho}{\rho_0} = \frac{\gamma}{\gamma_0} = \frac{p}{101.325} \cdot \frac{273 + t_0}{273 + t} \tag{7-30}$$

**【例 7-1】** 现有燃煤锅炉所配备引风机一台，铭牌上的参数为 $n_0=960$ r/min，$p_0=230$ mmH$_2$O，$Q_0=12\ 000$ m$^3$/h，$\eta=65\%$。配用电机功率为 22 kW，三角皮带传动，传动效率$\eta_i=98\%$，今用此引风机输送温度为 20 ℃的清洁空气，$n$ 不变，求在这种实际情况下风机的性能参数,并校核配用电机的功率能否满足要求。

**【解】** 因为该风机铭牌上的参数是在大气压为 101.325 kPa、介质温度为 200 ℃(锅炉引风机的标准技术条件)条件下给出的(该状态下空气的容重$\gamma_0 = 7.31\ \mathrm{N/m^3}$)。如果送 20 ℃空气时,其相应的容重 $\gamma = 11.77\ \mathrm{N/m^3}$,由相似定律可知该风机的实际性能参数为:

$$Q = Q_0 = 12\ 000\ \mathrm{m^3/h}$$

$$p = \frac{\gamma}{\gamma_0} p_0 = \frac{11.77}{7.31} \times 230 \approx 370.3\ (\mathrm{mmH_2O})$$

校核配用电机的功率:

$$N = k\frac{Qp}{\eta \eta_i} = 1.15 \times \frac{12\ 000}{3\ 600} \times \frac{370.3 \times 9.807}{0.65 \times 0.98} \approx 21.9\ (\mathrm{kW}) < 22\ (\mathrm{kW})$$

可见,配用电机的功率可以满足实际需要。

② 转速改变时性能参数的换算

同一台泵或风机,当转速发生了变化,泵或风机的流量、扬程及功率都将随之变化,按比例律进行换算,求得在新转速下的性能参数。

**【例 7-2】** IS80-65-160 型离心式清水泵铭牌上标示的性能参数为:$n_0 = 2\ 900\ \mathrm{r/min}$,$Q_0 = 50\ \mathrm{m^3/h}$,$H_0 = 32\ \mathrm{m}$,$N_0 = 5.97\ \mathrm{kW}$,$\eta_0 = 73\%$,如果该泵在 $n = 1\ 450\ \mathrm{r/min}$ 工况下运行,试问相应的流量 $Q$、扬程 $H$、轴功率 $N$ 各为多少?

**【解】** 根据式(7-25)、式(7-26)、式(7-27)得:

$$Q = \frac{n}{n_0} Q_0 = \frac{1\ 450}{2\ 900} \times 50 = 25\ (\mathrm{m^3/h})$$

$$H = \left(\frac{n}{n_0}\right)^2 H_0 = \left(\frac{1\ 450}{2\ 900}\right)^2 \times 32 = 8\ (\mathrm{m})$$

$$N = \left(\frac{n}{n_0}\right)^3 N_0 = \left(\frac{1\ 450}{2\ 900}\right)^3 \times 5.97 \approx 0.75\ (\mathrm{kW})$$

③ 性能曲线的换算

如图 7-27 所示,当已知泵或风机在某一叶轮直径 $D_{2m}$ 和转速 $n_m$ 下的性能曲线Ⅰ时,即可按相似律换算出同一系列相似机在轮径 $D_2$ 和转速 $n_2$ 下的性能曲线Ⅱ。

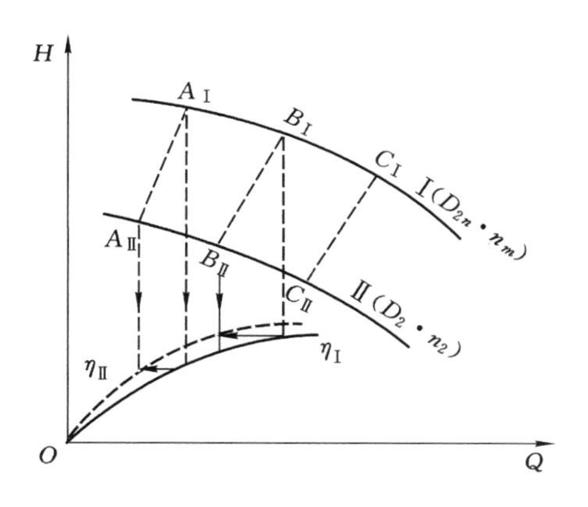


图 7-27 相似泵 $Q$-$H$ 曲线的换算

**【例 7-3】** 已知某模型机在直径 $D_{2m} = 162\ \mathrm{mm}$、转速 $n_m = 2\ 900\ \mathrm{r/min}$ 下的 $Q$-$H$ 曲线

Ⅰ，如图 7-27 所示。(图中 $A_{\mathrm{I}}$、$B_{\mathrm{I}}$ 和 $C_{\mathrm{I}}$ 为水泵高效区三点，其所对应的 $Q$-$H$ 参数为：$A_{\mathrm{I}}$ ($Q_{A\mathrm{I}}=12.5\ \mathrm{m^3/h}$，$H_{A\mathrm{I}}=34\ \mathrm{m}$)、$B_{\mathrm{I}}$ ($Q_{B\mathrm{I}}=25\ \mathrm{m^3/h}$，$H_{B\mathrm{I}}=28\ \mathrm{m}$)、$C_{\mathrm{I}}$ ($Q_{C\mathrm{I}}=32.5\ \mathrm{m^3/h}$，$H_{C\mathrm{I}}=22\ \mathrm{m}$)。试按相似律换算出同一系列相似泵当轮径 $D_2=120\ \mathrm{mm}$ 及 $n_2=2\ 600\ \mathrm{r/min}$ 工况下的 $Q$-$H$ 曲线Ⅱ。

**【解】** 根据相似律只适用于相似工况点的原则，首先在曲线Ⅰ上工况点 $A_{\mathrm{I}}$，该工况点所对应的 $Q_{A\mathrm{I}}$ 和 $H_{A\mathrm{I}}$ 值为：

$$Q_{A\mathrm{I}}=12.5\ \mathrm{m^3/h}$$

$$H_{A\mathrm{I}}=34\ \mathrm{m}$$

根据式(7-21)和式(7-22)，可求出在 $D_2$ 及 $n_2$ 条件下的 $Q_{A\mathrm{II}}$ 和 $H_{A\mathrm{II}}$ 值：

$$Q_{A\mathrm{II}}=\lambda_n\lambda_L^3 Q_m$$

$$H_{A\mathrm{II}}=\lambda_n^2\lambda_L^2 H_m$$

其中：

$$\lambda_n=\frac{n_2}{n_m}=\frac{2\ 600}{2\ 900}\approx 0.9$$

$$\lambda_L=\frac{D_2}{D_{2m}}=\frac{120}{160}=0.75$$

所以：

$$Q_{A\mathrm{II}}=0.9\times 0.75^3\times 12.5\approx 4.75\ (\mathrm{m^3/h})$$

$$H_{A\mathrm{II}}=0.9^2\times 0.75^2\times 34\approx 15.49\ (\mathrm{m})$$

于是，在图上就可以找到与 $A_{\mathrm{I}}$ 点及对应的相似工况点 $A_{\mathrm{II}}$。

用同样的方法，在曲线Ⅰ上另取一工况点 $B_{\mathrm{I}}$ ($Q_{B\mathrm{I}}=25\ \mathrm{m^3/h}$，$H_{B\mathrm{I}}=28\ \mathrm{m}$)，求出其对应的相似工况点 $B_{\mathrm{II}}$ ($Q_{B\mathrm{II}}=9.49\ \mathrm{m^3/h}$，$H_{B\mathrm{II}}=12.76\ \mathrm{m}$)。循此方法，再从曲线Ⅰ上的 $C_{\mathrm{I}}$ ($Q_{C\mathrm{I}}=32.5\ \mathrm{m^3/h}$，$H_{C\mathrm{I}}=22\ \mathrm{m}$)找到对应的 $C_{\mathrm{II}}$ ($Q_{C\mathrm{II}}=12.34\ \mathrm{m^3/h}$，$H_{C\mathrm{II}}=10.02\ \mathrm{m}$)……最后将 $A_{\mathrm{II}}$、$B_{\mathrm{II}}$、$C_{\mathrm{II}}$ 等各点用光滑曲线连接起来，便得出该相似泵在 $D_2$ 及 $n_2$ 条件下的 $Q$-$H$ 曲线Ⅱ。

同理，利用式(7-21)及式(7-24)可进行相似泵或风机的 $Q$-$N$ 曲线换算。

$Q$-$\eta$ 曲线的换算利用相似工况点之间的效率 $\eta$ 相等的性能很容易得到。从 $A_{\mathrm{I}}$ 点所对应的效率 $\eta_{A\mathrm{I}}$ 作水平线，与相似点 $A_{\mathrm{II}}$ 引的垂线的交点就是相似点 $A_{\mathrm{II}}$ 的效率。照此办法即可绘出对应的 $Q$-$\eta$ 曲线，参见图 7-27。

### 7.6.3 风机的无因次性能曲线

由于同类型风机具有几何相似、运动相似和动力相似的特性，所以，每台风机的流量、压力、功率与输送气体的密度、风机叶轮外径以及风机转速三者之间所组成的同因次量之比是一个常数，这些常数分别以 $\overline{Q}$、$\overline{p}$、$\overline{N}$ 来表示。它们是没有因次的量，故分别称为流量系数、压力系数、功率系数。根据相似律和我国目前约定俗成的办法可得它们的表达式如下：

$$\overline{Q}=\frac{Q}{\frac{\pi}{4}D_2^2u^2}=\frac{Q}{0.041\ 12D_2^3 n} \tag{7-31}$$

$$\overline{p}=\frac{p}{\rho u_2^2}=\frac{p}{2.74\times 10^{-3}\rho D_2^2 n^2} \tag{7-32}$$

$$\overline{N}=\frac{1\ 000N}{\frac{\pi}{4}D_2^2\rho u_2^3}=\frac{N}{1.127\times10^{-7}\rho D_2^5 n^3} \tag{7-33}$$

式中　$Q$——风机实验中某测点(某工况)的流量,$m^3/s$;

$p$——相应工况下风机的全压,$N/m^2$;

$N$——相应工况下风机的轴功率,kW;

$n$——相应测点下风机叶轮的转速,r/min;

$D_2$——叶轮直径,m;

$u_2$——叶轮圆周速度,m/s,$u_2=\frac{n\pi D_2}{60}$;

$\rho$——输送气体的密度,$kg/m^3$。

风机的全压效率可由 $\overline{Q}$、$\overline{p}$、$\overline{N}$ 求出:

$$\eta=\frac{\overline{Qp}}{\overline{N}}$$

注意:$\overline{Q}$、$\overline{p}$ 和 $\overline{N}$ 是无因次比例常数,是取决于相似工况点的函数,不同的相似工况点所对应的 $\overline{Q}$、$\overline{p}$、$\overline{N}$ 值不同。

为了绘制无因次性能曲线,在某一系列中选用一台风机作为模型机,令其在不同的流量 $Q_1,Q_2,Q_3\cdots$条件下以固定转速 $n$ 运行,测出相应的 $p_1,p_2,p_3\cdots$和 $N_1,N_2,N_3\cdots$,同时取得输送的介质密度 $\rho$,就可以算出 $u_2$ 值和对应的$\overline{p_1},\overline{p_2},\overline{p_3}\cdots,\overline{Q_1},\overline{Q_2},\overline{Q_3}\cdots,\overline{N_1},\overline{N_2},\overline{N_3}\cdots$及 $\eta_1,\eta_2,\eta_3\cdots$。用圆滑曲线连接这些点,就可以描绘出一组无因次曲线,其中包括 $\overline{Q}$-$\overline{p}$,$\overline{Q}$-$\overline{N}$ 及 $\overline{Q}$-$\eta$ 三条曲线,如图 7-28 所示。

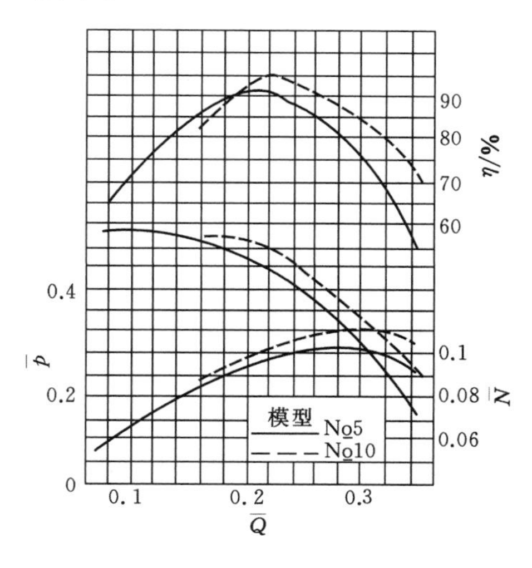


图 7-28　离心式风机的无因次性能曲线

显然,根据无因次性能曲线得出的无因次量是不能直接使用的,所以应将自曲线查得的 $\overline{Q}$、$\overline{p}$、$\overline{N}$ 值再用式(7-31)、式(7-32)、式(7-33)进行反运算以求出实际的性能参数。

### 7.6.4　比转数

一个“系列”的诸多相似机既然可用一条无因次性能曲线表述,那么在此曲线上所取的工况点不同，就会有许多组($\overline{Q_1}$，$\overline{p_1}$)，($\overline{Q_2}$，$\overline{p_2}$)，($\overline{Q_3}$，$\overline{p_3}$)…值。如果我们指定效率最高点(即最佳工况点)的一组($\overline{Q}$，$\overline{p}$)值作为这个“系列”的代表值，这样就把表征“系列”的手段由一条无因次曲线简化成两个参数——($\overline{Q}$，$\overline{p}$)值，作为这个“系列”的代表值。从而找到了非相似泵或风机的比较基础——比转数，以符号 $n_s$ 表示，单位为 r/min。

我国规定，在相似系列泵中确定一台标准模型泵，该泵在最高效率下，当有效功率 $N_m=1$马力(735.499 W)，扬程 $H=1$ m，流量 $Q_m=0.075\ m^3/s$ 时，该标准模型泵的转速就叫作与它相似的系列泵的比转速 $n_s$。

根据相似律，可得：

$$\frac{Q}{Q_m}=\left(\frac{n_s}{n}\right)^2\left(\frac{H}{H_m}\right)^{\frac{3}{2}} \tag{7-34}$$

即有：

$$n_s=n\left(\frac{Q}{Q_m}\right)^{\frac{1}{2}}\left(\frac{H_m}{H}\right)^{\frac{3}{4}}$$

将 $H_m=1.0$ m，$Q_m=0.075$ m/s 代入式(7-34)得：

$$n_s=3.65n\frac{Q^{\frac{1}{2}}}{H^{\frac{3}{4}}} \tag{7-35}$$

式中　$Q$——实际泵的设计流量，$m^3/s$，对单级双吸式离心泵以 $Q/2$ 代入；

$H$——实际泵设计扬程，m，对多级泵以 $H/P$ 代入，$P$ 为级数；

$n$——实际泵的设计转速，r/min。

至于风机，我国规定，在相似系列风机中确定一台标准模型风机，该风机在最高效率的情况下，全压 $p_m=1\ mmH_2O$，流量 $Q_m=1\ m^3/s$ 时，此标准模型风机的转速 $n_0$ 称为该系列风机的比转数 $n_s$，即 $n_0=n_s$。

风机的比转数公式为：

$$n_s=n\frac{Q^{\frac{1}{2}}}{p^{\frac{3}{4}}} \tag{7-36}$$

式中，$p$ 的单位取 $mmH_2O$，其他同前。

特别要指出的是，在相似条件下，两个泵与风机的比转数是相等的。但是，反过来，比转速相等的两台泵或风机就不一定相似。故比转数绝不是相似条件，它的相等只是泵与风机相似的必要条件。

比转数实质上是相似律的一个特例，其实用意义在于：

(1) 比转数反映了某相似系列泵或风机的性能参数方面的特点。比转数大，表明流量大而扬程小；比转数小，则表明流量小而扬程大。

(2) 比转数反映了某相似系列泵或风机在构造方面的特点。比转数大，则由于流量大而扬程小，所以叶轮进口直径 $D_1$ 与出口宽度 $b_2$ 较大，而叶轮直径 $D_2$ 较小，因此叶轮的形状是厚而小。随着比转数的减小，叶轮形状将由厚而小变得扁而大，叶轮结构由轴流式向离心式变化，如图 7-29 所示。

(3) 比转数可以反映性能曲线的变化趋势。如图 7-29 所示，比转数越小，则 $Q$-$H$ 曲线越平坦，$Q$-$N$ 曲线上升越快，$Q$-$\eta$ 曲线变化越小；比转数越大，则 $Q$-$H$ 曲线下降较快，$Q$-$N$ 曲线变化越缓慢，$Q$-$\eta$ 曲线变化越大。

| 泵的类型 | 离心泵 | | | 混流泵 | 轴流泵 |
|---|---|---|---|---|---|
| | 低比转数 | 中比转数 | 高比转数 | | |
| 比转数 | 30～80 | 80～150 | 150～300 | 300～500 | 500～1 000 |
| 叶轮形状 | 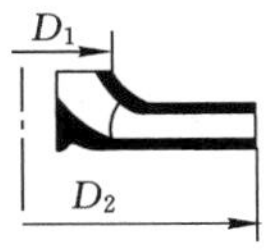 $D_1$ $D_2$ | 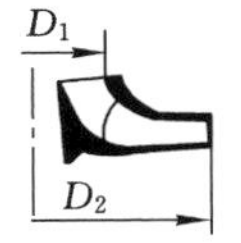 $D_1$ $D_2$ | 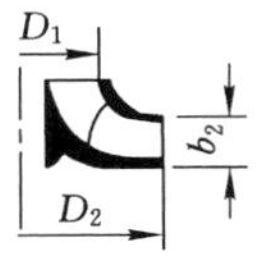 $D_1$ $D_2$ $b_2$ |  $D_1$ $D_2$ | 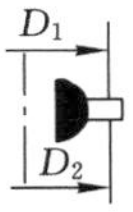 $D_1$ $D_2$ |
| $D_2/D_1$ | ≈3 | ≈2.3 | ≈1.8～1.4 | ≈1.2～1.1 | ≈1 |
| 叶片形状 | 圆柱形 | 入口处扭曲<br>出口处圆柱形 | 扭曲 | 扭曲 | 机翼形 |
| 性能曲线大致的形状 | 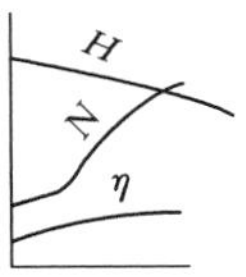 $H$ $N$ $\eta$ | 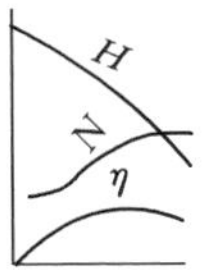 $H$ $N$ $\eta$ | 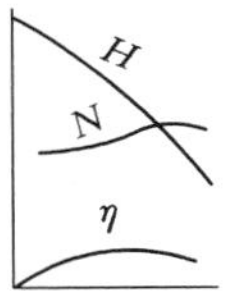 $H$ $N$ $\eta$ | 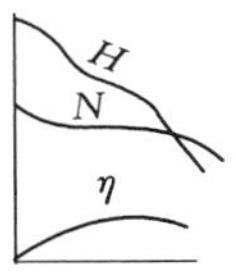 $H$ $N$ $\eta$ | 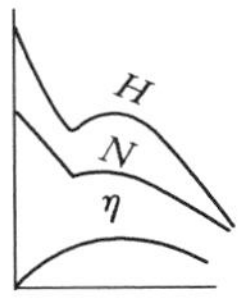 $H$ $N$ $\eta$ |

图7-29　泵的比转数、叶轮形状和性能曲线形状

## 思考与练习

7-1　离心式水泵产生轴向推力的原因是什么？有何危害性？一般采取什么措施消除？

7-2　离心式泵与风机的基本性能参数有哪些？最主要的性能参数是哪几个？

7-3　速度三角形如何表达流体在叶轮流槽中的流动情况？

7-4　在分析泵与风机的基本方程时，首先提出的三个理想化假设是什么？

7-5　欧拉方程指出：泵或风机所产生的理论扬程 $H_T$ 与流体种类无关，这个结论应如何理解？在工程实践中，泵在启动前必须预先向泵内充水，排除空气，否则水泵就打不上水来，这不与上述结论互相矛盾吗？

7-7　机内损失按其产生的原因可分为几种？造成这些损失的原因是什么？请证明全效率等于各分效率的乘积。

7-8　为了减小水泵的容积损失，水泵在设计时采取了哪些措施？

7-9　请说明相似律综合式有什么使用价值。

7-10　同一系列的诸多泵或风机遵守相似律，那么同一台泵或风机在同一转速下运转，其各工况（即一条性能曲线上的许多点）当然更要遵守相似律，这种说法是否正确。

7-11　简单论述相似律与比转数的含义和用途，指出两者的区别。

7-12　为什么离心式泵与风机性能曲线中的 $Q$-$\eta$ 曲线有一最高效率点？

7-13　当泵或风机的使用条件与样本规定条件不同时，应该用什么公式进行修正？

7-14　同一台水泵，在运行中转速由 $n_1$ 变为 $n_2$，试问其比转数 $n_s$ 值是否发生相应的变化，为什么？

7-15　有一转速为 1 480 r/min 的水泵，理论流量 $Q=0.083\ 3\ m^3/s$，叶轮外径 $D_2=360$ mm，叶轮出口有效面积 $A=0.023\ m^2$，叶片出口安装角 $\beta_2=30°$，试作出口速度三角形，假设流体进入叶片前没有预旋运动，即 $v_{u1}=0$，试计算此泵的理论压头 $H_{T\infty}$。设涡流修正系数 $k=0.77$，那么 $H_T$ 又为多少？

7-16　现有 KZG-13 型锅炉引风机一台，铭牌上的参数为 $n_0=960$ r/min，$p=144$ mmH$_2$O，$Q_0=12\ 000\ m^3/h$，$\eta=65\%$，配用电机功率 15 kW，三角皮带传动，传动效率 $\eta_i=98\%$，今用此引风机输送温度为 20 ℃的清洁空气，$n$ 不变，求在这种实际情况下风机的性能参数，并校核配用电机功率能否满足要求。

7-17　在产品试制中，一台模型离心泵的尺寸为实际泵的 1/4，在转速 $n=750$ r/min 时进行实验，此时量出模型的设计工况出水量 $Q_m=11$ L/s，扬程 $H_m=0.8$ m，如果模型泵与实际泵的效率相等，试求实际水泵在 $n=960$ r/min 时的设计工况流量和扬程。

7-18　已知 4-68 型风机在转速 $n=1\ 500$ r/min 时无因次工况点见下表：

| 参数名称<br>无因次参数测点 | 1 | 2 | 3 | 4 | 5 | 6 | 7 |
|---|---|---|---|---|---|---|---|
| $\overline{Q}$ | 0.165 | 0.185 | 0.205 | 0.225 | 0.245 | 0.265 | 0.285 |
| $\overline{p}$ | 0.498 | 0.487 | 0.472 | 0.450 | 0.422 | 0.388 | 0.350 |
| $\overline{N}$ | 0.094 | 0.100 | 0.104 | 0.109 | 0.112 | 0.116 | 0.118 |

注：测试条件为 $t=20$ ℃，$p=101\ 325$ Pa。

求：(1) 各工况点的全压系数；

(2) 绘制无因次性能曲线；

(3) 找出最高效率点的性能参数。

7-19　根据上题无因次性能表绘出 4-68№5 型风机在转速 $n=2\ 900$ r/min 下的性能曲线 $\overline{Q}$-$\overline{p}$、$\overline{Q}$-$\overline{N}$ 及 $\overline{Q}$-$\eta$(4-68№5 型风机 $D_2=0.5$ m)，写出铭牌参数。

7-20　利用 4-68№5 型风机输送 60 ℃空气，转速为 1 450 r/min，求此条件下风机最高效率点上的性能参数，并计算该机的比转数 $n_s$ 值。

7-21　某单吸单级泵高效点上的参数：流量 $Q=45\ m^3/h$，扬程 $H=33.5$ m，转速 $n=2\ 900$ r/min，试求其比转数 $n_s$。

7-22　6sh-6 型水泵设计工作参数为 $Q=162\ m^3/h$，$H=78$ m，$n=2\ 950$ r/min，求 $n_s$。

7-23　某单吸多级离心泵，铭牌参数为 $n=2\ 900$ r/min，$Q=45\ m^3/h$，$H=300$ m，共有 8 级，求 $n_s$。

# 第 8 章　离心式泵与风机的运行调节与选择

**知识目标**

1. 了解:泵的汽蚀现象。

2. 理解:并联运行、串联运行的工况分析。

3. 掌握:泵的安装高度的确定方法;泵与风机工作点的确定;工况调节的方法;泵与风机的选型。

**能力目标**

运用所学知识解决泵与风机实际的选型、运行和调节问题。

**思政目标**

1. 结合汽蚀现象及泵的安装高度要求,树立爱岗敬业、精益求精的职业观念。

2. 结合本章涉及的泵与风机实际运行问题,建立工程思维。

## 8.1　泵的汽蚀与安装高度

汽蚀是泵和其他水力机械特有的现象,而且是一种十分有害的现象,是泵在设计、制造和安装、使用过程中需要解决的一个重要问题。

### 8.1.1　汽蚀及其危害

(1) 汽蚀概述

汽蚀现象是客观存在的,但到 1893 年英国一艘驱逐舰进船坞修理时,发现螺旋桨桨面有蜂窝状缺陷和裂纹,才被首次认定。水泵在某种条件下工作时,也可能发生汽蚀。一旦发生汽蚀,水泵将不能正常工作,长期汽蚀作用时叶轮也会因汽蚀而损坏。

水泵运转过程中,如果过流部分的局部区域(通常是叶轮入口的叶背处)的绝对压强小于输送液体相应温度下的饱和蒸气压时,即降低了汽化温度时,液体大量汽化,同时液体中的溶解气体也会大量逸出。气泡在移动过程中是被液体包围的,必然会生成大量气泡。气泡随液体进入叶轮的高压区时,由于压力的升高,气泡产生凝结和受到压缩,急剧缩小以致破裂,形成“空穴”。液流由于惯性以高速冲向空穴中心,在气泡闭合区产生强烈的局部水击,瞬间压力可达几十兆帕,同时能听到气泡被压裂的炸裂噪声。实验证实,这种水击多发生在叶片进口壁面,甚至在窝壳表面,其频率可达 20 000～30 000 Hz。高频的冲击压力作用于金属叶面，时间一长就会使金属叶面产生疲劳损伤，表面出现蜂窝状缺陷。蜂窝状缺陷的出现又导致应力集中，形成应力腐蚀，再加上水和蜂窝表面间歇接触的电化学腐蚀，最终使叶轮出现裂缝，甚至断裂。水泵叶轮进口端产生的这种现象，称为水泵汽蚀。

水泵汽蚀有两个阶段：

① 汽蚀第一阶段：表现在水泵外部有轻微噪声和振动，水泵扬程和功率开始有些下降。

② 汽蚀第二阶段：空穴区会突然扩大，这时水泵的 $H$、$N$、$\eta$ 将达到临界值而急剧下降，最后停止出水。

（2）汽蚀对水泵的危害

汽蚀对水泵的危害通常表现为以下三种现象。

① 对叶轮的破坏：汽蚀发生时，机械剥蚀与化学腐蚀的共同作用，使叶轮材料遭到破坏，轻者使叶片表面出现麻点，严重者使叶片的表面形成蜂窝或海绵状破坏，甚至叶轮盖板和叶片还会被击穿。

② 产生噪声和振动：汽蚀发生时，由于气泡破裂、高速冲击，会产生严重的噪声。同时，汽蚀本身是一种反复冲击、凝结的过程，伴随着很大的脉冲力，这些脉冲力的某一频率与设备的固有频率相等时，就会引起机组的振动。

③ 使泵的性能下降：当汽蚀严重时，因有大量气体存在而堵塞了流动的面积，这样会使有效过流面积减小，并改变液流方向，同时减少液体从叶片获得能量，于是导致流量和扬程下降，效率也相应降低。当汽蚀猛烈时，会出现所谓“断裂工况”，使泵中断工作。

由于汽蚀对泵有严重的破坏作用，因此泵是不允许在汽蚀状态下运行的。

### 8.1.2 泵的安装高度

正确决定泵吸入口的压强（或真空度），是控制泵运行时不发生汽蚀从而保证其正常工作的关键，它的数值与泵的吸水管路系统及吸液池液面压强等因素密切相关。

图 8-1 所示为离心泵吸水装置示意图。现列吸水池液面 0—0 和泵入口断面 $s$—$s$ 之间的伯努利方程，并取吸水池液面为基准面，考虑液面速度较小，可忽略不计，于是有：

$$\begin{cases}\dfrac{p_0}{\rho g}=H_g+\dfrac{p_s}{\rho g}+\dfrac{v_s^2}{2g}+\sum h_s\\[2ex]\dfrac{p_0-p_s}{\rho g}=H_g+\dfrac{v_s^2}{2g}+\sum h_s\end{cases}\tag{8-1}$$

图 8-1　离心泵吸水装置示意图

式中　$p_0$、$p_s$——吸水池液面和泵吸入口处的绝对压强，Pa；

$H_g$——泵的安装高度，即泵吸入口轴线与吸水池液面的高差，m；

$v_s$——泵吸入口处的断面平均流速，m/s；

$\sum h_s$——泵吸水管路的总水头损失，m。

若吸水池液面压强 $p_0$ 等于大气压强 $p_a$，则有：

$$\frac{p_0-p_s}{\rho g}=\frac{p_a-p_s}{\rho g}=H_s=H_g+\frac{v_s^2}{2g}+\sum h_s\tag{8-2}$$

式中　$H_s$——泵吸入口的真空高度，m。

由式(8-2)可以看出，泵的吸液管段上不能设置调节阀门，因为吸水管段水头损失增加，在泵安装高度不变的情况下导致泵吸入口真空度增大，以至于提前发生汽蚀。通常泵是在一定流量下运行的，$\frac{v_s^2}{2g}$ 及 $\sum h_s$ 都应是定值，所以泵吸入口真空高度 $H_s$ 将随泵的安装高度 $H_g$ 的增加而增加。如果吸入口增加至某一最大值 $H_{smax}$ 时，即泵的吸入口处压强接近液体的汽化压强时，泵内就会开始出现汽蚀。通常，开始汽蚀的极限吸入口真空高度 $H_{smax}$ 值是由制造厂用实验方法确定的。显然，为避免发生汽蚀，由式(8-2) 确定的实际 $H_s$ 值应小于 $H_{smax}$ 值，为确保泵的正常运行，制造厂又在 $H_{smax}$ 值的基础上规定了一个“允许”的泵吸入口真空高度，用$[H_s]$表示，并令：

$$[H_s] = H_{smax} - 0.3\ \text{m} \tag{8-3}$$

在已知泵$[H_s]$的条件下，可用公式计算出“允许”的水泵安装高度$[H_g]$，而实际的安装高度应遵守：

$$H_g < [H_g] \leqslant [H_s] - \left(\frac{v_s^2}{2g} + \sum h_s\right) \tag{8-4}$$

在应用式(8-4)时应注意以下两点：

(1) 当泵的流量增加时，吸水管水头损失和泵吸入口速度水头都随之增加，导致$[H_g]$随流量增加而有所降低。因此，用式(8-4)确定泵的安装高度时，必须以泵在运行中可能出现的最大流量为准。

(2) $[H_s]$值是制造厂在大气压为 101 325 Pa 和 20 ℃的清水条件下通过实验得出的，当泵的实际使用条件与上述条件不符时，应对产品样本上规定的$[H_s]$值按下式进行修正：

$$[H'_s] = [H_s] - (10.33 - h_a) + (0.24 - h_v) \tag{8-5}$$

式中　$h_a$——当地大气压强，$mH_2O$，见表 8-1；

$h_v$——实际水温下的汽化压强，$mH_2O$，见表 8-2。

**表 8-1　不同海拔高度下的大气压强**

| 海拔高度/m | 0 | 200 | 400 | 600 | 800 | 1 000 | 1 500 | 2 000 | 3 000 | 4 000 | 5 000 |
|---|---|---|---|---|---|---|---|---|---|---|---|
| 大气压强/($mH_2O$) | 10.33 | 10.1 | 9.8 | 9.6 | 6.4 | 9.2 | 8.6 | 8.1 | 7.2 | 6.3 | 5.5 |

**表 8-2　不同水温下的汽化压强**

| 水温/℃ | 5 | 10 | 20 | 30 | 40 | 50 | 60 | 70 | 80 | 90 | 100 |
|---|---|---|---|---|---|---|---|---|---|---|---|
| 汽化压强/$mH_2O$ | 0.07 | 0.12 | 0.24 | 0.43 | 0.75 | 1.25 | 2.02 | 3.17 | 4.82 | 7.14 | 10.33 |

### 8.1.3　汽蚀余量

目前，对泵内流体气泡现象的理论研究或计算，大多数还是以液体汽化压强 $p_v$ 作为初生气泡的临界压力。所以为避免产生气泡现象，至少应该使泵内液体的最低压强大于液体在该温度时的汽化压强。

泵内液体压强的最低点并不在泵的吸入口，而是在叶片进口的背部 $K$ 点附近，如图 8-1 所示。这是因为液体进入水泵尚未增压之前，由于流速增大及流动能量损失，使得压强继续

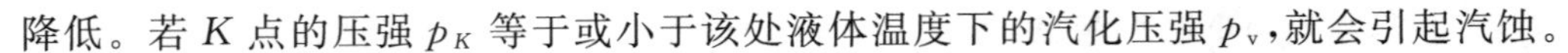

降低。若 $K$ 点的压强 $p_K$ 等于或小于该处液体温度下的汽化压强 $p_v$，就会引起汽蚀。

把泵进口处单位重量液体所具有超过饱和蒸气压的富裕能量称为汽蚀余量，以符号 $\Delta h$ 表示，单位为 m。

汽蚀余量 $\Delta h$ 大小取决于泵的吸入室与叶轮进口的几何形状和流速。$\Delta h$ 的数值无法精确计算，通常由制造厂通过实验确定。开始发生汽蚀的汽蚀余量称为临界汽蚀余量，以符号 $\Delta h_{min}$ 表示。为确保安全，规定必需汽蚀余量为：

$$[\Delta h] = \Delta h_{min} + 0.3\ \text{m} \tag{8-6}$$

式中，各项单位均为 m。

显然，要使液体在流动过程中，自泵吸入口到最低压强点 $K$，水头降低后，最低的压强还高于汽化压强 $p_v$，就必须使叶片入口处的实际汽蚀余量 $\Delta h$ 符合下述安全条件：

$$\Delta h \geqslant [\Delta h] = \Delta h_{min} + 0.3\ \text{m}$$

与允许吸入口真空高度 $[H_s]$ 相同，必需汽蚀余量 $[\Delta h]$ 也是泵抗汽蚀性能的指标。$[H_s]$ 越大，抗汽蚀性能越好；$[\Delta h]$ 越小，抗汽蚀性能越好。有的制造厂给出 $[H_s]$，有的制造厂给出 $[\Delta h]$。

泵的安装高度 $H_g$ 也可由汽蚀余量 $\Delta h$ 确定，根据式(8-1)和式(8-4)有：

$$H_g \leqslant [H_g] = \frac{p_0 - p_v}{\rho g} - [\Delta h] - \sum h_s \tag{8-7}$$

式(8-4)和式(8-7)都可用来确定泵的安装高度，区别在于式(8-7)不需要进行大气压和水温修正，只要把使用条件下的 $p_0$ 和 $p_v$ 直接代入式中计算即可。但 $[\Delta h]$ 也随泵流量的不同而变化，当流量增加时，必需汽蚀余量 $[\Delta h]$ 将急剧上升。忽视这一特点，常是导致泵在运行中产生噪声、振动和性能变坏的原因。

前述泵的安装高度 $H_g$ 均大于零，即泵安装在吸水池液面以上一定距离，此时称该泵为吸入式泵。由式(8-7)可以看出，当管网系统中泵输送的流体温度较高时（如供热管网），或者吸水池液面压强低于当地大气压（如蒸汽凝结水管网），都可能导致 $H_g$ 为负值，这说明此时泵必须安装在吸水池液面以下一定距离，才能保证不发生汽蚀，此时称该泵为灌注式泵，如图 8-2 所示。因此，实际工程中泵的安装高度一定要具体问题具体分析，才能确保泵的安全运行。

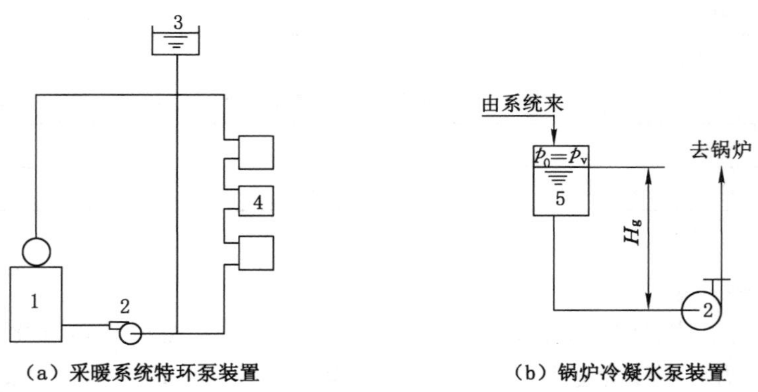


1—锅炉；2—循环水泵；3—膨胀水箱；4—暖气片；5—冷凝水箱。

图 8-2　泵安装在吸水池液面下方

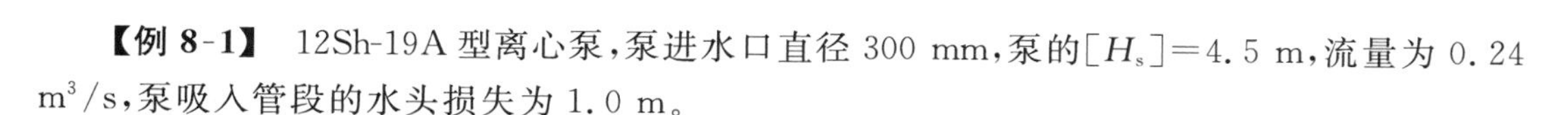

**【例 8-1】** 12Sh-19A 型离心泵，泵进水口直径 300 mm，泵的$[H_s]=4.5$ m，流量为 0.24 $m^3/s$，泵吸入管段的水头损失为 1.0 m。

(1) 若泵的几何安装高度为 3 m，输送常温清水，该泵能否正常工作？

(2) 若该泵安装在海拔 1 000 m 的地区，输送 40 ℃的清水，泵的最大安装高度$[H_g]$为多少？

**【解】** (1) 计算泵的吸入口流速：

$$v_1=\frac{Q}{A}=\frac{0.24}{\frac{\pi}{4}\times 0.3^2}\approx 3.4\ (\text{m/s})$$

$$[H_g]=[H_s]-\frac{v_1^2}{2g}-\sum h_s=4.5-\frac{3.4^2}{2\times 9.8}-1\approx 2.91\ (\text{m})$$

因为泵的几何安装高度为 3 m(>2.91 m)，所以此时泵不能正常工作。

(2) 查表 8-1 和表 8-2，海拔 1 000 m 处的大气压为 9.2 m，40 ℃清水的汽化压强为 0.75 m，则修正后的泵允许吸入口真空高度$[H'_s]$为：

$$\begin{aligned}[H'_s]&=[H_s]-(10.33-h_a)+(0.24-h_v)\\&=4.5-(10.33-9.2)+(0.24-0.75)\\&=2.86\ (\text{m})\end{aligned}$$

$$\begin{aligned}[H_g]&=[H'_s]-\frac{v_1^2}{2g}-\sum h_s\\&=2.86-\frac{3.4^2}{2\times 9.8}-1\approx 1.27\ (\text{m})\end{aligned}$$

**【例 8-2】** 某单级单吸离心泵，流量 $Q=70\ m^3/h$，必需汽蚀余量$[\Delta h]=2.3$ m，从封闭容器抽送 40 ℃的清水，封闭容器液面绝对压强为 8.8 kPa，泵吸入管段水头损失为 0.5 m，试求该泵的允许安装高度。(40 ℃水的密度为 992 $kg/m^3$)

**【解】** 查表 8-2 得 40 ℃水的汽化强度$\frac{p_v}{\rho g}=0.75$ m，由式(8-7)有：

$$[H_g]=\frac{p_0-p_v}{\rho g}-[\Delta h]-\sum h_s=\frac{8\ 800}{992\times 9.8}-0.75-2.3-0.5\approx -2.64\ (\text{m})$$

泵的允许安装高度为负值，说明此时泵必须安装在封闭容器液面以下 2.64 m，才能保证不发生汽蚀。

## 8.2　管路特性曲线与工作点

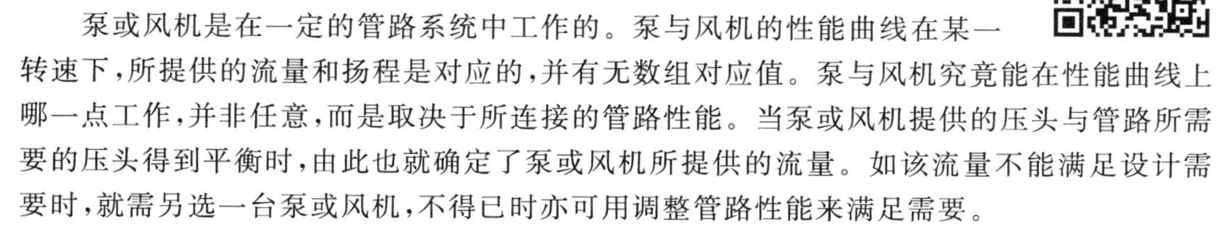

泵或风机是在一定的管路系统中工作的。泵与风机的性能曲线在某一转速下，所提供的流量和扬程是对应的，并有无数组对应值。泵与风机究竟能在性能曲线上哪一点工作，并非任意，而是取决于所连接的管路性能。当泵或风机提供的压头与管路所需要的压头得到平衡时，由此也就确定了泵或风机所提供的流量。如该流量不能满足设计需要时，就需另选一台泵或风机，不得已时亦可用调整管路性能来满足需要。

### 8.2.1　管路特性曲线

所谓管路特性曲线，是指泵或风机在管路系统中工作时，其实际扬程(或压头)与实际流量之间的关系曲线。

图 8-3 所示为一管路系统的示意图，以 0—0 为基准面，根据吸入容器的液面 1—1 和压出容器液面 2—2 列能量方程：

$$z_1 + \frac{p_1}{\gamma} + \frac{v_1^2}{2g} + H = z_2 + \frac{p_2}{\gamma} + \frac{v_2^2}{2g} + h_w$$

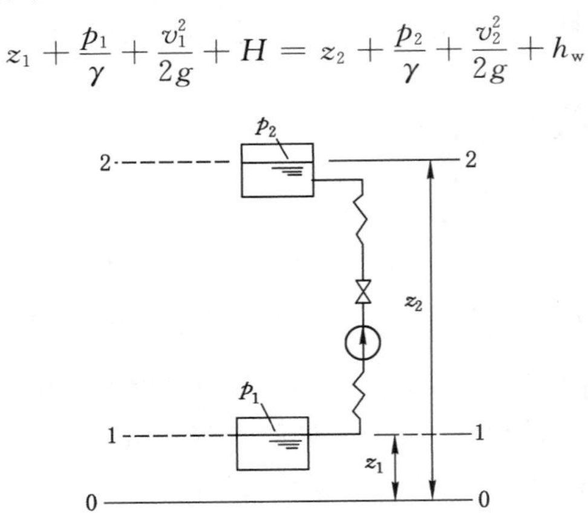


图 8-3　管路系统与泵的装置示意图

由图可知：

$$\frac{v_1^2}{2g} = \frac{v_2^2}{2g} \approx 0$$

则有：

$$H = (z_2 + \frac{p_2}{\gamma}) - (z_1 + \frac{p_1}{\gamma}) + h_w = H_{st} + h_w$$

式中　$H$——管路中对应某一流量下所需要的压头(或称扬程)，$mH_2O$；

$H_{st}$——静压头(或称静扬程)，$H_{st} = (z_2 + \frac{p_2}{\gamma}) - (z_1 + \frac{p_2}{\gamma})$；

$h_w$——吸入管路与压出管路的水头损失。

阻力损失取决于管网的阻力特性，由流体力学知：

$$h_w = SQ^2$$

式中　$S$——管路的阻抗，$s^2/m^5$；

$Q$——管网的流量，$m^3/s$。

于是有：

$$H = H_{st} + SQ^2 \tag{8-8}$$

式(8-8)反映了液体管路系统所需能量与流量的关系，称为液体管路特性方程。当静扬程 $H_{st}$ 与管路阻抗 $S$ 一定时，在以流量 $Q$ 与扬程 $H$ 组成的直角坐标图上，可以得到如图 8-4 所示的二次曲线，我们称之为管路特性曲线。

由式(8-8)可知，管路特性阻力系数不同，则管路特性曲线的形状也不同。也就是说，管路阻力越大，即 $S$ 越大，则二次曲线越陡。如图 8-4 所示，$S_1 < S_2 < S_3$。

对于风机装置，因气体密度很小，当风机吸入口与风管出口高程差不是很大时，气柱重量形成的压强可忽略，其静扬程可认为等于零。所以，风机管路特性曲线的函数关系式为：

$$p = \gamma SQ^2 \tag{8-9}$$

这是一条通过坐标原点的二次曲线，管路阻力增大时，管路特性阻力系数 $S$ 增大，特性曲线变陡，反之则平稳些。如图 8-5 所示，$S_1<S_2<S_3$。

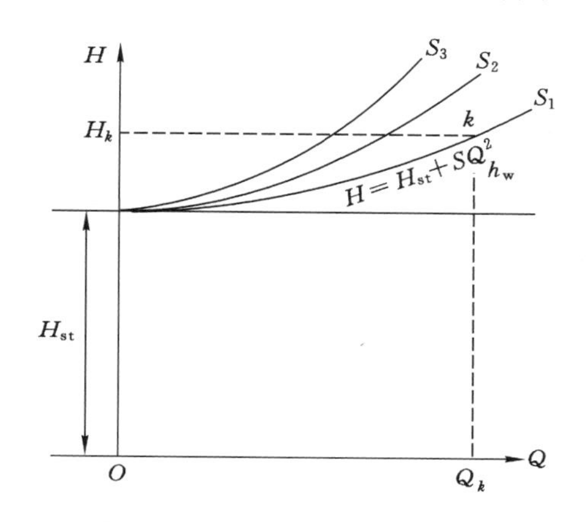


图 8-4 离心泵管路性能曲线

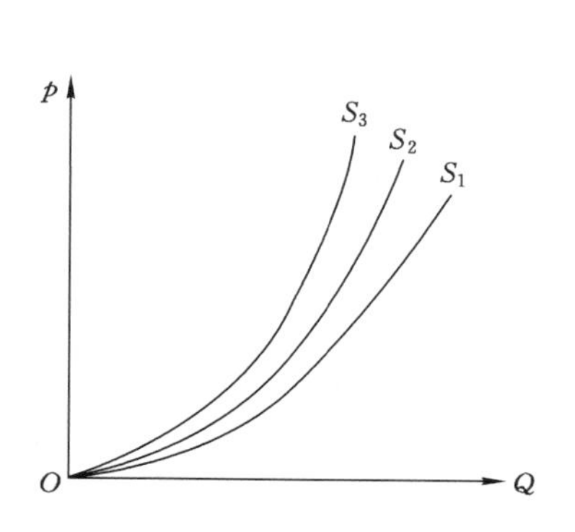


图 8-5 离心式风机管路特性曲线

### 8.2.2 泵或风机的工作点

泵或风机与管路系统的合理匹配是保证管网正常运行的前提。当泵或风机接入管路系统并作为动力源工作时，泵或风机所提供的扬程或风压总是与管路系统所需的扬程或风压相一致，这时泵或风机的流量就是管路的流量。也就是说，如图 8-6 所示，将泵或风机的 $Q$-$H$ 性能曲线 1 和其管路 $Q$-$H$ 特性曲线 2 按相同的比例尺绘制在同一直角坐标系中，则两曲线的交点就是该泵或风机的工作点，图 8-6 中点 $A$ 即是泵或风机的工作点。在管路系统的特性曲线上，$A$ 点所对应的 $Q_A$ 和 $H_A$ 表明管路系统中通过的流量为 $Q_A$ 时所需要的能量为 $H_A$；而在泵或风机的性能曲线上，$A$ 点所对应的 $Q_A$ 和 $H_A$ 表明选定的泵或风机可以在流量为 $Q_A$ 的条件下，向管路系统提供的能量为 $H_A$。如果 $A$ 点的参数既能满足工程上提出的要求，又处在泵或风机的高效率区域范围内，此时泵或风机与管路系统是匹配的，泵或风机的选择是合理的、经济的。

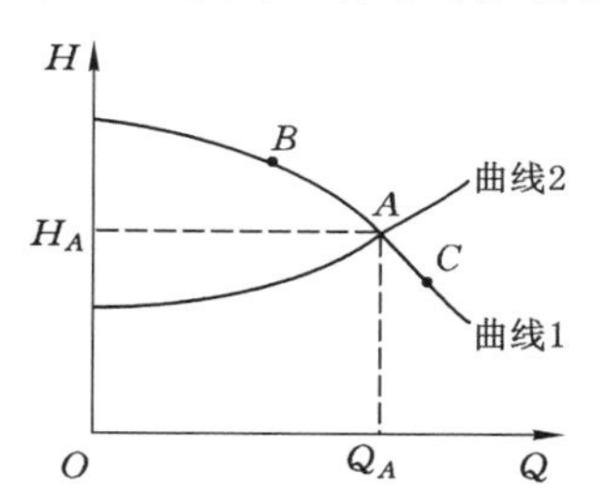


图 8-6 泵或风机的工作点

若泵或风机在比 $A$ 点流量大的 $C$ 点运行，此时泵或风机所提供的扬程就小于管路系统所需要的扬程。这时，流体因能量不足而减速，流量减小，工作点沿泵或风机特性曲线向 $A$ 点移动；反之，如在比 $A$ 点流量小的 $B$ 点运行，则泵或风机所提供的扬程就大于管路所需，造成流体能量过盈而加速，于是流量增加，工作点沿泵或风机特性曲线向 $A$ 点移动。可见，$A$ 点是稳定工作点。

### 8.2.3 运行工况的稳定性

泵或风机能够在 $A$ 点稳定运转是因为 $A$ 点表示的泵或风机的输出流量刚好等于管道系统所需要的流量。同时，泵或风机所提供的扬程或风压恰好满足管道在该流量下所需要的扬程或风压。

一般泵或风机的 $Q$-$H$ 性能曲线大致可分为三种类型：平坦形、陡降形和驼峰形，如

图 8-7 所示。前两种类型的性能曲线与管路性能曲线一般只有一个交点 $A$（工作点），如图 8-6 所示，因而泵或风机能够在该点稳定运转。一旦该点受机械振动或电压波动所引起流速干扰而发生偏离时，那么当干扰过后，会立即恢复到原工作点 $A$ 运行，所以称点 $A$ 为稳定的工作点。

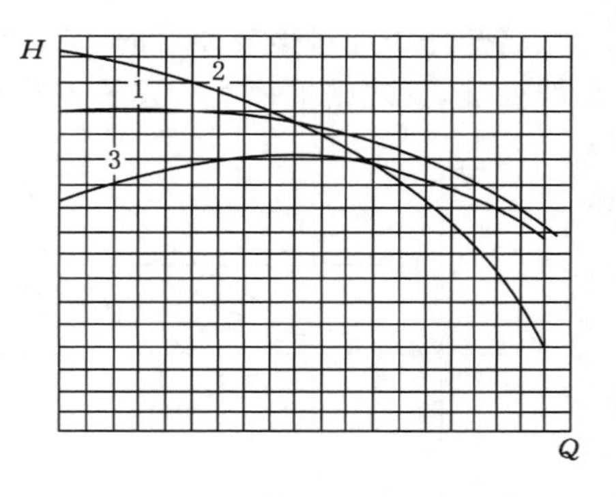


1—平坦形；2—陡降形；3—驼峰形。

图 8-7　三种不同的 $Q$-$H$ 曲线

有些低比转数泵或风机的性能曲线呈驼峰形，这样的性能曲线与管路性能曲线有可能出现两个交点 $D$ 和 $K$，如图 8-8 所示。这种情况下，只有 $D$ 点是稳定工作点，在 $K$ 点工作将是不稳定的。

当泵或风机的工况受机器振动和电压波动而引起转速变化的干扰时，就会离开 $K$ 点。此时，$K$ 点如向流量增大方向偏离，则机器所提供的扬程就大于管路所需的消耗水头，于是管路中流速加大，流量增加，则工况点沿机器性能曲线继续向流量增大的方向移动，直至 $D$ 点为止。当 $K$ 点向流量小的方向偏离时，$K$ 点就会继续向流量减小的方向移动，直至流量等于零为止。此刻，如吸水管上未装底阀或止回阀时，流体将发生倒流。由此可见，工况点在 $K$ 处是暂时平衡，一旦离开 $K$ 点，便难于再返回到原点 $K$ 了，故称 $K$ 点为不稳定工作点。

驼峰形 $Q$-$H$ 性能曲线与管路性能曲线还有可能出现相切的情况，如图 8-9 所示。此时如果因为机械振动等因素干扰使泵或风机的工作点偏离切点 $M$ 时，无论工作点向哪个方向偏离，都会因为泵或风机提供的扬程满足不了管路系统需要，流体因能量不足而减速，使工作点沿 $Q$-$H$ 曲线迅速向流量为零的方向移动，出现水泵不出水现象。可见，$M$ 点是极不稳定工作点。此外，当水泵向高位水箱送水或风机向压力容器及容量更大的管道送风时，由于位能差变化而引起管路性能曲线上移，如图 8-9 中虚线所示，以致与泵或风机的 $Q$-$H$ 曲线脱离，于是泵的流量将立即自 $Q_M$ 突变为零。因此，在使用驼峰形 $Q$-$H$ 性能曲线时，切忌将工作点选在切点 $M$ 以及 $K$ 点上。

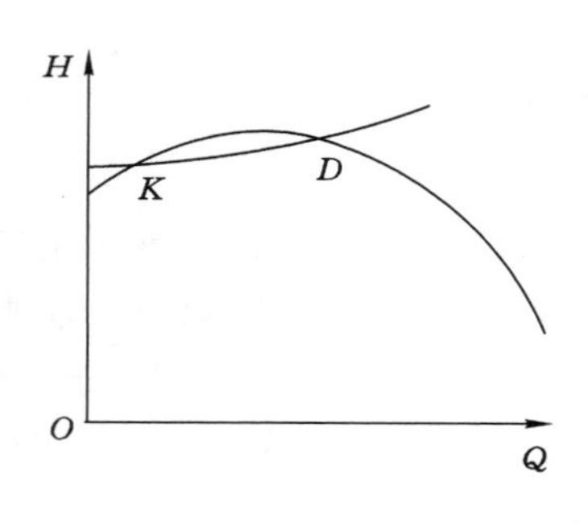


图 8-8　驼峰形性能曲线的运行工况

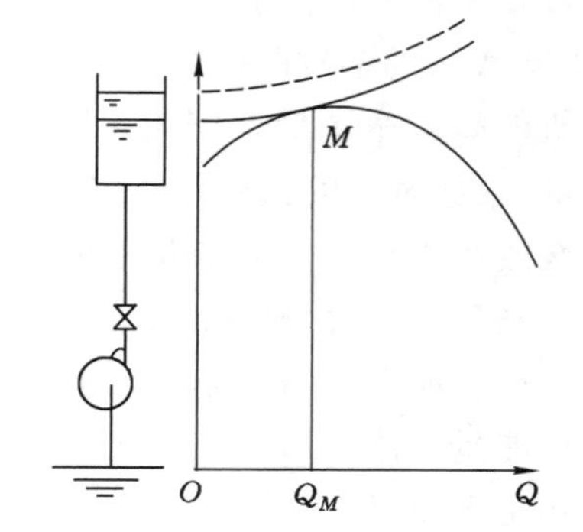


图 8-9　管路特性曲线与 $Q$-$H$ 曲线相切

同样，当一台风机向密闭容器或容量更大的管道送风时，也会发生这种不稳定运行的情况。

大多数的离心泵或风机都具有平缓下降的性能曲线，当少数曲线有驼峰时，工作点应选在曲线的下降段,通常运转工况是稳定的。所以,离心泵或风机具有驼峰形性能曲线是产生不稳定运行的主要因素。

## 8.3　泵与风机的联合运行

实际工程中为增加系统中的流量或压头,有时需要将两台或者多台泵或风机并联或者串联在同一管路系统中联合运行。多台水泵(风机)联合运行,通过联络管共同向管网输水(输气),称为泵与风机的并联运行;如果第一台水泵(风机)的压出管作为第二台水泵(风机)的吸入管,水(气)由第一台水泵(风机)压入第二台水泵(风机),水(气)以同一流量依次通过各水泵(风机),称为泵与风机的串联运行。

### 8.3.1　并联工作

并联工作的特点是各台设备扬程相同,而总流量等于各台设备流量之和。如图 8-10 所示,(a)和(b)分别是两台泵和两台风机并联工作示意图。

并联工作一般应用于以下场合:① 用户需要的流量大,而大流量的泵或风机制造困难或造价太高;② 用户对流量的需求变化幅度较大,通过改变设备运行台数来调节流量更经济合理;③ 用户有可靠性要求,当一台设备出现事故时仍要保证供气或供水,作为检修和事故备用。

(1) 两台型号相同的泵或风机并联工作

如图 8-11 所示,已知单机运行的特性曲线Ⅰ,在相同的扬程下使流量加倍,便可得到两台并联工作的总能性曲线Ⅱ,与管路特性曲线Ⅲ交于 $A$ 点。$A$ 点就是并联机组的工作点,$Q_A$ 与 $H_A$ 分别是并联后的流量与扬程。

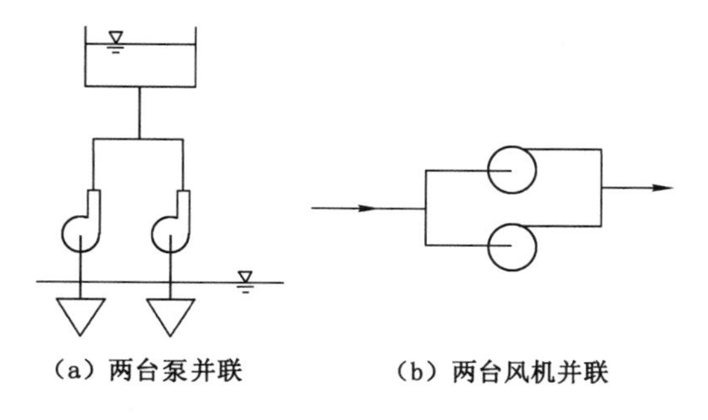
(a) 两台泵并联　　(b) 两台风机并联

图 8-10　并联工作

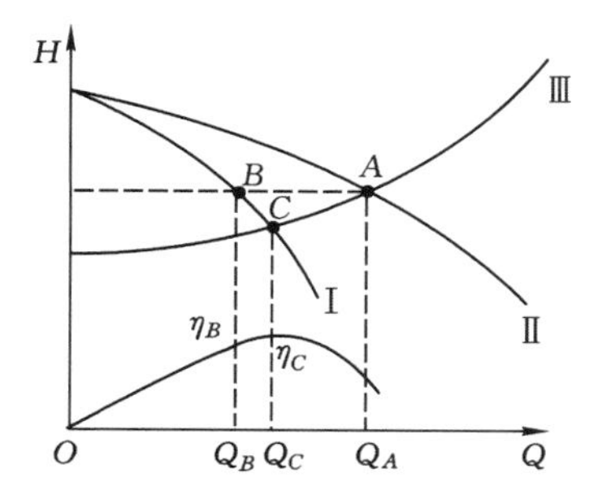


图 8-11　相同设备并联的工况分析

过 $A$ 点作水平线与单机性能曲线Ⅰ交于 $B$ 点,$B$ 点是并联机组中单机的工作点。由图 8-11可以看出,并联机组中的单机扬程 $H_B$ 与机组扬程 $H_A$ 相同,单机流量 $Q_B$ 是并联运行流量 $Q_A$ 的一半。$B$ 点所对应效率曲线上的 $\eta_B$ 就是并联工作时单机的效率,应在高效区范围内。

管路特性曲线Ⅲ与单机性能曲线Ⅰ的交点 $C$ 是只开一台设备时的工作点。$C$ 点所对应的流量 $Q_C$ 是只开一台设备时的流量。显然,只开一台设备时的流量 $Q_C$ 大于并联机组中的单机流量 $Q_B$。这是因为并联后,管路系统内总流量增加,水头损失相应增加,所需扬程加大,根据泵或风机的性能曲线,并联后的单机流量就减少了。

$Q_A > Q_C$ 说明并联后的机组流量大于并联前的单机流量;而并联后的流量增量 $Q_A - Q_C < Q_C$,说明两台型号相同的泵或风机并联后流量并没有增加一倍。

并联机组的相对流量增量$\frac{Q_A - Q_C}{Q_C}$与单台泵或风机性能曲线的形状和管路特性曲线形状有关。泵或风机性能曲线越陡(比转数越大),并联机组的相对流量增量越大,越适合并联工作;管路系统的阻抗 $S$ 越小,管路特性曲线越平稳,并联机组的相对流量增量越大。

(2) 多台相同型号泵或风机并联工作

多台相同型号泵或风机并联工作时,工况分析如图 8-12 所示,Ⅰ是单机的性能曲线,Ⅱ是两台设备并联时的性能曲线,Ⅲ是三台设备并联时的性能曲线,Ⅳ是管路的特性曲线,$A$、$B$、$C$ 分别是单机、两台并联及三台并联时的工况点。由图可知,随着并联台数的增加,每并联一台泵或风机所得到的流量增量随之减小。因此,并联机组的单机台数不宜过多,否则起不到明显的并联效果。

(3) 两台不相同型号泵或风机并联工作

图 8-13 中的Ⅰ、Ⅱ分别是两台型号不同的泵或风机的性能曲线。Ⅰ+Ⅱ则是并联机组的性能曲线,Ⅲ是管路特性曲线。与前面一样,不同型号泵或风机并联机组的性能曲线也是在相同扬程下将两机流量相加而得到的,并与管路特性曲线相交于 $A$ 点。$A$ 点是并联机组的工作点,$Q_A$ 与 $H_A$ 分别是并联后的流量与扬程。

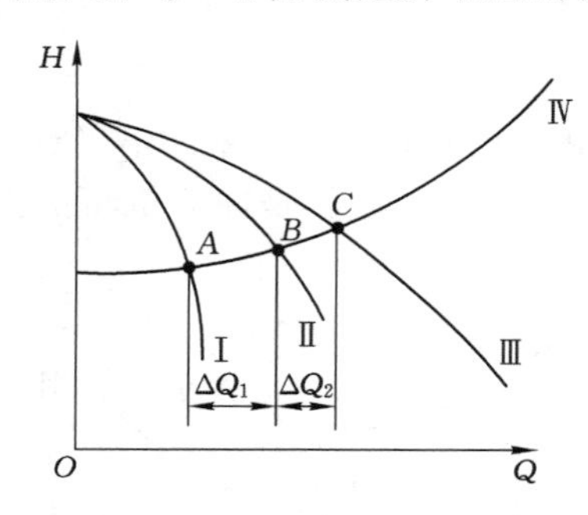


图 8-12　多台相同设备并联工作

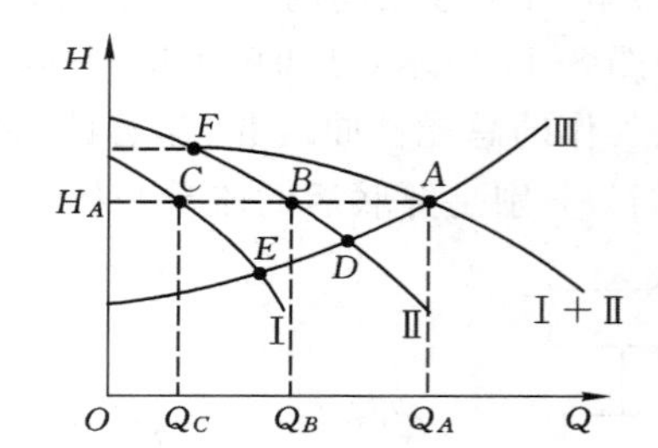


图 8-13　不同设备并联的工况分析

由 $A$ 点作水平线分别交两机各自的性能曲线于 $B$、$C$ 两点,该两点就是并联工作时两机各自的工作点。并联前每台设备各自的工作点是 $D$、$E$,可见 $Q_A < Q_D + Q_E$。

两台不同型号泵或风机工作时,其中一台设备必须在扬程小于 $H_F$ 的情况下,才能与另一台设备并联运行,在某种程度上,扬程大的设备受扬程小的设备的制约。

两台不同型号泵或风机工作时,扬程小的输出的流量小。当管路特性曲线阻抗增加,导致并联工作点移至 $F$ 点时,由于设备Ⅰ的扬程不可能大于 $H_F$,而无流量输出,此时并联工作没有意义。

### 8.3.2　串联工作

串联工作的特点是各台设备流量相同,而总扬程或总压头等于各台设备扬程或压头之和。串联工作的目的主要是增加扬程或压头。在运行过程中,当实际需要的扬程或压头较大时,用一台泵或风机产生的压头不能满足运行的要求时,可再装一台泵或风机与原来的泵或风机串联工作。

串联工作一般应用于以下场合：① 用户需要的压头大，而大压头的泵或风机制造困难或造价太高；② 改建或扩建系统时，管路阻力加大而需要增大压头。

串联工作可分为两种情况，即性能相同的泵或风机串联及性能不同的泵或风机串联。下面以离心泵为例，用图解法来分析两台泵串联工作时的性能曲线、工作点以及串联工作与单独工作时的性能。如图 8-14 所示，(a)和(b)分别表示两台泵和两台风机串联工作示意图。

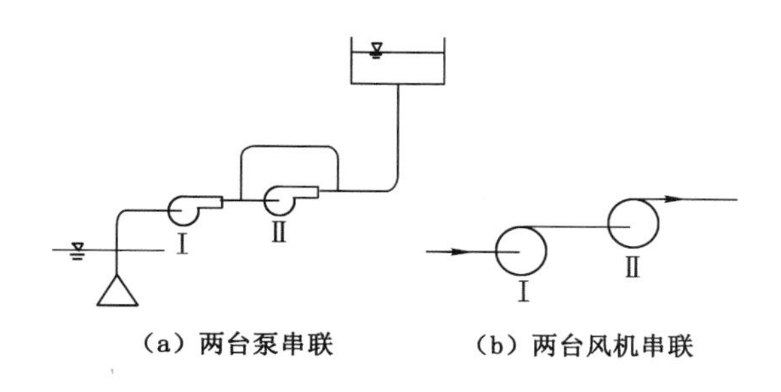


图 8-14　串联工作

(1) 相同性能的两台泵串联工作

工况分析如图 8-15 所示，Ⅰ为单机性能曲线，根据等流量下扬程相加的原理，得到串联运行泵或风机的性能曲线Ⅱ，作管路性能曲线Ⅲ与曲线Ⅱ交于 $A$ 点，$A$ 点就是串联工作的工况点，流量为 $Q_A$，扬程为 $H_A$。

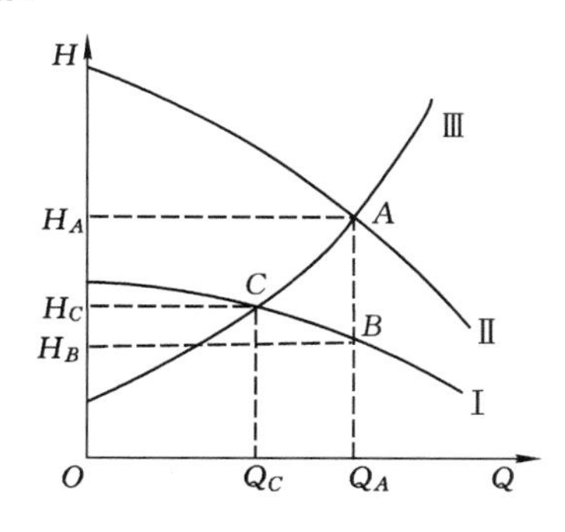


图 8-15　串联机组的工况分析

由 $A$ 点作垂线与单机性能曲线Ⅰ交与 $B$ 点，$B$ 点就是串联机组中单机的工作点。

管路特性曲线Ⅲ与单机性能曲线Ⅰ的交点 $C$ 是只开一台设备时的工作点。$C$ 点所对应的扬程 $H_C$ 是只开一台设备时的扬程。由图 8-15 可以看出，$H_A > H_C$，但 $H_A < 2H_C$，说明两台相同型号泵或风机串联后压头并没有增加一倍。

串联机组的相对压头增量 $\frac{H_A - H_C}{H_C}$ 与单台泵或风机性能曲线的形状和管路特性曲线形状有关。泵或风机性能曲线越平缓(比转数越小)，串联机组的相对压头增量越大，越适合串联工作；管路系统的阻抗 $S$ 越大，管路特性曲线越陡，串联机组的相对压头增量越大。

(2) 不同性能的两台泵串联工作

图 8-16 所示为不同性能的两台泵串联工作性能曲线。曲线 $(Q\text{-}H)_1$ 和曲线 $(Q\text{-}H)_2$ 分

别为第一台和第二台离心泵的性能曲线。在同一流量下，将两台泵对应的压头相加，即可得到串联工作时性能曲线上的相应点，将所得各点顺次用光滑曲线连接起来便得串联工作时的总性能曲线$(Q\text{-}H)_{1-2}$。

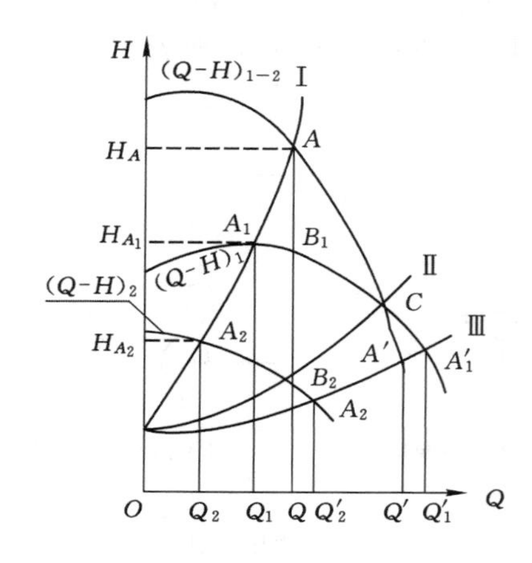


图 8-16　不同性能的两台泵串联工作

图 8-16 中另外三条曲线Ⅰ、Ⅱ、Ⅲ是三条不同的管道特性曲线。如果两台泵是串联在较陡的管道曲线Ⅰ上工作，则串联工作点在 $A$ 点，此时，每台泵相应地在 $B_1$ 点和 $B_2$ 点上工作；而它们单独在此管道上工作时的工作点分别为 $A_1$ 点和 $A_2$ 点；串联后的压头 $H_A$ 大于每台泵各自单独工作时的压头 $H_{A_1}$、$H_{A_2}$，流量 $Q$ 亦大于各自单独工作时的流量 $Q_1$、$Q_2$。

当两台泵串联在管道曲线Ⅱ上工作时，其工作点在 $C$ 点，这时的压头、流量与第一台泵单独工作时的压头、流量相同，而第二台泵不起作用。

当两台泵是串联在较缓的管道曲线Ⅲ上工作时，其工作点在 $A'$点；而每台泵各自单独在此管道上工作时的工作点分别为 $A'_1$、$A_2$。此时，串联后的压头、流量反而没有第一台泵单独工作时的压头、流量大。

由上述可知，当两台泵串联时，应使其在阻力较大的管道(即特性曲线较陡的管道)中工作；同时应注意，串联的两台泵，其流量相差不能太大，性能最好相同。

风机串联工作情况与泵相同。但由于风机串联时在操作上可靠性较差，调节困难，故一般不推荐使用。水泵串联工作时，后一台泵比前一台泵承受的压力更高，选择水泵时要注意泵的承压能力是否满足要求。

总之，泵或风机联合运行时的单机工作点要比单机运行时的工作点效果差，联合运行时的工况分析也比较复杂。因此，在可能的情况下应尽量采用单机运行，即便采用联合运行方式，设备台数也不宜过多。

## 8.4　泵与风机的工况调节

近年来，面临全世界范围内的能源危机，暖通空调事业的发展对能耗提

出了更高的要求。各种单户计量采暖系统、空调变水量和变风量系统大量涌现，都要求工作点随负荷的变化而变化。在工程中，为适应具体需要和经济运行的要求，泵或风机都需要经常进行工况调节。

工况点是由泵或风机的性能曲线与管路特性曲线的交点决定的，其中之一发生变化时，工况点就会改变。所以工况调节的基本途径有：① 改变管道系统特性，如减少水头损失、变水位、节流等；② 改变水泵（风机）的扬程（压头）性能曲线，如变速、变径、变角等。

### 8.4.1　节流调节

节流调节就是通过调节安装在风机吸入管及泵或风机排出管上的闸阀、蝶阀等节流装置来改变管道中的流量以调节泵或风机的工况。

压出管上阀门节流如图 8-17 所示。曲线Ⅰ是未调节的管路特性曲线，当阀门关小时，阻力增大，管道系统特性曲线就变为曲线Ⅱ。工作点由 $A$ 移至 $B$，相应的流量由 $Q_A$ 减至 $Q_B$。同时由于阀门的关小额外增加的水头损失为 $\Delta H = H_B - H_C$，相应多消耗的轴功率为：

$$\Delta N = \frac{\gamma Q_B \Delta H}{\eta_B}$$

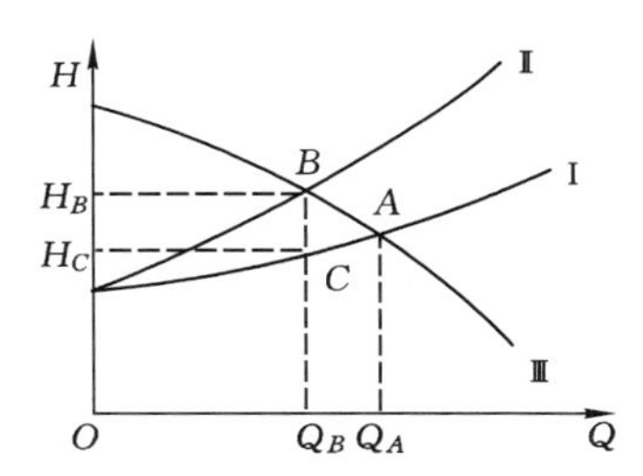


图 8-17　阀门调节的工况分析

可见，节流调节在流量减小的同时却额外增加了水力损失，导致轴功率增加，是不经济的。这种方法常用于频繁的、临时性的调节。其优点：调节流量简便易行，可连续变化；缺点：关小阀门时增大了流动阻力，额外消耗了部分能量，经济上不合理。

### 8.4.2　变速调节

变速调节就是在管路特性曲线不变的情况下，用改变转速的方法来改变泵或风机的性能曲线，从而达到改变泵或风机的运行工况，即实现改变工作点的目的。

由相似律可知，转速改变时泵与风机的性能参数变化如下：

$$\begin{cases} \dfrac{Q}{Q'} = \dfrac{n}{n'} \\ \dfrac{H}{H'} = \left(\dfrac{n}{n'}\right)^2 \\ \dfrac{p}{p'} = \left(\dfrac{n}{n'}\right)^2 \\ \dfrac{N}{N'} = \left(\dfrac{n}{n'}\right)^3 \end{cases} \tag{8-10}$$

变速调节的工况分析如图 8-18 所示，曲线Ⅰ为转数 $n$ 时泵或风机的性能曲线，曲线Ⅱ为管路性能曲线，两线交点 $A$ 就是工况点。

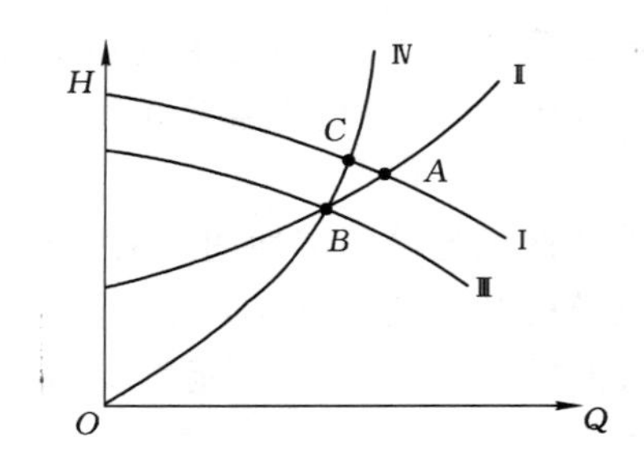


图 8-18　变速调节的工况分析

将工况点调节至管路性能曲线上的 $B$ 点，通过 $B$ 点的泵或风机性能曲线Ⅲ转数为 $n'$，转数比为：

$$\frac{n}{n'} \neq \frac{Q_A}{Q_B}$$

因为相似律应满足相似工况的条件，而 $A$、$B$ 两点不满足运动相似条件。

由式(8-10)可知，相似工况点应满足以下关系：

$$\frac{H}{H'} = \frac{Q^2}{Q'^2} \quad 或 \quad \frac{H}{Q^2} = \frac{H'}{Q'^2} = S$$

得相似工况曲线方程为：

$$H = SQ^2 \tag{8-11}$$

将 $Q_B$ 及 $H_B$ 代入得：

$$S = \frac{H_B}{Q_B^2}$$

则可以绘出通过 $B$ 点的相似工况曲线Ⅳ，与转数 $n$ 的性能曲线Ⅰ交于 $C$ 点。$B$ 点与 $C$ 点是相似工况点，$C$ 点又在转数为 $n$ 的性能曲线上，因此有：

$$\frac{n}{n'} = \frac{Q_C}{Q_B}$$

通常可以用如下方法来改变泵或风机的转速：

(1) 改变电机转速

用异步电机驱动的泵或风机可以在电机的转子电路中串接变阻器来改变电机的转数，这种方法的缺点是必须增加附属设备，且在变速时要增加额外的电能消耗，变速范围不大。还可以采用可变定子磁极对数的电机，但这种电机较贵，跳跃式地调速时范围也有所限制。此外，采用可控硅调压可以实现电机多级调速。变频调速是目前最常用的方法，它通过改变电机输入电源的频率来改变电机的转数，实现无级调速，该法调速范围宽、效率高，且变频装置体积小；缺点是调速系统(包括变频电源、参数测试设备、参数发送与接收设备、数据处理设备等)价格较贵，检修和运行技术要求高，对电网会产生某种程度的高频干扰等。

(2) 改变皮带轮直径

改变风机或电机皮带轮的直径，即改变电机与泵或风机的传动比，可以在一定范围内调节转速。这种方法的缺点是调速范围有限，且要停机换轮。

(3) 采用液力联轴器

所谓液力联轴器，是指在电机和泵或风机之间安装的通过液体来传递转矩的传动设备。

改变设备中的进液量(如油)就可改变转矩,从而在电机转速恒定的情况下达到改变泵或风机转速的目的。该法可实现无级调速,但因增加一套附属设备而成本较高。这种调节法通常没有附加的能量损失,也不致过多降低效率,比较经济。但调节措施较复杂和麻烦,若采用变频调节或液力联轴器还会增加投资,因此在中小型设备中应用并不普遍。

在确定水泵调速范围时,应注意如下几点:

① 调速水泵安全运行的前提是调速后的转速不能与其临界转速重合、接近或成倍数。

② 水泵一般不轻易地调高转速。

③ 合理配置调速泵与定速泵台数的比例。

④ 水泵调速的合理范围应使调速泵与定速泵均能运行于各自的高效段内。

### 8.4.3 变角调节

变角是改变叶片的安装角度。对叶片可调的轴流泵或风机,变角可改变泵或风机性能曲线,以改变水泵或风机装置的工况点,称变角调节。

大型风机的进风口处设有供调节用的导流叶片。当改变导流叶片的角度时,能使风机性能发生变化。这是因为导流叶片的预旋作用使进入叶轮叶片的气流方向有所改变所致。常用的导流器有轴向导流器和径向导流器。导流叶片全开时转角为 0°,这时叶片进口方向与气流方向垂直。

由于进口导流叶片既是风机的组成部分,又属于整个管路系统,因此进口导流器的调节既改变了风机性能曲线,也使管路系统特性发生了变化。当风机导流叶片角度为 0°、30°、60°时,风机性能曲线和管路特性曲线分别有三条,其工作点分别为 1、2、3,如图 8-19 所示。

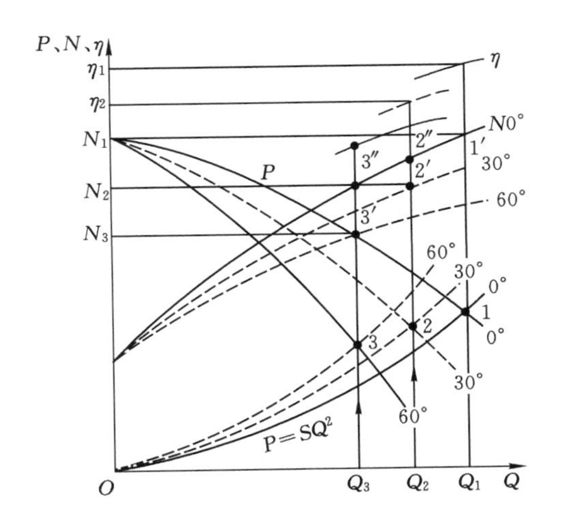


图 8-19 进口导流器调节特性曲线图

风机进口导流器调节,增加了进口的撞击损失,从节能角度看,不如变速调节,但比节流调节消耗的功率小,因此也是一种比较经济的调节方法。

### 8.4.4 变径调节

变径调节是将离心泵叶轮车削去一部分后装好再运行,用以改变水泵特性的一种调节

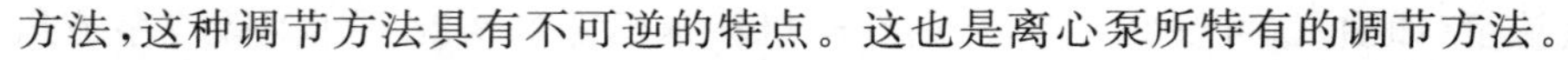

方法，这种调节方法具有不可逆的特点。这也是离心泵所特有的调节方法。

在一定车削量范围内，叶轮车削前后，$Q$、$H$、$N$ 与叶轮直径之间的关系为：

$$\frac{Q'}{Q}=\frac{D_2'}{D_2} \tag{8-12}$$

$$\frac{H'}{H}=\left(\frac{D_2'}{D_2}\right)^2 \tag{8-13}$$

$$\frac{N'}{N}=\left(\frac{D_2'}{D_2}\right)^3 \tag{8-14}$$

式中 $D_2$——叶轮车削前的直径；

$D_2'$——叶轮车削后的直径；

$Q'$、$H'$、$N'$——叶轮车削后的流量、扬程、轴功率。

式(8-12)、式(8-13)及式(8-14)称为水泵的车削定律。车削定律是在车削前后叶轮出口过水断面面积不变、速度三角形相似等假定下，在大量实验资料基础上统计的规律。在一定限度的车削量范围内，车削前后水泵的效率可视为不变。

叶轮的车削量是有一定限度的，否则叶轮的构造被破坏，使叶片出水端变厚，叶轮与泵壳间的间隙增大，使水泵的效率下降过多。叶轮的最大车削量与比转数有关，见表 8-3。由表中数据可以看出，比转数大于 350 的泵不允许车削叶轮，故变径运行只适用于离心泵和部分混流泵。对于水泵，制造厂通常对同一型号泵出标准叶轮外，还提供几种经过切削的叶轮以供选用。

**表 8-3　叶片泵叶轮的最大车削量**

| 比转数 | 60 | 120 | 200 | 300 | 350 | 350 以上 |
| --- | --- | --- | --- | --- | --- | --- |
| 允许最大车削量 $\frac{D_2-D_2'}{D_2}$ | 20% | 15% | 11% | 9% | 1% | 0 |
| 效率下降值 | 每车削 10%下降 1% | | 每车削 4%下降 1% | | | |

## 8.5　泵与风机的选择

### 8.5.1　选择原则

选择泵与风机的一般原则是：保证泵或风机系统正常、经济运行，即所选择的泵或风机不仅能满足管路系统流量、扬程(风压)的要求，而且能保证泵或风机经常在高效段内稳定运行，同时泵或风机应具有合理的结构。

选择时应考虑以下几个具体原则：

(1) 首选泵或风机应满足生产上所需要的最大流量和扬程或压头的需要，并使其正常运行工况点尽可能靠近泵或风机的设计点，从而保证泵或风机长期在高效区运行，以提高设备长期运行的经济性。

(2) 力求选择结构简单、体积小、重量轻及高转速的泵或风机。

(3) 所选泵或风机应保证运行安全可靠，运转稳定性好。为此，所选泵或风机应不具有驼峰状的性能曲线；如果选择有驼峰状性能曲线的泵或风机，则应使其运行工况点处于峰点的右边，而且扬程或压头应低于零流量时的扬程或压头，以利于设备的并联运行。如在使用中流量的变化大而扬程或压头变化很小，则应该选择平坦的性能曲线；如果要求扬程或压头变化大而流量变化小，则应选择陡降形性能曲线。对于水泵，还应考虑其抗汽蚀性能要好。

(4) 对于有特殊要求的泵或风机，还应尽可能满足其特殊要求，如安装地点受限时应考虑体积要小、进出口管路便于安装等。

(5) 必须满足介质特性的要求：

① 对输送易燃、易爆、有毒或贵重介质的泵，要求轴封可靠或采用无泄漏泵，如磁力驱动泵、隔膜泵、屏蔽泵。

② 对输送腐蚀性介质的泵，要求对过流部件采用耐腐蚀性材料，如 AFB 不锈钢耐腐蚀泵、CQF 工程塑料磁力驱动泵。

③ 对输送含固体颗粒介质的泵，要求对过流部件采用耐磨材料，必要时轴封应采用清洁液体冲洗。

(6) 机械方面可靠性高、噪声低、振动小。

(7) 经济上要综合考虑设备费、运行费、维修费和管理费的总成本最低。

(8) 离心泵具有转速高、体积小、重量轻、效率高、结构简单、输液无脉动、性能平稳、容易操作和维修方便等特点。

### 8.5.2 选用程序及注意事项

由于泵或风机的用途和使用条件千变万化，而泵或风机的种类繁多，正确选择泵或风机满足各种不同的工程使用要求是非常必要的。在选择泵或风机时，首先应根据生产上的要求、所输送流体的种类和性质以及风机或泵的种类、用途，决定选择哪一类的泵或风机。例如，输送一般清水时应选择清水离心泵，输送污水时应选择污水泵，输送泥浆时应选择泥浆泵等；输送爆炸危险气体时应选择防爆通风机，空气中含有木屑、纤维或尘土时应选择排尘通风机等。选用的程序及注意事项概括如下：

(1) 充分了解泵或风机的用途、管路布置、地形条件、被输送流体状况、水位以及运输条件等原始资料。

(2) 根据工程最不利工况的要求，合理确定最大流量与最高扬程或风机的最高风压。然后分别加 10%～15%不可预计(如计算误差、漏耗等)的安全量作为选用泵或风机的依据，即：

$$Q = (1.1 \sim 1.15)Q_{max}$$

$$H = (1.1 \sim 1.15)H_{max} \quad 或 \quad p = (1.1 \sim 1.15)p_{max}$$

(3) 泵或风机类型确定以后，要根据已知的流量、扬程(或压头)及管路水力计算选定其型号、大小及台数。

一般可以先用性能曲线图或性能选择曲线进行选择，如图 8-20 和图 8-21 所示。这种选择性能曲线将同一型的各种大小设备的性能曲线绘在同一张图上，只需在该图上点绘出管路性能曲线，根据管路性能曲线与 $Q$-$H$ 性能曲线的相交情况，确定所需泵或风机的型号和台数。然后，再查单台设备的性能曲线图或表，确定该选定设备的转速、功率、效率以及配套电机的功率和型号。

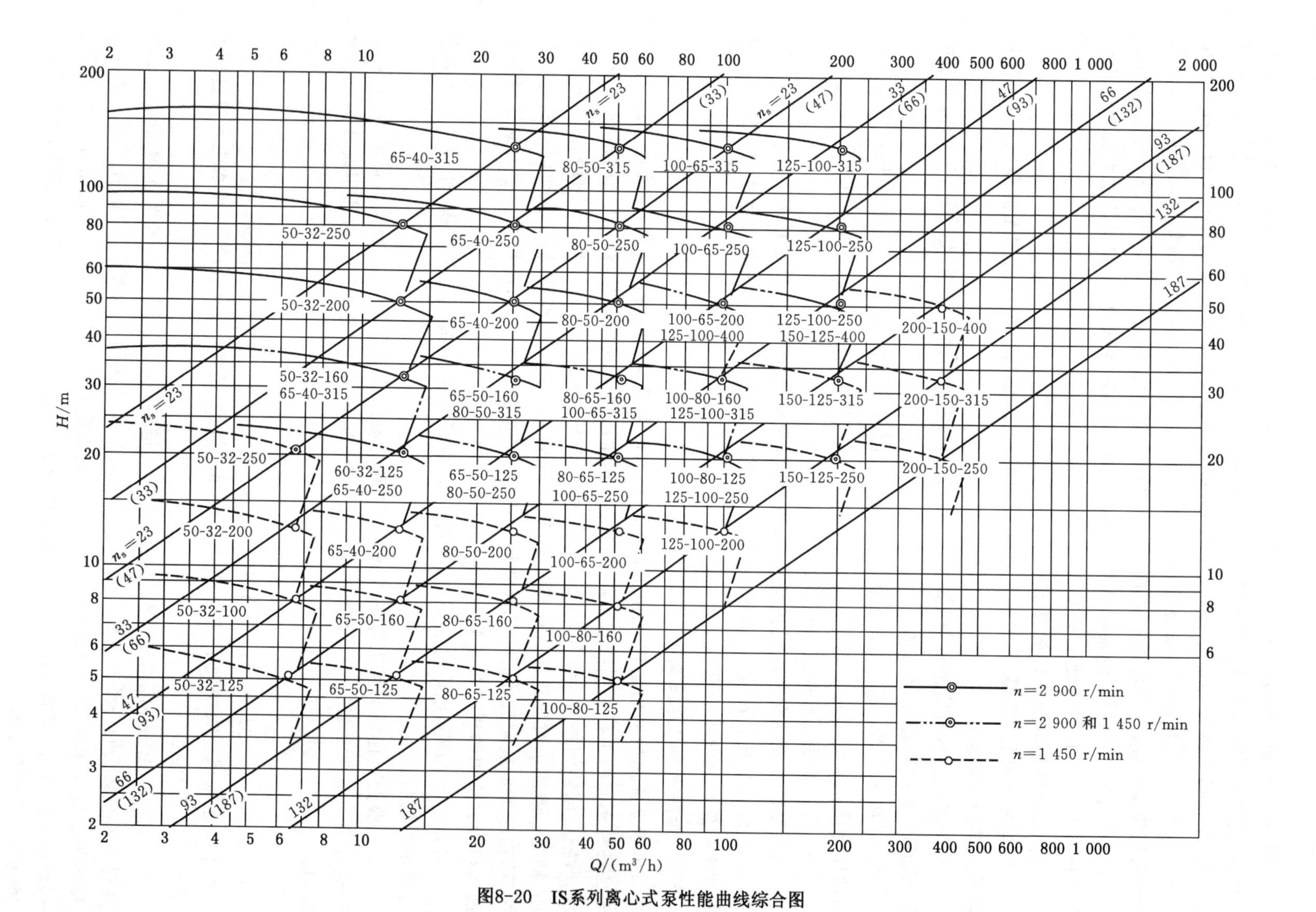


图8-20 IS系列离心式泵性能曲线综合图

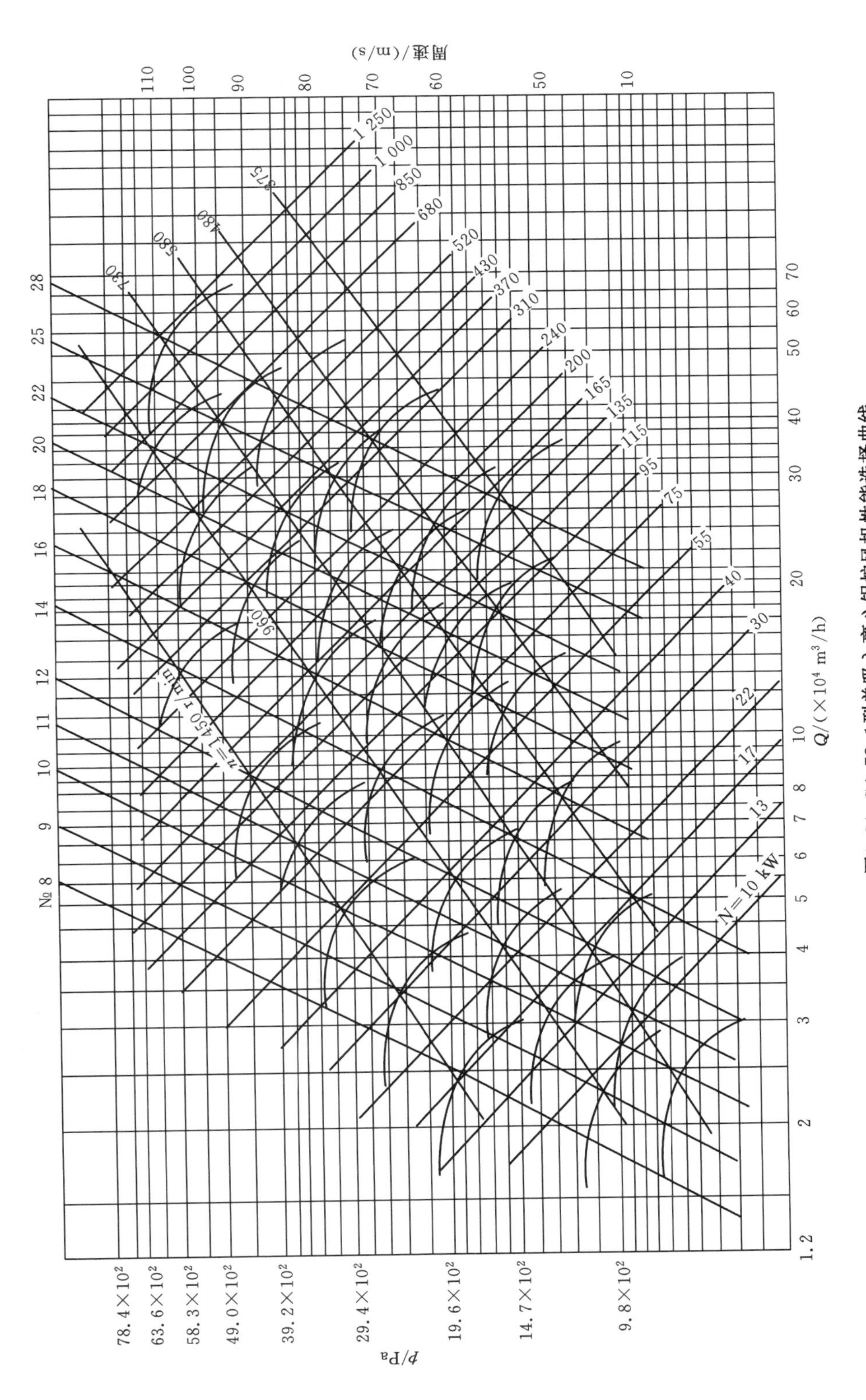


图8-21　G4-72-1型单吸入离心锅炉风机性能选择曲线

（轴向导流、导叶全开、0 ℃、进口温度20 ℃、进口压力101 325 Pa、介质密度1.2 kg/m³）

表 8-4、表 8-5 分别为 IS 型单级单吸式离心泵和 4-68 型离心式风机性能表(摘录)。对于风机还可以用无因次性能曲线进行选用。

**表 8-4　IS 型单级单吸式离心泵性能表(摘录)**

| 型号 | 流量/($m^3$/h) | 扬程/m | 电机功率/kW | 转速/(r/min) | 效率/% | 吸程/m | 叶轮直径/mm |
|---|---|---|---|---|---|---|---|
| IS50-32-160 | 8-12.5-16 | 35-32-28 | 3 | 2 900 | 55 | 7.2 | 160 |
| IS50-32-250 | 8-12.5-16 | 86-80-72 | 11 | 2 900 | 3.5 | 7.2 | 250 |
| IS65-50-125 | 17-25-32 | 22-20-18 | 3 | 2 900 | 69 | 7 | 125 |
| IS65-50-160 | 17-25-32 | 35-32-28 | 4 | 2 900 | 66 | 7 | 160 |
| IS65-40-250 | 17-25-32 | 86-80-72 | 15 | 2 900 | 48 | 7 | 250 |
| IS65-40-315 | 17-25-32 | 140-125-115 | 30 | 2 900 | 39 | 7 | 315 |
| IS80-50-200 | 31-50-64 | 55-50-45 | 15 | 2 900 | 69 | 6.6 | 200 |
| IS80-65-160 | 31-50-64 | 35-32-28 | 7.5 | 2 900 | 73 | 6 | 160 |
| IS80-65-125 | 31-50-64 | 22-20-18 | 5.5 | 2 900 | 76 | 6 | 125 |
| IS100-65-200 | 65-100-125 | 55-50-45 | 22 | 2 900 | 76 | 5.8 | 200 |
| IS100-65-250 | 65-100-125 | 86-80-72 | 37 | 2 900 | 72 | 5.8 | 250 |
| IS100-65-315 | 65-100-125 | 140-125-115 | 75 | 2 900 | 65 | 5.8 | 315 |
| IS100-80-125 | 65-100-125 | 22-20-18 | 11 | 2 900 | 81 | 5.8 | 125 |
| IS100-80-160 | 65-100-125 | 35-32-28 | 15 | 2 900 | 79 | 5.8 | 160 |
| IS150-100-50 | 130-200-250 | 86-80-72 | 75 | 2 900 | 78 | 4.5 | 250 |
| IS150-100-15 | 130-200-250 | 140-125-115 | 110 | 2 900 | 74 | 4.5 | 315 |
| IS200-150-50 | 230-315-380 | 22-20-18 | 30 | 1 460 | 85 | 4.5 | 250 |
| IS200-150-00 | 230-315-380 | 55-50-45 | 75 | 1 460 | 80 | 4.5 | 400 |

**表 8-5　4-68 型离心式风机性能表(摘录)**

| 机号 № | 传动方式 | 转速/(r/min) | 序号 | 全压/Pa | 流量/($m^3$/h) | 内效率/% | 电机功率/kW | 电机型号 |
|---|---|---|---|---|---|---|---|---|
| 2.8 | A | 2 900 | 1 | 990 | 1 131 | 78.5 | 1.1 | Y802-2 |
| | | | 2 | 990 | 1 319 | 83.2 | | |
| | | | 3 | 980 | 1 508 | 86.5 | | |
| | | | 4 | 940 | 1 696 | 87.9 | | |
| | | | 5 | 870 | 1 885 | 86.1 | | |
| | | | 6 | 780 | 2 073 | 80.1 | | |
| | | | 7 | 670 | 2 262 | 73.5 | | |

表 8-5(续)

| 机号 No | 传动方式 | 转速 /(r/min) | 序号 | 全压 /Pa | 流量 /($m^3$/h) | 内效率 /% | 电机功率/kW | 电机型号 |
|---|---|---|---|---|---|---|---|---|
| 4 | A | 2 900 | 1 | 2 110 | 3 984 | 82.3 | 4 | Y112M-2 |
| | | | 2 | 2 100 | 4 534 | 86.2 | | |
| | | | 3 | 2 050 | 5 083 | 88.9 | | |
| | | | 4 | 1 970 | 5 633 | 90.0 | | |
| | | | 5 | 1 880 | 6 182 | 88.6 | | |
| | | | 6 | 1 660 | 6 732 | 83.6 | | |
| | | | 7 | 1 460 | 7 281 | 78.2 | | |
| 4.5 | A | 2 900 | 1 | 2 710 | 5 790 | 83.3 | 7.5 | Y132$S_2$-2 |
| | | | 2 | 2 680 | 6 573 | 87.0 | | |
| | | | 3 | 2 620 | 7 355 | 89.5 | | |
| | | | 4 | 2 510 | 8 137 | 90.5 | | |
| | | | 5 | 2 340 | 8 920 | 89.2 | | |
| | | | 6 | 2 110 | 9 702 | 84.5 | | |
| | | | 7 | 1 870 | 10 485 | 79.4 | | |
| 4.5 | A | 1 450 | 1 | 680 | 2 895 | 83.3 | 1.1 | Y90S-4 |
| | | | 2 | 670 | 3 286 | 87.0 | | |
| | | | 3 | 650 | 3 678 | 89.5 | | |
| | | | 4 | 630 | 4 069 | 90.5 | | |
| | | | 5 | 580 | 4 460 | 89.2 | | |
| | | | 6 | 530 | 4 851 | 84.5 | | |
| | | | 7 | 470 | 5 242 | 79.4 | | |

对于流量比较小而均匀，用一台泵或风机可以满足需要的情况，不必作出管路性能曲线，可根据已知的流量和扬程(或压头)，查阅有关产品样本或手册中的性能曲线图或表，直接选择大小型号合适的泵或风机。

值得注意的是，若采用性能曲线图选择，图上只有轴功率曲线，需另选电机型号及传动配件。配套电机的功率可根据下式计算：

$$N_m = K\frac{N}{\eta_i} = K\frac{\gamma QH}{\eta_i \eta}$$

式中　$N_m$——电机功率，kW。

$K$——备用系数，1.15～1.50。

$\eta$——泵或风机的全效率。

$\eta_i$——传动效率，对于电机直接传动，$\eta_i=1.0$；对于联轴器直接传动，$\eta_i=0.95$～0.98；对于三角皮带传动，$\eta_i=0.9$～0.95。

(4) 选用中的注意事项：

① 当流量较大时，宜考虑多台设备并联运行，但台数不宜过多，尽可能采用同型号的设

备，互为备用。在选用风机时，尽可能避免采用多台并联或串联的工作方式，当不可避免需要采用串联时，第一级通风机到第二级通风机间应有一定的管长。

② 尽量选用大泵，一般大泵的效率较高。当系统损失变化较大时，要考虑大小兼顾，以便灵活调配。

③ 选用设备时，应使其工作点处于其 $Q$-$H$ 性能曲线下降段的高效区域(即最高效率点的±10%区间内)，以保证工作点的稳定和高效运行。

④ 泵或风机样本上所提供的参数是在某特定标准状态下实测而得的。当实际条件与标准状态的条件不符时，应按有关公式进行换算，根据换算后的参数查设备样本或手册进行设备选用。

⑤ 选择泵时，还应查明设备的允许吸上真空度或允许汽蚀余量，以便确定泵的安装高度。在选用允许吸上真空度 $H_s$ 时，应考虑使用介质温度及当地大气压强值进行修正。

⑥ 选择风机时，应根据管路布置及连接要求确定风机叶轮的旋转方向及出风口位置。旋转方向：从主轴槽轮或电机位置看叶轮旋转方向，顺时针者为"右"，逆时针者为"左"。出风口位置：以叶轮的旋转方向和进出风口方向(角度)表示，右(左)出风口角度/进风口角度。其基本出风口位置为8个，特殊用途可增加补充，如图8-22所示。对于有噪声要求的通风系统，应尽量选用效率高、叶轮圆周速度低的风机，并根据通风系统产生噪声和振动的传播方式，采取相应的消声和减振措施。

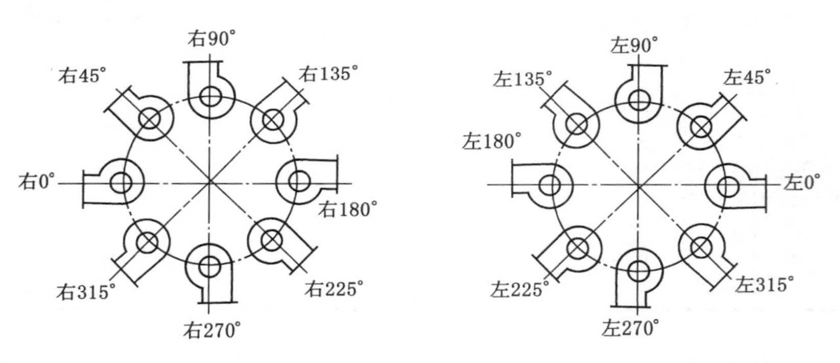


图8-22　离心式风机出风口位置

### 8.5.3　泵与风机选择实例

**【例8-3】** 某工厂供水系统由清水池往水塔充水，如图8-23所示。清水池最高水位标高为112.00，最低水位标高为108.00，水塔地面标高为115.00，最高水位标高为150.00。水塔容积30 m$^3$，要求1 h内充满水，试选择水泵。已知吸水管路水头损失 $h_{w1}=1.0$ m，压水管路水头损失 $h_{w2}=2.5$ m。

**【解】** 选择水泵的参数值应按工况要求的最大流量和最大扬程再乘以附加安全系数的数值作为依据。附加值取15%，即：

$$Q = 1.15 \times 30 = 34.5\ (\mathrm{m^3/h})$$

$$H = 1.15 \times [(150-108) + h_{w1} + h_{w2}] = 1.15 \times (42 + 1.0 + 2.5) \approx 52.3\ (\mathrm{m})$$

根据已知条件可知，要求泵装置输送的液体是温度不高的清水，且系统需要的扬程又不是很高，可选用IS型单级单吸离心式清水泵，查表8-4：可采用IS80-50-200型水泵，流量范

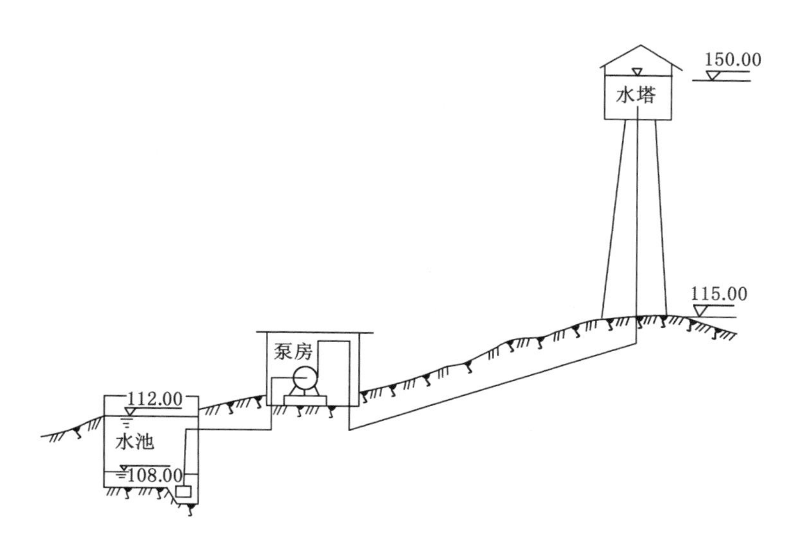


图 8-23　水塔充水工程

围为 31～64 $m^3/h$,扬程为 45～55 $mH_2O$,适合本工况要求。

从性能表可以看出,当 $n$=2 900 r/min 时,配用电机功率为 15 kW,泵的效率为 69%,吸程为 6.6 m。

此管路系统为工厂的供水管路,考虑不至于影响生产及保证用水的可靠性,可增设同样型号的水泵一台,两台泵并联安装。

**【例 8-4】** 某空气调节系统需要从冷水箱向空气处理室供水,最低水温为 10 ℃,要求供水量为 35.8 $m^3/h$,静扬程为 10 m,空气处理室喷嘴前应保证有 20 m 的压强水头。供水管路布置后经计算管路水头损失达到 7.1 $mH_2O$。为了使系统能随时启动,故将水泵安装位置设在冷水箱之下,试选择水泵。

**【解】** 根据已知条件可知,要求泵装置输送的液体是温度不高的清水,且泵的位置较低,不必考虑汽蚀问题,可以选用吸送清水的 IS 型离心泵。选用时所依据的参数计算如下:

$$Q = 1.1 \times 35.8 = 39.38\ (m^3/h)$$

$$p = 1.1 \times (10 + 20 + 7.1) = 40.81\ (m)$$

查 IS 型水泵性能表,可采用 IS80-50-200 型水泵一台,当 $n$=2 900 r/min,配用电机功率为 15 kW,泵的效率为 69%。

空调室每日运行 24 h,应考虑增设同样型号的水泵一台作为备用泵。

**【例 8-5】** 某地大气压为 98.07 kPa,输送温度为 70 ℃的空气,风量为 5 900 $m^3/h$,管道阻力为 2 000 Pa,试选用风机、应配用的电机及其他配件。

**【解】** 因为用途和使用条件无特殊要求,因而可选用新型节能型 4-68 型离心式通风机。根据工况要求的风量和风压,考虑增加 10%的附加预见量作为选用时的依据:

$$Q = 1.1 \times 5\ 900 = 6\ 490\ (m^3/h)$$

$$p = 1.1 \times 2\ 000 = 2\ 200\ (Pa)$$

由于使用地点大气压及输送气体温度与样本数据采用的标准不同,应予以换算:

$$p_0 = p \times \frac{101.325}{98.07} \times \frac{273+70}{273+20} = 2\ 200 \times 1.033 \times \frac{343}{293} \approx 2\ 660\ (\text{Pa})$$

$$Q_0 = Q = 6\ 490\ (\text{m}^3/\text{h})$$

根据 $p$ 和 $Q$ 值，查 4-68 型离心式通风机的性能表，选用一台 4-68№4.5A 型风机，该风机转速 $n$=2 900 r/min，性能序号为 2，工况点参数 $p$=2 680 Pa，$Q$=6 573 $\text{m}^3$/h，内效率为 87%，配用电机功率为 7.5 kW，型号为 $\text{Y132S}_2\text{-2}$。

有些类型的风机在样本或设计手册中给出了 $Q$-$p$ 性能曲线综合图，如图 8-21 所示，选择时，根据工作参数 $Q$ 和 $p$ 在图上定出位置，工作点落在哪条曲线上，就可以选择哪一台风机，由图中直接查出机号、功率及转速等参数，十分方便。

## 思考与练习

8-1　什么是水泵（风机）装置的管道系统特性曲线？它与哪些因素有关？

8-2　泵与风机运行时，工况点如何确定？

8-3　什么是水泵装置的工况调节？工况调节的基本途径和方法有哪些？

8-4　水泵并联运行有什么优点？

8-5　泵与风机运行时有哪些调节方法？试述其优缺点及调节原理。

8-6　某取水泵站从水库中取水，输送到水厂的进水塔（敞开式）。已知：水泵流量为 1 800 $\text{m}^3$/h，吸水管路为钢管，压水管路为铸铁管，吸水管长 15.5 m，管径为 500 mm，压水管长 450 m，管径为 400 mm。局部水头损失按沿程水头损失的 20% 计算。水库设计水位为 76.83 m，水塔最高水位为 89.45 m，水泵轴线高程为 78.83 m。设水泵效率在 1 800 $\text{m}^3$/h 时为 75%。试求：(1) 水泵工作时的总扬程为多少？(2) 水泵的轴功率为多少？

8-7　有一台泵装置的已知条件如下：流量为 0.12 $\text{m}^3$/s，吸水管直径为 0.25 m，泵的允许吸上真空度为 5 m，露天吸水池水面标高为 102 m，吸入管段阻力为 0.8 $\text{mH}_2\text{O}$，水温为 40 ℃（密度为 992 kg/$\text{m}^3$）。试求：(1) 泵安装高程最高为多少？(2) 如海拔高度为 2 000 m，泵的安装高程应为多少？

8-8　一台水泵的进口直径为 200 mm，流量为 77.8 L/s 时，泵的允许吸上真空度为 3.6 m，估计吸水管路的水头损失为 0.5 m。求分别在标准状况下和在拉萨地区（海拔 3 650 m）从开口容器中抽送 40 ℃清水时，水泵的最大安装高度是多少？

8-9　某工厂用气装置要求输送空气：$Q$=2 $\text{m}^3$/s，$p$=2 880 Pa。试选用合适的离心式通风机及其电机。

8-10　用通风机输送空气，流量 $Q$=45 $\text{m}^3$/s，风压 $p$=2 160 Pa，空气密度 $\rho$=1.2 kg/$\text{m}^3$。试选用合适的通风机及其配套的电机。

8-11　用水泵输送常温清水，要求流量 $Q$=360 L/s。若管路系统中的总损失水头为 $\sum h_w$ =45 $\text{mH}_2\text{O}$，吸水池水面到上水池液面的几何高度为 $H_p$=65 m。试选择一台水泵。

8-12　用离心泵由冷水箱向空调系统的空气处理室供水，水温为 10 ℃，要求供水量 $Q$=36 $\text{m}^3$/h，供水高度为 20 m，空气处理室喷嘴前应保证有 18 m 的压强水头。若供水管路系统的水头损失为 8 m，水泵安装在冷水箱之下。试选择水泵。

8-13　管路性能曲线函数关系式 $H=H_{st}+SQ^2$。水塔供水、锅炉给水及热水采暖循环系统工况如图 8-24 所示。试分析这三种工况的 $H_{st}$，各等于什么？

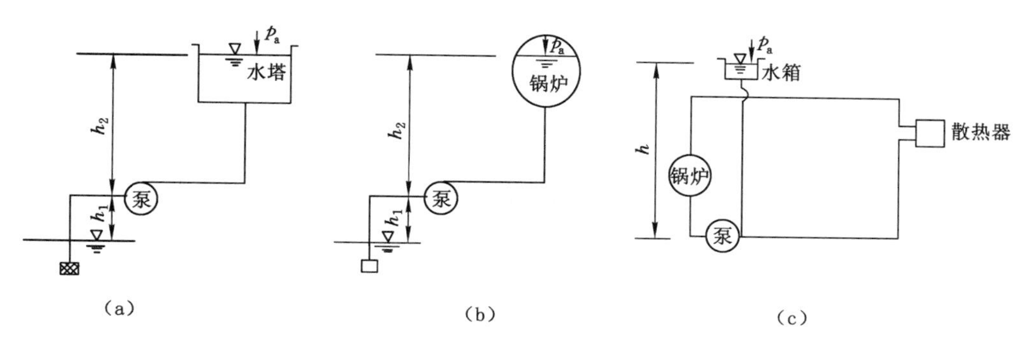


图 8-24　题 8-13 图

8-14　某一离心式风机的 $Q$-$H$ 性能曲线如图 8-25所示。试在同一坐标图上作两台同型号的风机并联运行和串联运行的联合 $Q$-$H$ 性能曲线。设想某管路性能曲线，对两种联合运行的工况进行比较，说明两种联合运行方式各适用于什么情况。

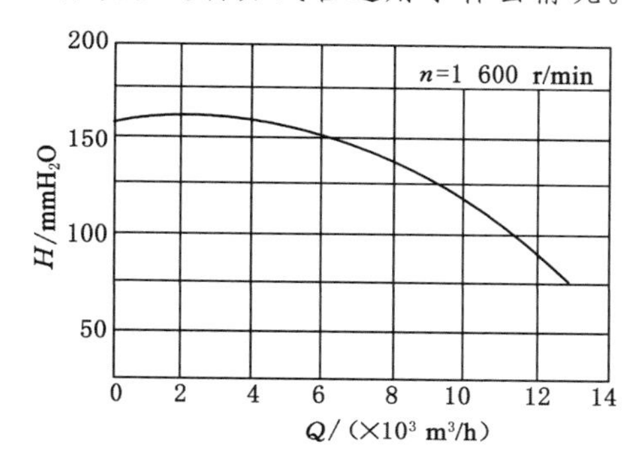


图 8-25　题 8-14 图

8-15　某地大气压强值为 98.07 kPa，输送温度为 65 ℃的空气，风量为 6 550 $m^3/h$，管路水头损失为 240 mm，查 4-68 型风机性能表，选一台合适的风机。

# 第9章 其他常用泵与风机

知识目标

1. 了解：混流泵与混流风机的构造和特点。
2. 理解：轴流式泵与风机的基本构造；往复式泵的构造、工作原理及性能。
3. 熟悉：贯流式风机的特点和适用范围。
4. 掌握：轴流式泵与风机的工作原理和性能曲线特点。

能力目标

运用所学知识为具体工况选择合适的泵与风机。

思政目标

结合不同类型泵与风机的特点，了解暖通空调专业运行能耗现状，再次提升节能意识、生态意识和专业使命感。

## 9.1 轴流式泵与风机

轴流式泵与风机是一种比转数较高的叶片式流体机械，它们的突出特点是流量大而扬程较低。

### 9.1.1 轴流式泵的主要零件

轴流式泵的外形很像一根弯管。根据安装方式不同，轴流式泵通常分为立式、卧式和斜式三种。图 9-1 所示为立式轴流泵的工作示意图。

轴流式泵主要由吸入管、叶轮、导叶、轴、轴承、机壳、出水弯管及轴封装置等零部件组成。

(1) 吸水管：形状如流线型的喇叭管，以便汇集水流，并使其得到良好的水力条件。

(2) 叶轮：是轴流泵的主要工作部件。按其调节的可能性分为固定式、半调式和全调式三种。固定式轴流泵的叶片与轮毂铸成一体，叶片的安装角度不能调节。半调式轴流泵的叶片是用螺栓装配在轮毂体上的，叶片的根部刻有基准线，轮毂体上刻有相应的安装角度位置线，如图 9-2 所示。根据不同的工况要求，可将螺母松开、转动叶片、改变叶片的安装角度，从而改变水泵的性能曲线。全调式轴流泵可以根据不同的扬程与流量要求，在停机或不停机的情况下，通过一套油压调节机构来改变叶片的安装角度，从而改变其性能，以满足用户使用要求。这种全调式轴流泵的调节机构比较复杂，对检修维护的技术要求较高，一般应用于大型轴流泵。

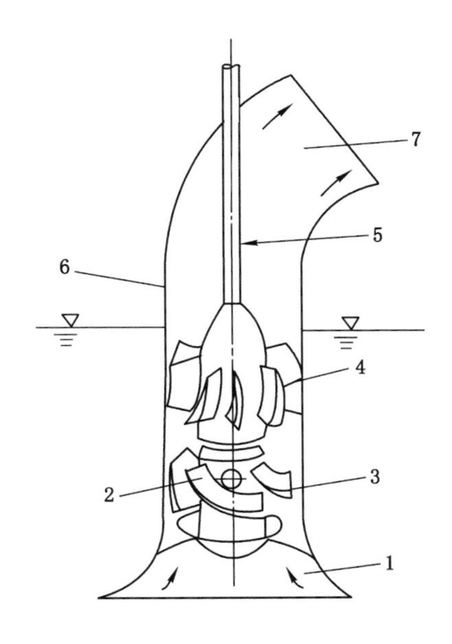


1—吸入管；2—叶片；3—叶轮；4—导叶；
5—轴；6—机壳；7—压水管。
图 9-1　立式轴流泵的工作示意图

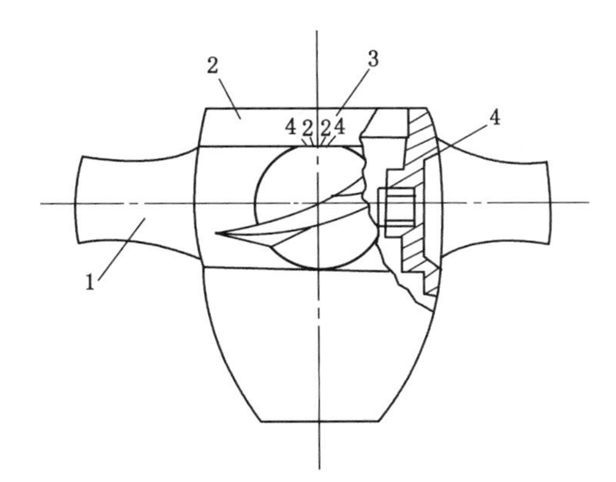


1—叶片；2—轮毂体；
3—角度位置；4—调节螺母。
图 9-2　半调式叶片

(3) 导叶：在轴流泵中，液体运动类似螺旋运动，即液体除了轴向运动外，还有旋转运动。导叶固定在泵壳上或泵轴上，一般为 3～6 片。水流经过导叶时旋转运动受限制而做直线运动，旋转运动的动能转变为压力能。因此，导叶的作用是把叶轮中向上流出的水流旋转运动变为轴向运动，并减少水头损失。

(4) 轴和轴承：泵轴是用来传递扭矩的，全调节轴流泵泵轴做成空心，里面安置调节操作油管。轴承有两种：一种称为导轴承，主要用来承受径向力，起径向定位作用；另一种称为推力轴承，在立式轴流泵中用来承受水流作用在叶片上方的压力及水泵转动部件重量，维持转子的轴向位置，并将这些推力传递到机组的基础上去。

(5) 轴封装置：轴流泵出水弯管的轴孔处需要设置轴封装置，目前常用的轴封装置和离心泵的相似。

### 9.1.2　轴流式风机的主要零件

图 9-3 所示为轴流式风机的构造示意图，风机的主要零部件有：

(1) 转子：由叶轮与轴组成。叶轮是轴流式风机的主要工作部件，由轮毂和铆在其上的叶片组成，叶轮上的叶片有板型与机翼型，机翼型较常见。叶片从根部到叶梢是扭曲的。与轴流式泵一样，风机叶片的安装角度是可以调节的。调节安装角度能改变风机的流量和压头。

(2) 固定部件：固定部件主要由两部分组成。

① 钟罩形入口和轮毂罩：其作用是使气流成流线型，平稳而均匀地进入叶轮，以减小入口流动损失。有的风机的电机就装在轮毂罩内。大型轴流式风机通常用皮带或 V 带来驱动叶轮，因而结构上与我们介绍的风机有所差异。

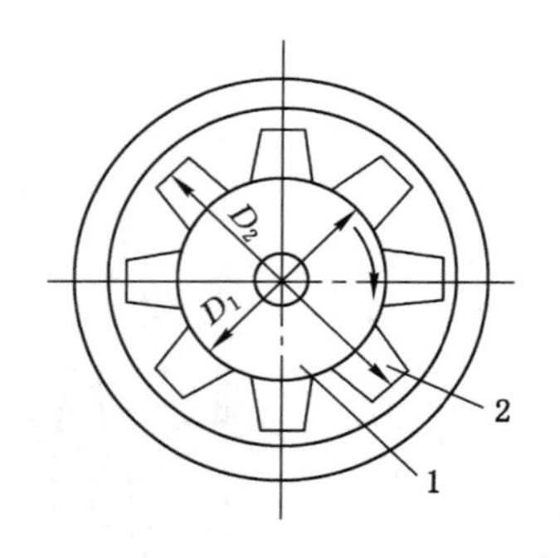


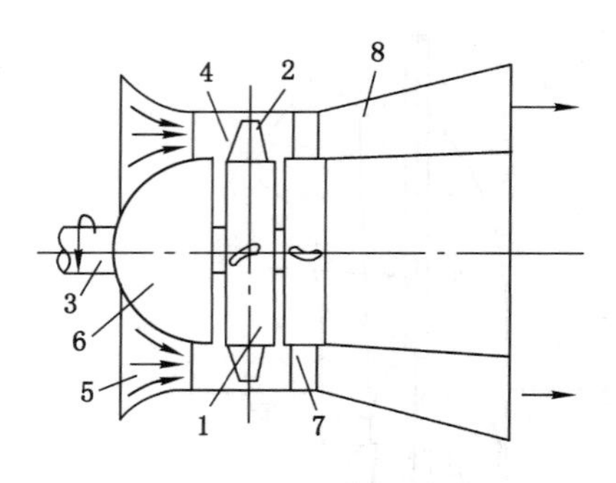


1—叶轮;2—叶片及轮毂;3—轴;4—机壳;5—集流器;6—流线体;7—后整流器;8—扩散器。

图 9-3 轴流式风机构造示意图

② 导叶和尾罩。一些大型轴流式风机在叶轮下游设有固定的导叶以消除气流在增压后的旋转。其后还可以设置流线型尾罩,有助于气流的扩散,进而使气流中的一部分动压转变为静压,减少流动损失。

### 9.1.3 轴流式泵与风机的工作原理

轴流式泵与风机的工作原理是以空气动力学中机翼的升力理论为基础的。其叶片与机翼具有相似的截面形状,一般称这类形状的叶片为翼形叶片,如图 9-4 所示。在风洞中对翼形叶片进行的绕流实验表明:当流体绕过翼形叶片时,在叶片的首端 $A$ 点处分离成为两股流,它们分别经过叶片的上表面(即轴流式泵、风机叶片的工作面)和下表面(轴流式泵、风机的叶片背面),然后同时在叶片尾端 $B$ 点汇合。由于沿叶片下表面的路程要比沿上表面路程长一些,因此,流体沿叶片下表面的流速要比沿叶片上表面流速大,相应地,叶片下表面的压力将小于上表面。于是,流体对叶片将有一个由上向下的作用力 $P$,同样,叶片对流体也将产生一个反作用力 $P'$,此 $P'$力的大小与 $P$ 相等、方向由下向上,作用在流体上。

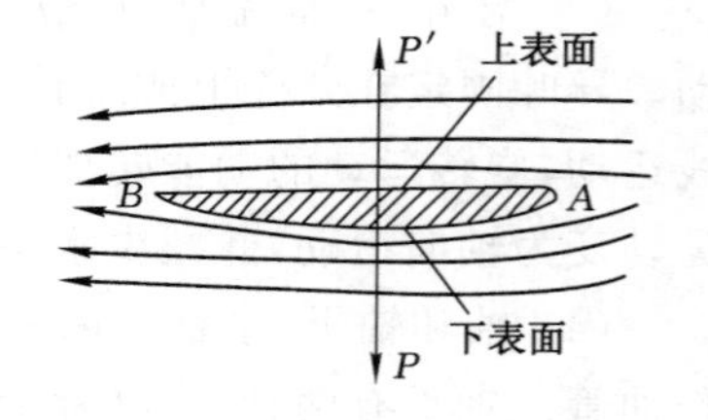


图 9-4 翼形绕流

对于轴流式泵与风机,都具有翼形断面的叶片,在流体中做高速旋转时,相当于流体相对于叶片产生急速的绕流,如上所述,叶片对水将施加力 $P'$,在此力的作用下流体的能量增加,可被提升到一定的高度。

如果在某轴流式风机的叶轮上,假想用一定的半径 $R$ 作一圆周截面,将其部分沿圆周展开,就得出一列叶片断面的展开图,称为叶栅图,如图 9-5 所示。当叶轮旋转运动时,叶片向右运动,产生升力,各叶片上侧的气体压力升高而将气体推走;下侧因压力下降而将气体吸入,上、下两侧的压强差就是轴流式风机产生的风压。

显然,叶片的安装角越大,叶片上、下两侧的压强差就越大,泵或风机产生的扬程或压头也越大。可见,调节叶片安装角度,就可以改变轴流式泵或风机的性能。

从第 7 章离心式泵与风机基本方程推导过程可知,不论叶片形状如何,方程的形式仅与

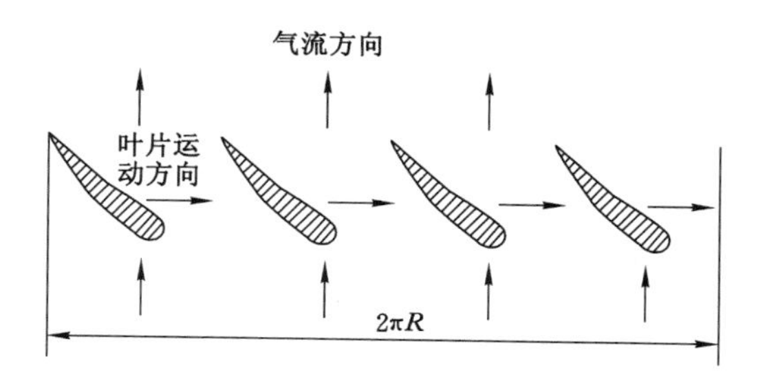


图 9-5　直列叶栅图

流体在叶片进、出口处的动量矩有关，也即不管叶轮内部的流体流动情况怎样，能量的传递都决定于进、出口速度三角形。

轴流式泵与风机理论压头方程式为：

$$H_T = \frac{1}{g}(u_2 v_{u2} - u_1 v_{u1})$$

图 9-6 所示为流体质点流过轴流式泵或风机叶栅的运动情况，即质点流经叶栅的进、出口速度三角形。

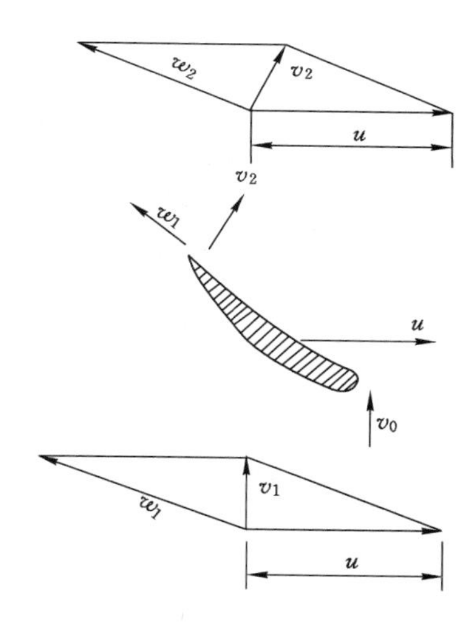


图 9-6　气流质点通过叶栅的运动情况

由于叶栅是按同一半径截取的，所以具有相同的圆周速度，即：

$$u_1 = u_2 = u$$

则有：

$$H_T = \frac{u}{g}(v_{u2} - v_{u1})$$

如图 9-6 所示，在设计工况下，$v_{u1}=0$，则：

$$H_T = \frac{u}{g} v_{u2} \tag{9-1}$$

由式(9-1)可以看出，在叶梢处产生的压头将大于叶根处的压头。这就会使风机出风侧产生由于压差而引起的旋涡运动，从而使能量损失增加，效率下降。针对这种情况，叶片常制成扭曲形状，使之在不同半径处具有不同的安装角，从而使叶片不同半径处具有不同的 $v_{u2}$ 值，来保证 $u$ 与 $v_{u2}$ 的乘积近似不变，这样就能使整个叶片各截面的压头趋于平衡，避免旋涡运动发生。

### 9.1.4 轴流式泵与风机的性能曲线

图 9-7 绘出了轴流式泵与风机的性能曲线，表示在一定转速下，流量 $Q$ 与扬程 $H$（或压头 $p$）、功率 $N$ 及效率 $\eta$ 等性能参数之间的内在关系。

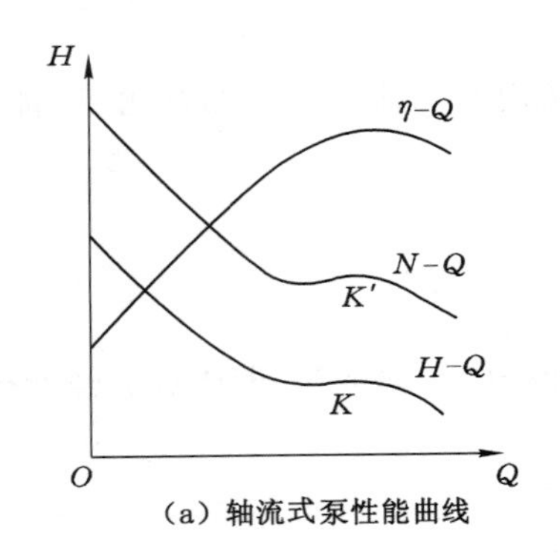

(a) 轴流式泵性能曲线

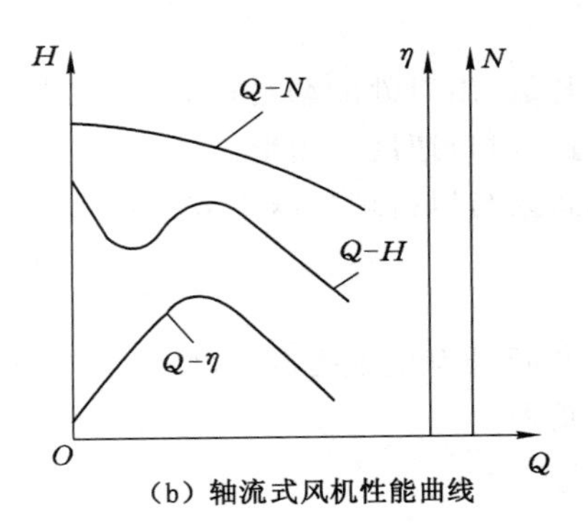

(b) 轴流式风机性能曲线

图 9-7　轴流式泵与风机性能曲线

与离心式泵与风机的性能曲线相比，轴流式泵与风机的性能曲线具有以下特点：

(1) $Q$-$H$ 曲线呈陡降形，曲线上有拐点。扬程随流量的减小而急剧增大，当流量 $Q=0$ 时，扬程达到最大值。这是因为当流量比较小时，在叶片的进、出口处产生二次回流现象，部分从叶轮中流出的流体又重新回到叶轮中去被二次加压，使压头增大。同时，由于二次回流的反向冲击造成的水力损失致使机械效率急剧下降。因此，轴流式泵或风机在运行过程中只适宜在较大的流量下工作。

(2) $Q$-$N$ 曲线也呈陡降形。轴流式泵所需的轴功率随流量的减少而迅速增加，当流量 $Q=0$ 时，功率 $N$ 达到最大值。这一点与离心式泵或风机的情况正好相反。轴流式泵或风机应当在闸阀全开的情况下来启动电机，一般称为“开闸启动”。实际工作中，轴流式泵或风机在启动时总会经历一个低流量阶段，因而在选配电机时，应注意留出足够的余量。

(3) $Q$-$\eta$ 曲线呈驼峰形。这表明轴流式泵或风机的高效率工作范围很窄，因此一般轴流式泵或风机均不设置调节阀门来调节流量，而采用调节叶片安装角度或改变转速的方法来调节流量。

### 9.1.5 轴流式泵与风机的选用

轴流式泵与风机的选用方法和离心式泵与风机基本相同，一般采用通用特性曲线和性能表进行选择计算或采用相关性能表直接选用。

常用的轴流泵是 ZLB 型单级立式轴流泵以及 QZW 型卧式轴流泵。它们的部分性能曲线及性能表见图 9-8 及表 9-1。

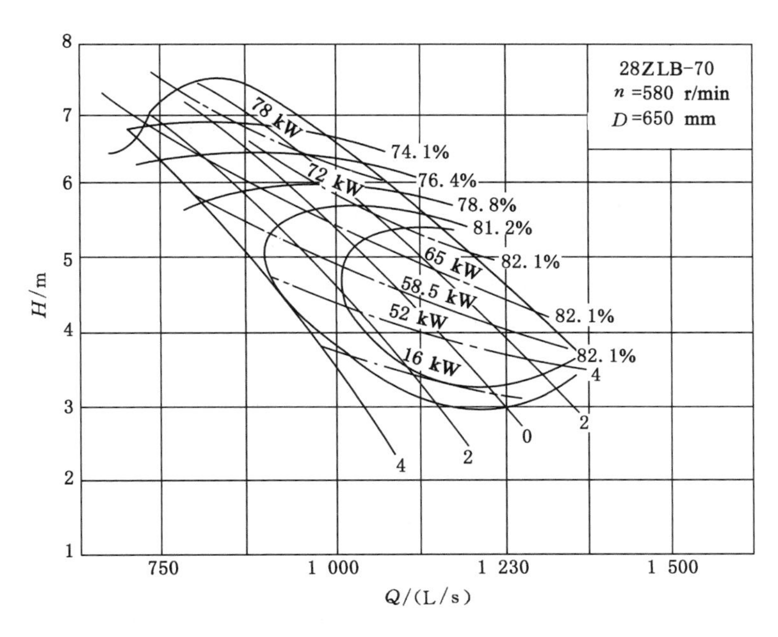


图 9-8　ZLB 型单级立式轴流泵性能曲线

**表 9-1　ZLB 型立式轴流泵性能表**

| 型号 | 叶片安装角度 | 流量 /(m³/h) | 扬程 /m | 转速 /(r/min) | 电机功率/kW | 效率 /% |
|---|---|---|---|---|---|---|
| 14ZLB-70 | −4° | 554-702-3.65 | 7.3-5.35-3.65 | 1 450 | 22 | 70-75.5-70 |
| | −2° | 648-792-900 | 7.3-5.4-3.4 | | | 71.5-76.5-70 |
| | 0° | 745-882-1 015 | 2.07-5.5-2.82 | | | 72-77.2-70 |
| | +2° | 857-990-1 091 | 6.8-5.6-3.6 | | | 72.5-77.5-70 |
| | +4° | 1 080-1 170 | 5.15-3.76 | | | 76-70 |
| 20ZLB-70 | −4° | 137-1 760-2 060 | 9.64-7.0-4.35 | 980 | 55 | 70-79.6-78.5 |
| | −2° | 172-2 010-2 250 | 8.2-6.43-4.9 | | | 74.5-80-73.5 |
| | 0° | 209-2 160-2 510 | 7.0-6.3-3.9 | | | 79.9-81.2-77 |
| | +2° | 234-2 560-2 660 | 6.6-5.5-4.76 | | | 81.5-82-81.5 |
| | +4° | 2 700-2 858 | 5.6-4.4 | | | 88-79 |
| | −4° | 1 020-1 310-1 530 | 5.32-3.95-2.45 | | | 68.2-78.4-77.2 |
| | −2° | 1 175-1 500-1 675 | 5.16-3.62-2.76 | 730 | 28 | 73-78.8-71.9 |
| | 0° | 1 480-1 610-1 870 | 4.16-3.56-2.16 | | | 77.8-80.1-75.6 |
| | +2° | 1 710-1 910-1 990 | 3.95-3.10-2.63 | | | 80.4-80.9-80.1 |
| | +4° | 1 640-1 960-2 100 | 4.44-3.52-2.82 | | | 75.4-82-81.5 |

ZLB 型立式轴流泵的特点是流量大、扬程低，适用于输送清水或物理、化学性质类似于水的液体，液体的温度不超过 50 ℃，可供电站循环水、城市给水、农田排灌地。

QZW 型全调节卧式轴流泵可输送温度低于 50 ℃的清水，适于城市给水、排水、农田排灌。

型号意义说明：

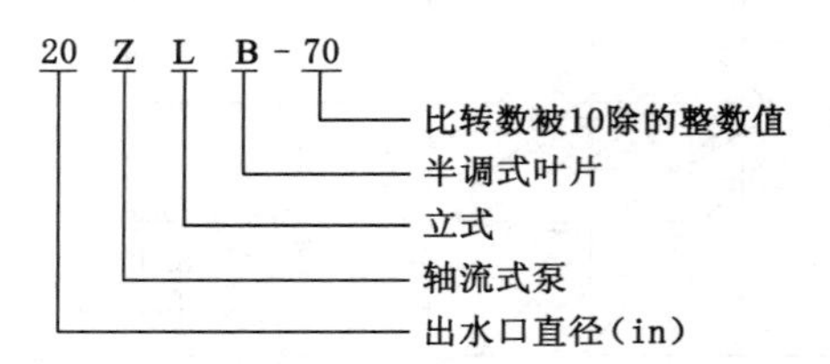


国产的轴流式风机根据压力高低分为低压和高压两类：低压轴流式风机全压小于或等于 490.35 Pa，高压轴流式风机全压大于 490.35 Pa 而小于 4 903.5 Pa。常用的轴流式风机按用途不同可分为：一般厂房通风换气用轴流式通风机，锅炉轴流式通风机、引风机，矿井轴流式通风机，隧道轴流式通风机，纺织厂通风换气用轴流式通风机，冷却塔轴流式通风机，降温凉风用轴流式通风机，空气调节用轴流式风机等。

T35-11 系列轴流式风机性能见表 9-2。该系列风机是新型节能产品，所输送气体必须是非易燃性、无腐蚀、无显著粉尘的气体，温度不宜超过 60 ℃。

**表 9-2　T35-11 型轴流式风机性能表(摘录)**

| 机号 | 叶轮直径/mm | 叶轮周速/(m/s) | 主轴转速/(r/min) | 叶轮角度/(°) | 风量/($m^3$/h) | 全压/Pa | 全压效率 | 需用轴功率/kW | 采用轴功率/kW | 配用电机 | |
|---|---|---|---|---|---|---|---|---|---|---|---|
| | | | | | | | | | | 型号 | 功率/kW |
| 4 | 400 | 60.7 | 2 900 | 15 | 4 806 | 309 | 0.87 | 0.475 | 0.546 | YSF-7122 | 0.550 |
| | | | | 20 | 6 316 | 345 | 0.88 | 0.688 | 0.791 | YSF-8022 | 1.1 |
| | | | | 25 | 7 826 | 354 | 0.895 | 0.895 | 0.988 | YSF-8022 | 1.1 |
| | | | | 30 | 8 513 | 380 | 0.88 | 1.021 | 1.175 | YSF-8022 | 1.1 |
| | | | | 35 | 9 336 | 473 | 0.86 | 1.427 | 1.641 | YT90S-2 | 1.5 |
| | | 30.4 | 1 450 | 15 | 2 406 | 77 | 0.87 | 0.059 | 0.068 | YSF-5624 | 0.090 |
| | | | | 20 | 3 163 | 86 | 0.88 | 0.086 | 0.099 | YSF-6314 | 0.120 |
| | | | | 25 | 3 920 | 88 | 0.895 | 0.107 | 0.123 | YSF-6314 | 0.120 |
| | | | | 30 | 4 263 | 95 | 0.88 | 0.128 | 0.147 | YSF-6324 | 0.180 |
| | | | | 35 | 4 676 | 118 | 0.86 | 0.179 | 0.206 | YSF-7114 | 0.250 |
| 4.5 | 450 | 34.2 | 1 450 | 15 | 3 427 | 98 | 0.87 | 0.107 | 0.123 | YSF-6314 | 0.120 |
| | | | | 20 | 4 504 | 109 | 0.88 | 0.156 | 0.179 | Y SF-6324 | 0.180 |
| | | | | 25 | 5 581 | 112 | 0.895 | 0.195 | 0.224 | YSF-7114 | 0.250 |
| | | | | 30 | 6 070 | 120 | 0.88 | 0.231 | 0.266 | YSF-7124 | 0.370 |
| | | | | 35 | 6 658 | 150 | 0.86 | 0.322 | 0.370 | YSF-7124 | 0.370 |

型号意义说明：

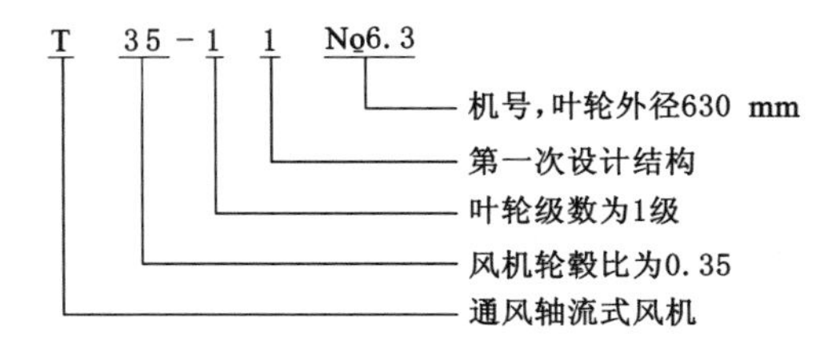


轴流式泵或风机样本上所提供的性能参数及性能曲线均是在某特定条件下和特定转速下实测而得的。当实际使用介质的条件与实测条件不符时，或实际转速与实测转速不符时，均应按有关公式进行换算，然后根据换算后的参数查相应设备样本或手册，进行轴流式泵或风机的选用工作。

## 9.2　贯流式风机

贯流式风机是莫蒂尔于 1892 年研制的，但是直到近代，这种形式的风机才获得广泛应用。

贯流式风机与轴流式或离心式风机工作方式不同，它有一个圆筒形的多叶叶轮转子，转子上的叶片互相平行且按一定的倾角沿转子圆周均匀排列，呈前向叶型，转子两端面是封闭的。叶轮的宽度没有限制，当宽度加大时，流量也增加，某些贯流式风机在叶轮内缘加设不动的导流叶片，以改善气流状态，气流沿着与转子轴线垂直的方向，从转子一侧的叶栅进入叶轮，然后穿过叶轮转子内部，第二次通过转子另一侧的叶栅，将气流排出，即气流横穿叶片两次，如图 9-9 所示。

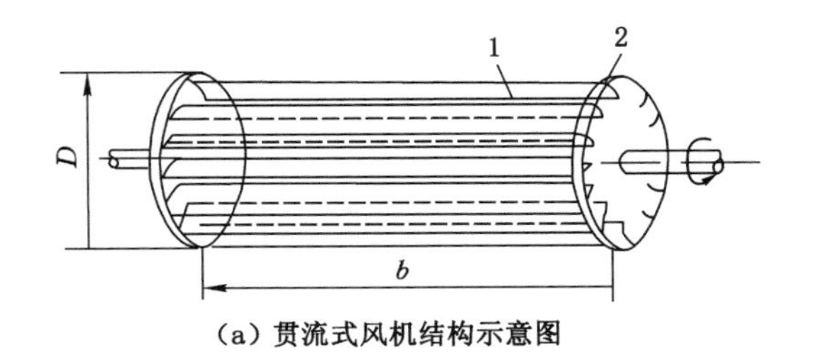


(a) 贯流式风机结构示意图　　(b) 贯流式风机的气流

1—叶片；2—封闭端面。

图 9-9　贯流式风机示意图

贯流式风机叶轮内的速度场是不稳定的，流动情况较为复杂。

贯流式风机的流量 $Q$ 与叶轮直径 $D_2$、叶轮圆周速度 $u$ 及叶轮宽度 $b$ 成正比，即：

$$Q=\overline{\Phi}bD_2u$$

式中，$\overline{\Phi}$ 称为流量系数，因叶轮宽度没有限制而加入了宽度 $b$ 的因素，即$\overline{\Phi}=\dfrac{Q}{buD_2}$，而不是一般离心风机所采用的 $\overline{Q}=\dfrac{Q}{3\ 600u\dfrac{\pi D^2}{4}}$。一般来说，小流量风机$\overline{\Phi}=0\sim0.3$；中流量风机$\overline{\Phi}=$

0.3～0.9；大流量风机$\overline{\Phi}$＞0.9。显然，当叶轮宽度增大时，流量也随之增大。宽度越大，制造的技术要求也越高。

贯流式风机的全压：

$$H=\frac{1}{2}\overline{H}\rho u^2$$

式中 $\overline{H}$——压力系数，一般为0.8～3.2；

$\rho$——气体密度。

贯流式风机的全压系数较大，$Q$-$H$ 曲线是驼峰形的，效率较低，一般约为30％～50％。图9-10所示为这种风机的无因次性能曲线。

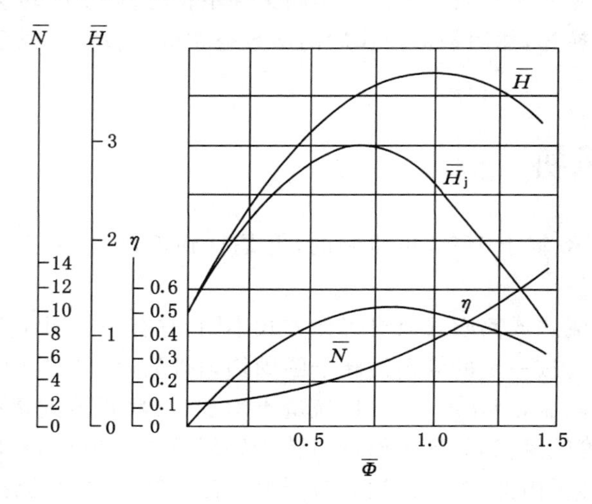


图9-10 贯流式风机的无因次性能曲线

图9-10中：

压力系数：

$$\overline{H}=\frac{H}{\frac{1}{2}\rho u^2}$$

流量系数：

$$\overline{\Phi}=\frac{Q}{buD_2}$$

功率系数：

$$\overline{N}=\frac{\overline{H\Phi}}{\eta}$$

静压系数：

$$\overline{H_j}=\frac{H_j}{\frac{1}{2}\rho u^2}$$

由于它结构简单，具有薄而细长的出口截面、不必改变流动的方向等特点，使它适宜于安装在各种扁平或细长形的设备里与建筑物相配合。如图9-11所示的贯流式风机，与其他风机相比，这种风机的动压较高、气流不乱，可获得扁平而高速的气流，且气流到达的宽度比较宽，使其获得了许多用途。目前广泛应用在低压通风换气、空调工程，尤其在风机盘管、空气幕装置及小型废气管道抽风以及车辆、电机冷却及家用电器等设备上。

图 9-11 贯流式风机

贯流式风机至今还存在许多问题有待解决，特别是各部分的几何形状对其性能有重大影响，不完善的结构甚至完全不能工作。

一般贯流式风机的使用范围为：流量 $Q<500\ m^3/min$，全压 $H<980\ Pa$。

## 9.3 往复泵

往复泵是最早应用于实际工程中的一种液体输送机械，属于容积式水泵的一种。它是利用泵体工作室容积周期性地改变来输送液体并提高其能量。由于泵的主要工作部件（活塞与柱塞）的运动为往复式，故称为往复泵。目前由于离心泵的广泛应用，使往复泵的应用范围已逐渐缩小。但由于往复泵具有在水压急剧变化时仍能维持几乎不变的流量这一特点，使其仍有所应用。

往复泵属于容积式泵，大致可以分成三种类型：单作用柱塞式泵、双作用活塞式泵和差动式活塞式泵。

图 9-12 所示为双作用活塞式往复式泵的工作原理图。它的主要结构包括泵缸、活塞或柱塞、连杆、吸水阀和压水阀等。

当活塞 1 与连杆 2 受原动机驱动做往复运动时，左、右两工作室 3 的容积交替发生变化。左工作室容积受压缩时，其中液体推开压水阀 6 被排向排水管 7；与此同时，右工作室膨胀而形成真空，于是打开右吸水阀 5 从进水管 4 吸水。然后活塞向右运动，两工作室交替进行上述相似的工作，完成吸水、排水的输水过程。

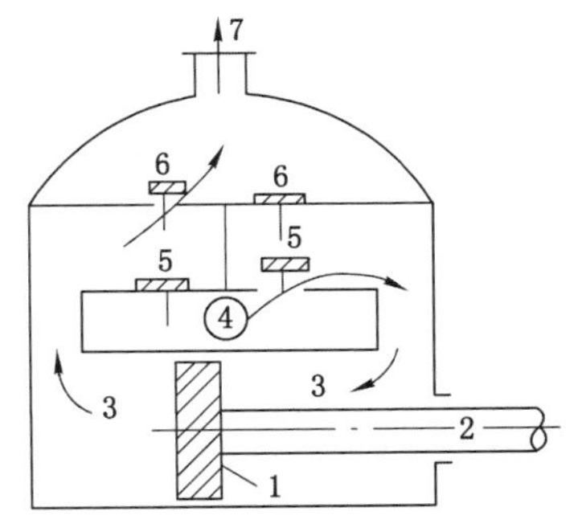


1—活塞；2—连杆；
3—泵缸或工作室；4—进水管；
5—吸水阀；6—压水阀；7—排水管。

图 9-12 双作用活塞式往复泵的工作原理图

往复泵的性能参数主要包括以下几点：

（1）流量

单作用活塞泵的理论流量(不考虑容积损失)$Q_T$ 为：

$$Q_T = ASn \tag{9-2}$$

式中　$A$——柱塞或活塞断面面积，$m^2$；

$n$——活塞每分钟的往返次数，次/min；

$S$——冲程，m。

对于双作用往复泵，在计算流量时要考虑活塞杆的截面积 $a$ 对流量的影响，故双作用往复泵的理论流量为：

$$Q_T = (2A - a)Sn \tag{9-3}$$

实际上，由于有回流泄漏及吸入空气等因素的影响，泵的实际流量 $Q$ 总是小于理论流量 $Q_T$。往复泵的实际流量 $Q$ 为：

$$Q = \eta_V Q_T \tag{9-4}$$

式中　$\eta_V$——容积效率。

由式(9-2)可知，往复泵的流量与柱塞的冲程有关，如果柱塞单位时间内的往复次数恒定，则可以通过调节柱塞的冲程来改变泵的流量，同时也可以通过计量柱塞冲程数来计量泵的流量。计量泵就是利用调节冲程的调节器来显示流量的。在水厂的自动投药系统中，可直接利用柱塞计量泵作为混凝剂溶液的投加设备，泵在投加药液的同时还能对所投加药液量进行较精确地控制。柱塞计量泵实际上是一种流量可以调节控制的柱塞式往复泵，流量的大小借助改变柱塞的行程和往复次数来进行调节。

(2) 扬程

往复泵的扬程是依靠活塞的往复运动将机械能以静压的形式直接传给液体，因此，其扬程与流量无关，理论上可达到无穷大值，这是它与离心泵不同的地方。它的实际扬程仅取决于管路系统所需要的总能量及水泵本身的设计强度，即：

$$H = H_{st} + \sum h \tag{9-5}$$

式中　$H_{st}$——管道系统的静扬程值，m；

$\sum h$——吸、压水管道的总水头损失，m。

从理论上来说，往复泵可以达到任意大的扬程，它的 $Q_T$-$H_T$ 曲线是一条垂直于横坐标的直线，如图 9-13 中虚线所示。实际上由于受泵内机械强度和原动机功率的限制，泵的扬程不可能无限增大。同时在较高的增压下，漏损会加大，以致实际 $Q$-$H$ 曲线向左略有偏移。应当指出，往复泵的流量是不均匀的，因为活塞在一个行程中的位移速度总是从零到最大再减少到零，如此往复循环。需要说明的是，在图 9-13 中 $Q$-$H$ 曲线是按平均流量绘制的。

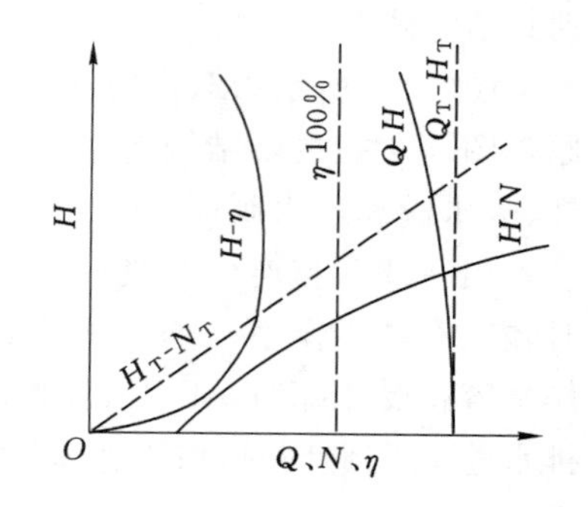

图 9-13　往复泵性能曲线

往复泵在一定的往复次数工作时，理论流量为定值，理论轴功率 $N_T$ 只与 $H_T$ 有关，故 $H_T$-$N_T$ 是一条通过原点的直线，实际的 $H$-$N$ 曲线因高压头下流量有所减少而稍微向下弯曲，如图 9-13 所示，注意该图中 $N$ 和 $\eta$ 尺度都标注在横坐标轴上。

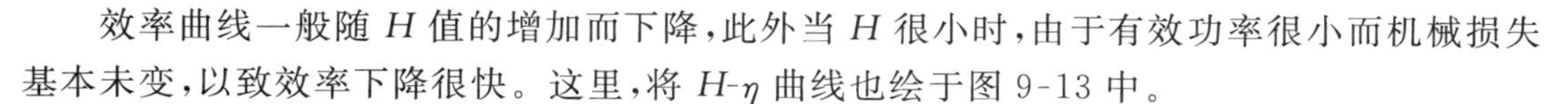

效率曲线一般随 $H$ 值的增加而下降，此外当 $H$ 很小时，由于有效功率很小而机械损失基本未变，以致效率下降很快。这里，将 $H$-$\eta$ 曲线也绘于图 9-13 中。

(3) 往复泵的性能特点和应用

往复泵的性能特点可归纳为：① 往复泵是一种高扬程、小流量的容积式水泵，可用作系统试压、计量等；② 必须开阀启动，否则有损坏水泵、动力机和传动机构的可能；③ 不能用闸阀调节流量，否则不但不能减小流量，反而会增加动力机功率的消耗；④ 泵在启动时能把吸水管内的空气逐步吸入并排出，启动前不需充水；⑤ 在系统的适当位置设置安全阀或其他调节流量的设施；⑥ 出水量不均匀，严重时运行中可能造成冲击和振动现象。

往复泵与离心泵相比，外形尺寸和重量都大，价格也高，结构较复杂，操作管理不便，所以多数使用场合被离心泵所代替。但特别适用于高扬程、小流量、输送黏性较大的液体，例如机械装置中的润滑设备和水压机等处，在小型锅炉房和采暖锅炉房中，常装设利用锅炉饱和蒸汽为动力的蒸汽活塞泵作为锅炉补给水泵。

## 9.4　混流泵

混流泵是介于离心泵和轴流泵之间的一种泵，当原动机带动叶轮旋转后，对液体的作用既有离心力又有轴向推力，是离心泵和轴流泵的综合，液体斜向流出叶轮。混流泵的比转速高于离心泵、低于轴流泵，一般在 300～500 之间。它的扬程比轴流泵高，但流量比轴流泵小、比离心泵大，兼有离心泵和轴流泵的优点，其结构简单、高效区宽、使用方便。混流泵主要用于农业排灌，另外还用于城市排水，也可作为热电站循环水泵使用。

按混流泵出水室的不同，混流泵有蜗壳式和导叶式两种类型，蜗壳式混流泵有卧式和立式之分，其中以卧式应用较多；导叶式混流泵也有卧式和立式两种，其中立式混流泵与立式轴流泵类似。图 9-14 所示为混流泵外观。

图 9-14　混流泵外观

中小型混流泵多数属于蜗壳式，大型混流泵多数是导叶式。与轴流泵一样，混流泵的叶片一般是固定的，但大型导叶式混流泵的叶片可做成全调节式的。根据运行的需要，随时可调节叶片的安装角，以扩大其高效率运行范围。

混流泵与卧式离心泵和轴流泵相比，其扬程低、流量大，所以叶轮形状比较特殊。由于叶轮的进口直径与出口直径相差较小，流道宽度与出口直径的比例相对较大，因此蜗壳的相对宽度比离心泵大。叶片从进口到出口均为扭曲形，叶片出口边倾斜，工作时产生离心力和推力，水流从叶轮出口流出的方向既不是径向（如离心泵）也不是轴向（如轴流泵），而是介于二者之间的斜向，故混流泵也称为斜流泵。混流泵叶轮的形状，低比转数叶轮是封闭的，有前后盖板，与离心泵叶轮类似；高比转数叶轮是开敞式的，与轴流泵类似。

## 9.5 混流风机

混流风机又名斜流风机，是介于轴流风机和离心风机之间的一种风机。斜流风机的叶轮让空气既做离心运动又做轴向运动，壳内空气的运动混合了轴流与离心两种运动形式，所以叫"混流"。

混流（斜流）风机的风压系数比轴流风机高，流量系数比离心风机大，用在风压和流量都"不大不小"的场合。它填补了轴流风机和离心风机之间的空白，同时具备安装简单方便的特点。混流风机结合了轴流风机和离心风机的特征，外形看起来更像传统的轴流风机，机壳可具有敞开的入口，但更常见的情况是它具有直角弯曲形状，使电机可以放在管道外部；排泄壳缓慢膨胀，以放慢空气或气体流的速度，并将动能转换为有用的静态压力。

SWF(B)系列低噪节能混流通风机是介于轴流式和离心式通风机之间的一种新型风机，具有离心式风机的高压力及轴流式风机的大流量、效率高、节能好、噪声低、安装方便等特点。风机设计新颖，结构紧凑，体积小，重量轻，易安装，转速小于 2 000 r/min，噪声低于 75 dB。风机连接管道和安装在空调箱内时，噪声小于 70 dB。该系列混流通风机广泛应用于隧道、地下车库、高级民用建筑、冶金、厂矿等场所的通风换气及消防高温排烟等。图 9-15 所示为混流风机外观。

图 9-15　混流风机外观

混流风机可作为一般通风换气用，使用条件如下：

（1）应用场所：作为一般工厂及建筑物的室内通风换气，既可用作输入气体，也可用作排出气体。

（2）输送气体的种类：空气和其他不可燃的气体，对人体无害、对钢材无腐蚀性的气体。

（3）气体内的杂质：气体内不允许有黏性物质，所含的尘土及硬质颗粒物不大于 150 $mg/m^3$。

（4）根据用户特殊需要还可以设计用磁电机传动，实现无级变速。

（5）气体的温度：不超过 80 ℃。

### 思考与练习

9-1　简述轴流式泵与风机的基本构造和工作原理。

9-2　轴流式泵或风机为什么要"开闸启动"？

9-3　离心水泵和轴流水泵在性能上有些什么差异？它们分别应用于什么场合？

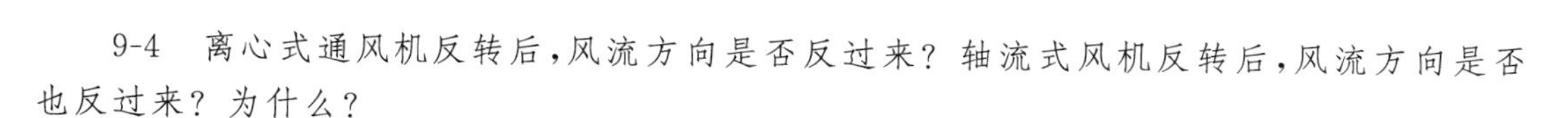

9-4　离心式通风机反转后，风流方向是否反过来？轴流式风机反转后，风流方向是否也反过来？为什么？

9-5　某厂房通风所需要最大风压 $p_{max}=320$ Pa，最小风压 $p_{min}=230$ Pa。所需风量 $Q=80$ $m^3/min$，试选择轴流式通风机。

9-6　贯流式风机的构造和工作原理与离心式、轴流式风机有何不同？

9-7　简述双作用活塞式往复泵的基本构造和工作原理。

9-8　为什么说往复泵的扬程与流量无关？

9-9　应用往复泵时要注意些什么？

9-10　混流泵的特点是什么？

9-11　混流风机的构造和特点是什么？

# 参 考 文 献

[1] 白桦. 流体力学泵与风机[M]. 2 版. 北京:中国建筑工业出版社,2016.
[2] 白扩社. 流体力学·泵与风机[M]. 北京:机械工业出版社,2005.
[3] 蔡增基,龙天渝. 流体力学泵与风机[M]. 5 版. 北京:中国建筑工业出版社,2009.
[4] 付祥钊,肖益民. 流体输配管网[M]. 4 版. 北京:中国建筑工业出版社,2018.
[5] 贾宝贤,周军伟. 流体力学[M]. 北京:化学工业出版社,2014.
[6] 刘鹤年,刘京. 流体力学[M]. 3 版. 北京:中国建筑工业出版社,2016.
[7] 刘家春,白桦,杨鹏志. 水泵与水泵站[M]. 北京:中国建筑工业出版社,2008.
[8] 王宇清. 流体力学泵与风机[M]. 北京:中国建筑工业出版社,2001.
[9] 伍悦滨,王芳. 工程流体力学泵与风机[M]. 2 版. 北京:化学工业出版社,2016.
[10] 徐红梅,刘红侠. 热工流体[M]. 徐州:中国矿业大学出版社,2010.